全国高等职业教育道路与桥梁专业“十二五”规划教材

公路工程施工监理

主　编　肖　昆　翟国静　郑华茂
　　　　刘　强
副主编　张淑英　初　芳　刘　健
　　　　魏　斌　张哲勋
主　审　张希中

黄河水利出版社
·郑州·

内 容 提 要

本书共分八章，内容包括公路工程施工监理基本知识、公路工程施工质量监理、公路工程施工进度监理、公路工程施工费用监理、公路工程施工合同管理、公路工程施工安全监理与环境保护监理、公路工程施工监理信息管理、公路工程施工组织协调等。

本书可作为高职高专道路桥梁工程技术专业、公路工程监理专业等交通土建类专业教材，也可作为相关专业继续教育和职业培训的教材。

图书在版编目(CIP)数据

公路工程施工监理/肖昆等主编，—郑州：黄河水利出版社，2013.5

全国高等职业教育道路与桥梁专业"十二五"规划教材

ISBN 978-7-5509-0463-7

Ⅰ.①公… Ⅱ.①肖… Ⅲ.①道路施工-施工监理-高等职业教育-教材 Ⅳ.①U415.1

中国版本图书馆 CIP 数据核字(2013)第 086826 号

出 版 社:黄河水利出版社　　网址：www.yrcp.com

地址:河南省郑州市顺河路黄委会综合楼14层　　邮政编码:450003

发行单位:黄河水利出版社

发行部电话:0371-66026940、66020550、66028024、66022620(传真)

E-mail: hhslcbs@126.com

承印单位:河南地质彩色印刷厂

开本:787 mm×1092 mm　1/16

印张:17.5

字数:425 千字　　印数:1—4 000

版次:2013 年 5月第 1 版　　印次:2013 年 5月第 1 次印刷

定价:36.00 元

前　言

实行建设监理制度是我国建设领域的一项重大改革,是我国对外开放、国际交往日益扩大的结果。通过实行建设监理制度,我国建设工程的管理体制开始向社会化、专业化、规范化的先进管理模式转变。这种管理模式,在项目法人与承包商之间引入了建设监理单位作为中介服务的第三方,进而在项目法人与承包商、项目法人与监理单位之间形成了以经济合同为纽带,以提高工程质量和建设水平为目的的相互制约、相互协作、相互促进的一种新的建设项目管理运行机制。这种机制为提高建筑工程的质量、节约建筑工程的投资、缩短建筑工程的工期创造了有利条件。

公路工程施工监理是公路建设体制改革的重要内容,是强化公路工程质量管理、控制工期和工程费用、提高投资效益及工程管理水平的有效方法。实践证明,实行了全委托监理的工程建设项目,不仅确保了工程质量的工期,减少了不合理的额外支出,还避免了过多的合同纠纷,并能确保国家建设计划和工程合同的顺利实施。

公路工程施工监理的发展,迫切需要大量高素质、多层次的公路监理人才,作为培养建设岗位应用型人才的高等职业院校,已经把公路工程施工监理基础作为相关专业的必修课。

本书共分八章。内容包括公路工程施工监理基本知识、公路工程施工质量监理、公路工程施工进度监理、公路工程施工费用监理、公路工程施工合同管理、公路工程施工安全监理与环境保护监理、公路工程施工监理信息管理、公路工程施工组织协调等。

本书编写人员及分工如下:第一章由河北工程技术高等专科学校翟国静编写,第二章由河南交通职业技术学院郑华茂编写,第三章由河北华达公路工程监理咨询公司刘强编写,第四章由吉林交通职业技术学院肖昆编写,第五章由吉林交通职业技术学院初芳编写,第六章由吉林交通职业技术学院魏斌、张哲勋编写,第七章由杨凌职业技术学院张淑英编写,第八章由河南交通职业技术学院刘健编写。本书由肖昆、翟国静、郑华茂、刘强任主编,由张淑英、初芳、刘健、魏斌、张哲勋任副主编,由山西水利职业技术学院张希中任主审。

本书在编写过程中参考一些相关书籍和文献,谨在此向相关作者致以衷心的感谢。

由于作者的水平有限,书中错误和疏漏之处在所难免,恳请广大读者批评、指正。

编　者

2013 年 3 月

目　录

前　言
第一章　公路工程施工监理基本知识 …………………………………………………… (1)
　第一节　工程项目管理 …………………………………………………………… (1)
　第二节　公路工程监理概述 ……………………………………………………… (10)
　第三节　我国公路工程施工质量保证体系 ……………………………………… (16)
　第四节　公路工程监理人员与组织 ……………………………………………… (22)
　第五节　公路工程项目的风险管理与目标控制 ………………………………… (33)
　本章小结 ………………………………………………………………………… (38)
　复习思考题 ……………………………………………………………………… (39)
第二章　公路工程施工质量监理 ………………………………………………… (40)
　第一节　概　述 …………………………………………………………………… (40)
　第二节　质量监理试验室 ………………………………………………………… (44)
　第三节　工程质量事故分析及其处理 …………………………………………… (46)
　第四节　施工准备阶段的监理 …………………………………………………… (49)
　第五节　施工阶段的质量监理 …………………………………………………… (51)
　第六节　交工验收与缺陷责任期监理 …………………………………………… (99)
　本章小结 ………………………………………………………………………… (102)
　复习思考题 ……………………………………………………………………… (103)
第三章　公路工程施工进度监理 ………………………………………………… (104)
　第一节　进度监理的作用和任务 ………………………………………………… (104)
　第二节　施工进度计划的编制 …………………………………………………… (108)
　第三节　施工进度计划的控制与审批 …………………………………………… (132)
　本章小结 ………………………………………………………………………… (141)
　复习思考题 ……………………………………………………………………… (141)
第四章　公路工程施工费用监理 ………………………………………………… (142)
　第一节　概　述 …………………………………………………………………… (142)
　第二节　工程量清单 ……………………………………………………………… (144)
　第三节　工程费用监理的职责和权限 …………………………………………… (148)
　第四节　工程计量 ………………………………………………………………… (149)
　第五节　工程费用支付 …………………………………………………………… (153)
　第六节　清单支付与合同支付 …………………………………………………… (156)
　第七节　支付证书及有关表格 …………………………………………………… (166)
　本章小结 ………………………………………………………………………… (172)
　复习思考题 ……………………………………………………………………… (172)

第五章　公路工程施工合同管理 ……(173)
第一节　概　述 ……(173)
第二节　FIDIC 合同条件 ……(176)
第三节　工程变更 ……(179)
第四节　工程延期 ……(184)
第五节　工程索赔 ……(190)
第六节　工程分包与转让 ……(196)
第七节　工程违约 ……(199)
第八节　争端与仲裁 ……(200)
第九节　工程保险 ……(202)
本章小结 ……(203)
复习思考题 ……(203)
第六章　公路工程施工安全监理与环境保护监理 ……(205)
第一节　公路工程施工安全监理 ……(205)
第二节　公路工程施工环境保护监理 ……(209)
本章小结 ……(236)
复习思考题 ……(237)
第七章　公路工程施工监理信息管理 ……(238)
第一节　概　述 ……(238)
第二节　公路工程施工监理信息的收集与处理 ……(244)
第三节　工程监理文档管理 ……(245)
本章小结 ……(256)
复习思考题 ……(256)
第八章　公路工程施工组织协调 ……(258)
第一节　组织协调及其类型 ……(258)
第二节　组织协调的方法 ……(259)
第三节　工地会议 ……(262)
本章小结 ……(264)
复习思考题 ……(264)
附　录 ……(265)
参考文献 ……(272)

第一章　公路工程施工监理基本知识

【知识要点介绍】

(1)项目及其特征、工程项目管理的概念、工程项目管理体制以及工程项目管理的目标。

(2)工程监理的基本概念、基本建设程序与公路工程监理的阶段划分、监理与项目参与者之间的关系以及我国工程监理的发展。

(3)我国公路工程施工质量保证体系以及在该体系中政府、项目法人、社会监理单位及施工企业在工程建设项目管理中的地位、作用和任务。

(4)监理工程师的概念、资格管理与岗位登记、监理工程师的素质要求与职业道德准则以及监理工程师的职权与罚则。

(5)监理单位的设立、资质管理以及监理单位经营活动的基本准则与罚则、监理单位的选择方式与程序。

(6)监理机构设置级次、监理机构的职责以及监理机构的人员与仪器设备的配备。

(7)公路工程项目管理中的风险管理与目标控制方法。

(8)监理计划文件的内容及编制与审批程序。

第一节　工程项目管理

一、项目及其特征

(一)项目的概念

"项"与"目"均含有分类的意思,因此"项目"一词的本义是指事物按性质分成的类。目前,"项目"一词已经被广泛用于社会经济和文化生活的各个方面,并被许多管理专家从不同角度赋予了特定的含义。美国项目管理协会(Project Management Institute,PMI)认为,项目是一种被承办的旨在创造某种独特产品或服务的临时性努力。从对项目特征的描述而言,目前最常用的定义是:项目是指在一定的约束条件下(限定的资源、限定的时间和规定的质量标准),具有明确的特定目标和完整的组织结构的一次性事业(或任务)。

简单地讲,项目就是一件事情、一项独一无二的任务,也可以理解为是在一定的时间和一定的预算内所要达到的预期目的。例如,安排一个演出活动,开发一种新产品,对生产线进行升级改造,主持一次会议等,都可以称为项目。项目是一个动态的概念,侧重于过程。例如,可以把一条高速公路的建设过程视为项目,但不可以把高速公路本身称为项目。

项目是指一系列独特、复杂并相互关联的活动,这些活动有着明确的目标或目的,必须在特定的时间、限定的资源内依据规范完成。项目的目标就是满足客户、管理层和供应商在时间、费用和性能(质量)上的不同要求。

项目的定义包含三层含义:第一,项目是一项有待完成的任务,且有特定的环境与要求;

第二，由特定的组织机构，利用有限资源（人力、物力、财力等）在规定的时间内完成；第三，任务要满足一定性能、质量、数量、技术指标等要求。这三层含义对应着项目的三重约束——时间、费用和性能。

（二）项目的分类

项目存在于社会经济活动和社会生活的各个领域，是多种多样的。根据项目的性质与内容的不同，可分为：科研项目，如基础科学研究项目、应用科学研究项目、科技攻关项目等；开发项目，如农业开发项目、资源开发项目、小区开发项目、新产品开发项目等；教育项目，如教育推广项目、教育改革项目等；体育项目，如体育教学项目、社会健身项目、体育竞赛项目等；建设项目，如工程建设项目（公路工程、铁路工程、港口工程、机场工程、水电工程等）、园区建设项目、矿区建设项目等。

（三）项目的特征

1. 一次性和单件性

所谓一次性，是指项目过程的一次性，它区别于周而复始的重复性活动。一个项目完成后，不会再安排实施与之具有完全相同开发目的、条件和最终成果的项目。项目作为一次性事业，其成果具有明显的单件性，它不同于现代工业化的大批量生产。项目的单件性、管理过程的一次性，都为管理带来了较大的风险，因此为了避免管理失误，就要靠科学的管理手段和方法，以保证项目一次性成功。

2. 目标性

任何一个项目都具有明确的特定目标。项目目标包括两个方面：一是项目工作本身的目标，即项目实施的过程；二是项目产出物的目标，即项目实施的结果。例如，对一项公路工程建设项目而言，项目工作的目标包括项目工期、造价、质量、安全等各方面工作的目标；项目产出物的目标包括建筑物的功能、特性、使用寿命、安全性等指标。一般而言，项目的目标性是最重要的特性，最需要项目管理者注意。

3. 制约性（或约束性）

项目的制约性是指每个项目都在一定程度上受到内在和外在条件的制约。项目只有在满足约束条件下获得成功才有意义。内在条件的制约主要是对项目质量、寿命和功能的约束（要求），外在条件的制约主要是对项目资源的约束，包括人力资源、财力资源、物力资源、时间资源、技术资源、信息资源等方面。项目的制约性是决定一个项目成功与失败的关键特性。

4. 时限性（或生命周期）

项目的一次性特征决定了每个项目都具有自己的生命周期，亦即任何项目都有其产生、发展和结束的时间，在不同时期都有特定的任务、程序和工作内容。掌握项目的生命周期，就可以有效地对项目实施科学管理和控制，如建设项目的生命周期包括项目决策评估阶段、设计阶段、招标投标阶段、施工阶段、竣工保修阶段。成功的项目管理是对项目全过程的管理和控制，是对整个项目生命周期的管理。

5. 独特性

项目的独特性是指项目所生成的产品或服务，与其他产品或服务相比所具有的特殊性。通常，一个项目的产出物或实施过程，即项目所生成的产品或服务至少在一些关键特性上与其他产品和服务是不同的。每个项目都有一些以前没有做过的、独特的内容，或在某些方面有一定的独特性，包括不同的自然条件（气象、水文、地质、地理条件等）、不同的设计、不同的项目法人、不同的承包人、不同的施工方法和施工时间等。当然，许多项目会有一些共性的东西，但是它们并不影响整个项目的独特性。

6. 不确定性

首先，项目的不确定性主要是由项目的独特性造成的，因为一个项目若要具有独特之处，多数需要进行不同程度的创新，而创新就包括各种不确定性；其次，项目的非重复性也是造成项目不确定性的原因，因为项目活动的非重复性使得人们没有改进工作的机会，所以使项目的不确定性增高；另外，项目的环境多数是开放的，而且相对变动较大，这也是造成项目不确定性的主要原因之一。

此外，项目还有其他一些特征，例如，项目过程的渐进性、项目成果的不可挽回性、项目组织的临时性和开放性等。

二、工程项目及其分类

（一）工程项目的概念

工程项目又称为建设工程项目或建设项目，是指按照一个总体设计进行施工，由一个或几个具有相互内在联系的单项工程组成，在经济上实行统一核算、在行政上实行统一管理的建设实体。建设工程项目是最为常见也是最为典型的项目类型，是项目管理的重点。

实际上，一个建设工程项目就是指一项固定资产投资项目，既可能是基本建设项目（新建、扩建等扩大再生产的建设项目），也可能是技术改造项目（以节约资金、增加产品品种、提高质量、治理“三废”、劳动安全等为主要目的的项目）。一个建设工程项目必须具备以下条件：第一，工程要有明确的建设目的和投资理由；第二，工程要有明确的建设任务量，即要有确定的建设范围、具体内容及质量目标；第三，投资条件要明确，即总的投资量及其投资来源、各年度的投资量等要明确；第四，进度目标要明确，即要有确定的项目实施阶段的总进度目标、分进度目标和项目动用时间；第五，工程各组成部分之间要有明确的组织联系，应是一个系统；第六，项目的实施具有一次性的特征。

建设工程项目除具有一般项目的特征外，还具有以下特征：投资额巨大，建设周期长；按照一个总体设计建设，是可以形成生产能力或使用价值的若干单项工程的总体；一般在行政上实行统一管理，在经济上实行统一核算。

（二）工程项目的分类

（1）按工程的自然属性划分，工程项目分为建筑工程项目、交通工程项目、水利工程项目、电力工程项目、通信工程项目、矿山工程项目、机电工程项目和能源工程项目等。

（2）按建设性质划分，工程项目分为新建工程项目、扩建工程项目、改建工程项目、迁建工程项目和恢复工程项目。

（3）按建设规模划分，国家规定基本建设项目分为大型、中型、小型3类（不同行业的分类标准不同），更新改造项目分为限额以上和限额以下2类（属于生产性建设项目中的能源、交通、原材料部门的工程项目，投资额达到5 000万元以上为大中型项目；其他部门和非工业建设项目，投资额达到3 000万元以上为大中型建设项目）。

（4）按投资作用划分，工程项目分为生产性建设项目（工业建设、农业建设、基础设施建设和商业建设等）和非生产性建设项目（办公设施建设、公共建筑建设和居住建筑建设等）。

(5)按投资来源划分,工程项目可分为政府投资项目和非政府投资项目。

(三)公路工程项目的划分

一个建设项目,就其实物形态而言,通常是由许多部分组成的,为了便于建设项目实施中各有关部门的管理,必须对建设项目进行科学的分解和统一的单元划分。《公路工程质量检验评定标准》(JTG F80/1—2004)规定:根据建设任务、施工管理和质量检验评定的需要,应在施工准备阶段按本标准附录 A 将建设项目划分为单位工程、分部工程和分项工程。施工单位、工程监理单位和建设单位应按相同的工程项目划分进行工程质量的监控和管理。

1. 建设项目

建设项目又称基本建设项目,是指符合国家总体建设规划,能独立发挥生产能力或满足生活需要,其项目建议书和工程可行性研究报告经批准的建设任务。如交通基础设施中的一条公路、一座独立大中型桥梁或一座独立隧道等均可称为一个建设项目。

2. 单项工程

单项工程是指具有单独的设计文件,建成后具有独立生产能力或可以单独发挥效益的一组配套齐全的工程项目。单项工程既是建设项目的组成部分,又是一个独立的系统。从施工的角度看,在建设项目总体施工部署和管理目标的指导下,单项工程能形成自身的项目管理方案和目标。在公路建设项目中,单项工程一般指独立的桥梁工程、隧道工程。这些工程一般包括与已有公路的连接,建成后可以独立发挥交通功能。但一条路线中的桥梁或隧道,在整个路线未修通前,并不能发挥交通功能,也就不能作为一个单项工程。

3. 单位工程

单位工程是指具有独立的设计和施工条件,可单独进行设计和组织施工,并可单独作为成本核算对象,但不具有独立的生产能力或不能独立发挥效益的工程单元。单位工程是单项工程的组成部分。在公路建设项目中,一条公路的一个路段(或一个合同段)作为一个单项工程,其中各个路段(或合同段)范围内的路基工程、路面工程、交通安全设施、每座桥梁、每座隧道都可作为单位工程。

4. 分部工程

分部工程是单位工程的组成部分,是在单位工程中按结构型式、施工工艺以及构件、材料、设备的性质与种类等的不同而划分的工程单元。在公路建设项目中,单位工程中的路基工程可划分为路基土石方工程(1 ~3 km 路段)、排水工程(1 ~3 km 路段)、小桥(符合小桥标准的通道)、人行天桥、渡槽(每座)、涵洞、通道(1 ~3 km 路段)、砌筑防护工程(1 ~3 km 路段)和大型挡土墙、组合式挡土墙(每处)等分部工程。当分部工程较大时,可将其分为若干子分部工程,如在小桥分部工程中,可分为基础及下部构造,上部构造预制与安装,总体、桥面和附属工程等子分部工程。在分部工程的划分中往往要考虑建设项目实施过程中工程结算和经济核算的方便。

5. 分项工程

分项工程是分部工程的组成部分,是在分部工程中按照施工方法和工程材料的不同、工序的先后及路段长度等来划分的工程单元。分项工程是施工图预算中最基本的计算单位,故也称为工程定额子目或工程细目。在公路建设项目中,分部工程中的路基土石方工程可划分为土方路基、石方路基、软土路基、土工合成材料处置层等分项工程。

三、工程项目管理

(一)工程项目管理概念

1. 项目管理

管理是指社会组织中为了实现预期目标,以人为中心进行的协调活动。项目管理是指在一定的约束条件下,为了达到项目的目标,对项目所实施的计划、组织、协调和控制活动。项目管理是管理学的一个分支学科,其实质是在项目活动中运用专门的知识、技能、工具和方法,使项目能够在有限资源的条件下,实现或超过设定的需求和期望。

管理是由计划、组织、指挥、协调及控制等职能组成的活动过程。任何一种管理活动都必须由以下 4 个基本要素构成,即管理主体、管理客体、组织目的、组织环境或条件。项目管理的主体是项目的组织,是项目管理的物质基础。项目组织是按照项目的目标以一定的形式组建起来的团队,其核心是项目经理,团队所有成员向项目经理负责。项目经理的责任就是领导团队成员通过一系列及时、有效的管理活动,在不超出限定资源的情况下实现项目目标。项目管理的客体就是项目,包括项目的参与者。没有项目,管理也就无从谈起。项目的组织目的就是项目管理的目标,也就是项目的目标,它决定了项目管理的任务与内容。项目组织环境或条件就是项目的约束条件,它既是项目成立的条件,也是项目管理的依据。

项目管理就是管理主体在相应的组织环境或条件下,运用系统的理论和方法,对从项目决策开始到项目结束全过程所涉及的各个环节和参与者进行计划、组织、指挥、协调、控制和评价,以实现项目的目标。

2. 工程项目管理

工程项目管理是指以建设工程项目为对象,以实现建设项目的投资目标、工期目标和质量目标为目的,在项目的建设周期内,运用系统的理论和方法对建设工程项目的实施进行高效率的计划、组织、协调和控制的活动。

建设工程项目的实施往往涉及多个参与者(见图 1-1),如建设单位(又称为业主、项目法人,是项目的投资人)、设计单位、施工单位(也称为承包人)、监理单位等。每个参与者都从各自的角度对建设项目实施管理,但因其所处的角度及职责不同,其管理的内容、范围和要求也不完全相同。

1)建设单位的工程项目管理

建设单位的工程项目管理贯穿于工程建设的全过程,即项目决策、项目设计、项目施工、项目竣工验收及项目保修 5 个阶段。建设单位的工程项目管理也称为业主方项目管理或甲方项目管理。

建设单位的工程项目管理的目标包括项目的投资机会研究与科学决策;按设计、施工等合同的要求组织和协调建设各方关系,完成合同规定的投资、进度、质量三大目标;协调好与建设工程项目有关的外部组织的关系。其工程项目管理的主要内容有组织协调、合同管理、信息管理、安全管理、投资管理、质量管理和进度管理等。

在市场经济条件下,现代意义的工程项目管理中,建设单位的工程项目一般由社会咨询单位为其提供项目管理服务,实现委托管理。

(1)监理单位的项目管理。监理单位的项目管理是指社会监理单位通过与建设单位签订委托监理合同,受建设单位的委托,为建设单位提供工程监理服务。工程监理是监理单位

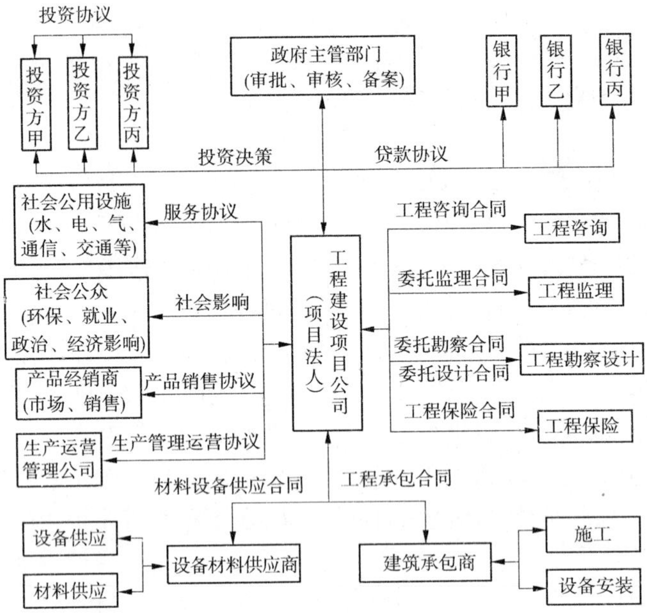

图 1-1　建设工程项目的参与者

受建设单位委托，按合同规定为建设单位服务，并非代表建设单位，而是独立于建设单位和施工单位的第三方。监理单位按合同要求，对设计单位和施工单位在承包活动中的行为进行必要的监督与管理，其任务是对建设工程项目进行投资控制、进度控制、质量控制，同时进行安全管理、合同管理、信息管理与组织协调。

(2)咨询单位的项目管理。工程咨询是指咨询单位遵循独立、科学、公正的原则，运用工程技术、科学技术、经济管理和法律法规等多学科方面的知识与经验，为政府部门、建设单位及其他各类客户的建设工程项目决策和管理提供咨询活动的智力服务，包括前期立项阶段咨询、勘察设计阶段咨询、施工阶段咨询、投产或交付使用后的评价咨询等。咨询单位的项目管理可以是针对工程项目建设的全过程，也可以是针对某一阶段。咨询单位应当具有工程勘察、设计、施工、监理、造价咨询和招标代理等一项或多项资质。咨询单位项目管理的目标和任务随建设单位委托范围的不同而不同。

2)设计单位的工程项目管理

设计单位受建设单位委托承担工程项目的设计任务，以设计合同规定的工作内容及其责任、义务作为该工程设计管理的内容和条件，有效地贯彻业主的建设意图。设计单位的工程项目管理的目标包括设计的成本目标、进度目标、质量目标及投资目标。设计单位的工程项目管理工作主要在项目设计阶段进行，但是也涉及项目的施工及竣工验收阶段。

3)施工单位的工程项目管理

施工单位通过工程施工投标取得工程施工承包合同，并以施工合同规定的工程范围和内容组织项目管理。施工单位的工程项目管理的目标包括施工的成本目标、进度目标和质量目标。施工单位的工程项目管理工作主要在项目施工阶段进行，但也涉及项目的竣工验收阶段和项目的保修阶段。施工单位的工程项目管理的任务包括施工进度管理、质量管理、安全管理、成本管理、合同管理、信息管理、采购管理、资源管理、风险管理和项目结束阶段的管理，以及与施工有关的组织与协调。

3. 工程项目管理的特征

(1)目标明确。项目的目标就是项目管理的目标，项目管理的一切活动都要围绕这一目标进行。

(2)项目经理负责制。项目经理负责制也称为项目经理责任制。我国《建设项目工程总承包管理规范》(GB/T 50358—2005)规定:建设项目工程总承包应实行项目经理负责制。《建设工程项目管理规范》(GB 50326—2006)规定:建设工程项目管理应坚持以人为本和科学发展观，全面实行项目经理责任制，不断改进和提高项目管理水平，实现可持续发展。项目经理责任制是企业制定的，以项目经理为责任主体，确保项目管理目标实现的责任制度。项目经理责任制确定了项目经理在项目管理中的地位、基本责任、权限和利益，项目经理应根据企业法定代表人的授权范围、时间和内容对施工项目自开工准备至竣工验收实施全过程全面管理，因此项目经理是项目管理的核心人物，是项目管理目标的承担者和实现者，对项目的实施进行控制，既要对项目的成果性目标向建设单位(项目法人)负责，又要对承担的效益性目标向企业负责。

(3)充分的授权保证。《建设工程项目管理规范》(GB 50326—2006)规定:项目经理是企业法定代表人在建设工程项目上的授权委托代理人。这就是说，项目经理在企业中处于法定代表人在项目上代理人的地位，他既不是法定代表人的"代表人"，更不能成为"法定代表人"，他必须经过法定代表人的授权，并在其授权的范围内进行项目管理。没有得到充分的授权，项目经理就难以实施对建设工程项目的全权管理，也就难以实现建设工程项目的目标。

(4)具有全面的项目管理职能。项目管理的基础职能包括计划、组织、协调和控制。计划职能，即把项目活动全过程、全部目标都列入计划，通过统一的和动态的计划系统来组织、协调和控制整个项目，使项目协调有序地达到预期目标。组织职能，即建立一个高效率的项目管理体系和组织保证系统，通过合理的职责划分、授权，运用各种规章制度以及合同的签订与实施，以确保项目目标的实现。协调职能，即在项目内部以及项目与环境之间的各种结合部或界面之间，对所有的资源、活动及(人际)关系进行连接、联合、调和，以实现系统目标。控制职能，即在项目实施过程中，运用有效的方法和手段，不断分析、决策、反馈，不断调整实际值与计划值之间的偏差，以确保项目总目标的实现。

(5)现代化、系统化的管理手段。建设项目是一个复杂的开放系统，它由人、技术、资源、时间、空间和信息等多种因素组成。在项目的实施过程中，任何要素的作用都不是独立的，它们相互影响、相互制约，并共同影响工程项目的目标。因此，建设项目管理是一个涉及多学科的系统工程，必须从系统的角度出发，将现代化的管理方法和科学技术，如决策技术、网络计划技术、系统工程、价值工程等加以综合运用，才能实现工程项目的目标。

(6)管理过程的动态控制。为了保证建设项目目标的实现，在建设项目实施过程中要采用动态控制方法，即阶段性地检查实际值与计划值的差异，采取措施，纠正偏差，制订新的计划目标值，使项目向最终目标前进。

(二)工程项目管理体制

管理体制属于生产关系范畴，各国因国情不同而异。我国是以公有制为主体的社会主义国家，建设工程项目的投资主体主要是政府和国有企事业单位，因此国家对建设项目的管理除对项目“公共利益”的监督管理外，还要对建设工程项目的经济效益、建设布局和对国民经济发展计划的适应性等进行严格的管理。可见，我国的建设项目管理体制有其自身的特点。

改革开放前，我国的工程建筑产品不作为商品，对建设工程项目的管理一直采用计划经济管理体制。建设工程项目管理体制经历了自营制、指挥部制、投资包干责任制等阶段。由于计划经济体制下的工程项目管理体制均存在责、权、利关系不清，管理的专业化水平不高等弊端，不符合项目实施的经济规律，因此我国工程建设的管理水平和投资效益长期得不到提高。

改革开放以来，随着我国社会主义市场经济体制的建立和发展，在基本建设领域推出了一系列的改革举措，通过推行项目法人责任制、招标投标制、工程监理制、合同管理制等项改革举措，形成了以国家宏观监督调控为指导，项目法人责任制为核心，招标投标制和工程监理制为服务体系，合同管理制为手段的建设项目管理体制。

1. 项目法人责任制

项目法人责任制是指建设项目出资者根据国家有关法律和法规组建项目法人，由项目法人依法对项目的策划、资金筹措、建设实施、生产经营、债务偿还和资本的保值增值实行全过程负责的一种项目管理制度。

法人是具有民事权利能力和民事行为能力，依法独立享有民事权利和承担民事义务的组织。项目法人是建设项目的投资者、项目投资风险的承担者、项目建设贷款的负债者、项目建设与运行的决策者、项目效益的受益者、项目资产的所有者。

项目法人责任制的实质就是以“产权清晰、权责明确、政企分开、管理科学”为特征的现代企业制度在工程建设领域的应用。实行项目法人责任制的目的，是要使各类投资主体形成自我发展、自主决策、自担风险和讲求效益的建设与运营机制，使各类投资主体成为从项目建设到生产经营均独立享有民事权利和承担民事义务的法人。

2. 招标投标制

工程项目招标就是项目法人（招标人、发包人、买方）通过公告等形式，说明发包项目的名称、规模、特征等，同时提出投标条件与要求，吸引或邀请具有工程承包能力的建设施工企业（投标人、承包人、卖方）在规定的时间、地点按照一定的程序进行投标，并以此选择承包人的行为。招标是工程建设单位（项目法人）运用竞争机制选择工程建设施工企业（承包人）的一种形式。

工程项目投标是与工程项目招标相对应的概念，它是指符合投标条件的建设施工企业（投标人）接受招标人提出的投标条件，按照招标人提出的要求，在规定的时间、地点提交投标申请和投标文件，争取工程承包权的行为。工程项目投标是工程建设施工企业（承包人）按照招标要求提出报价，争取获得工程项目建设承包权的一种方式。

招标投标制是市场经济体制下买卖双方的一种主要的竞争性交易方式。工程项目招标投标的目的就是在建设市场中引入竞争机制，这也是国际上采用的较为完善的工程项目承包方式。

3. 工程监理制

工程监理制是指监理单位受项目法人委托，依据批准的工程项目建设文件、有关法律和法规、工程建设监理合同及其他工程建设合同，对工程项目建设进行监督、管理、提供咨询的责任制度。实行工程监理制可培养专业化、高水平的建设项目管理队伍，提高工程建设管理水平。工程监理制强调建设市场各主体之间的合同关系及监督、制约与协调的机能，充分体现工程建设项目管理的科学性与公正性。工程监理制是与项目法人责任制、招标投标制相配套的建设管理制度。

4. 合同管理制

合同管理是指依据合同规定对当事人的权利和义务进行监督、管理的行为与过程。在工程项目管理中，合同管理制是指以合同规定为依据对建设工程项目参与各方的权利和义务进行监督、管理的工程项目管理制度。建设工程项目的勘察、设计、施工、监理以及与工程建设有关的重要设备、材料的采购，必须依法签订合同。合同是约束和规范合同双方行为的重要依据和手段。合同的科学性、公平性和法律效力，规范了合同双方的行为，使工程建设活动有章可循。

合同管理分为宏观合同管理与微观合同管理。宏观合同管理是指《中华人民共和国合同法》规定的合同管理机关依据法律、行政法规规定的职责进行监督的行为，是国家和政府机关为建立和健全合同管理制度所开展的管理活动，包括立法、行政执法、行政监督等工作。微观合同管理是指企业以合同为依据对建设工程项目进行管理。微观合同管理又分为广义的合同管理和狭义的合同管理。广义的合同管理是指工程项目寿命期的全部合同管理工作，包括合同的订立、鉴证、公正、履行、变更、转让、解除与终止，以及合同纠纷的处理等。狭义的合同管理主要是指与合同变更有关的合同管理工作，如合同变更、工程延期、费用索赔、工程分包审批等。

（三）工程项目管理的目标

1. 工程项目管理的基本目标

与其他任何项目一样，对工程项目而言，其目标同样包括成果性目标和约束性目标。成果性目标是指建设项目的功能性要求，是工程项目建设的总目标；约束性目标是指约束条件或限制条件，即项目规定的实施工期、投资限额和工程质量标准等。如前所述，项目管理的目标就是项目的目标，工程项目管理的目的就是确保项目目标的实现。为此，工程项目管理的总目标，就是按照规定的标准（质量、使用功能等），在限定的资源（如资金、劳动力、设备、材料等）条件下，以尽可能低的费用（成本或投资）圆满完成项目任务，提供或增加一定的生产能力，或形成具有特定使用价值的固定资产。

工程项目的建设是一项多目标的系统工程，项目总目标的实现依赖于约束性目标的实现，只有约束性目标实现了，项目的总目标才能得以实现。工程项目的约束性目标很多，但最核心的是质量目标、进度目标和费用目标，通常称为工程项目的三大目标。

质量目标：对于项目成果在质量方面的追求目的，即工程项目所达到的质量标准。

进度目标：完成项目成果的时间限制，即工程项目的施工工期。

费用目标：完成项目成果所需的资金总额，即工程项目的总投资。

工程项目的三大目标是工程项目管理的基本目标。除质量、进度和费用三大目标外，在工程项目建设中施工安全、环境保护也是工程项目管理的重要目标。

2. 工程项目三大目标间的关系

工程项目的质量、进度和费用三大目标之间存在既对立又统一的关系，它们既相互依存，又相互制约，其关系如图1-2所示。如果提高工程项目的质量或严格控制质量，就要投入更多的资金，耗费更多的时间，但严格控制质量，避免返工，又会加快进度。如果要缩短工程项目的工期,就要投入较多的资金以加快进度,而且并不能保证工程项目达到原来的质量标准;如果延长工期,降低施工进度,虽然有可能会增加投资,但对于提高工程项目的质量是有利的。如果要降低工程项目的投资,就要降低工程项目的功能要求或质量标准,也会造成工期的延长;适当增加投资,就为采取相应的措施加快施工进度和提高工程项目的质量提供了经济基础,有利于加快进度,缩短工期,或提高工程项目的质量。此外,在处理三大目标的关系时,不仅要关注投资或费用,还应关注效益。加快进度往往要增加投资,但是加快进度缩短了工期,能使工程项目提前投入运用,则可提高投资效益;严格控制质量,在工程项目投入运用后可以减少经常性的维护费用,延长工程使用年限,也可提高投资效益。

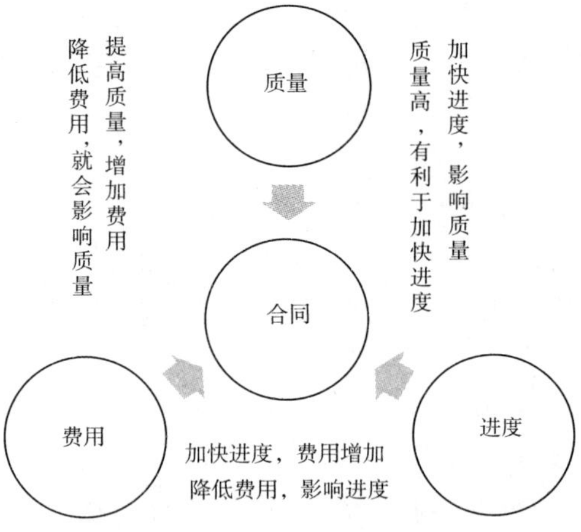

图 1-2　工程项目三大目标间的关系

在工程项目管理中,除要处理好质量、进度和费用三大目标的关系外,同样也要处理好施工安全和环境保护的关系,特别是要处理好与施工安全的关系。安全事故往往会给工程项目的实施带来重大损失,并严重降低施工进度,影响施工工期。在处理三大目标的关系时,应注意以下问题:

(1)在确定各目标值或对各目标值施控时,不能片面地、孤立地考虑某一个目标,而要考虑该目标对其他目标的影响,力求三者的统一。

(2)不同工程项目在不同时期三大目标的重要性是不同的,要正确把握不同时期三大目标的重要性顺序,抓住事物的主要矛盾,以达到目标系统的整体优化。

(3)根据实际需要和可能而确定的质量标准(包括使用功能、安全性能和质量等级等)必须优先予以保证,并要求最终达到目标系统最优。

第二节　公路工程监理概述

一、工程监理的基本概念

(一)监理的概念

在汉语中,“监”是指监督、察看、督促,“理”是指加工、雕琢(玉石)。在《汉典》和《辞海》中,“监理”一词均解释为“监督管理”、“做监理工作的人”。对工程项目管理而言,其含义可以进一步延伸。“监”是对某种预定行为从旁观察或进行检查以使其不偏离行为准则,即监督、监控;“理”是对一些相互协作和相互交错的行为进行协调以理顺人们的行为和利益关系。监理的含义可以表述为:一个机构或执行者,依据一定的准则,对某一行为的有关主体进行监督、监控、检查和评价,并采取组织、协调和疏导等措施,促使人们相互密切协作,按行为准则办事,以便准确、合理、完整地达到预期的目的。

(二)工程监理的概念

工程监理就是监理的执行者依据有关工程建设的法律法规和技术标准,综合运用法律、经济、技术等手段,对工程建设合同有关各方的行为及其职责权利,进行必要的协调与约束,对工程质量、安全、环保、费用、进度等实施有效的监理管理,避免建设行为的随意性和盲目性,使工程建设目标得以最优实现。

(三)工程监理的内涵

1. 工程监理是针对项目建设实施的监督管理

工程监理是围绕着工程项目建设展开的,离开了工程项目,就谈不上监理活动。监理单位代表业主的利益,依据法律法规、合同文件、科学技术、现代方法和手段,对工程项目建设进行程序化管理。

2. 工程监理的行为主体是监理单位

监理单位具有社会化、专业化特点,是专门从事工程监理技术服务活动的组织。监理单位受业主的委托,履行合同规定的职权,对工程施工质量、安全、环保、进度、费用等方面实施监督和管理,因此工程监理的行为主体只能是监理单位。

3. 工程监理的实施需要业主委托和授权

工程监理的实施需要业主委托和授权,这是由工程监理的特点所决定的,也是工程监理制度所规定的。监理单位实施的工程监理不是强制性的,而是基于业主的委托和授权,这种委托与政府对工程建设的强制性监督有本质区别。

4. 工程监理是有明确依据的工程建设管理行为

工程监理实施的依据主要有:国家和交通主管部门颁发的法律、法规、规章和有关政策,国家有关部门颁发的技术规范、技术标准,政府主管部门批准的工程项目建设文件,监理合同,施工合同,工程设计文件和图纸等。

5. 工程监理是微观管理活动

政府从宏观上对工程建设活动进行管理,通过强制性的立法、执法来规范建设市场。工程监理属于微观层次的管理活动,是针对一个具体的工程项目展开的,紧紧围绕工程建设项目的各项投资和生产活动进行全过程、全方位的监督管理,注重具体工作的实际效益。

二、基本建设程序与公路工程监理的阶段划分

(一)基本建设程序

1. 基本建设程序的概念

基本建设程序也称为建设程序,是指建设项目在设想、选择、评估、决策、设计、施工到竣工验收、投入使用的整个建设过程中,各项工程开展所遵循的先后次序。

建设程序反映了工程项目建设固有的客观规律,也体现了现行建设管理体制的特点。按照建设项目发展的内在联系和发展过程,国家通过制定有关法规,把整个基本建设过程划分为若干个阶段,规定每一阶段的工作内容、原则以及审批权限,这既是基本建设应遵循的准则,也是国家对基本建设进行监督管理的手段之一。严格遵循建设程序,坚持按建设程序办事是建设项目科学决策和顺利进行以及提高基本建设经济效果的重要保证,也是每一位建设工作者的职责。

2. 公路工程建设程序

公路工程建设程序是：根据国民经济长远规划及布局所确定的公路网规划，进行工程项目预可行性研究，编制项目建议书；根据批准的项目建议书，进行工程项目可行性研究，编制工程项目可行性研究报告；根据批准的工程项目可行性研究报告，编制初步设计文件；根据批准的初步设计文件，编制施工图设计文件；根据批准的施工图设计文件，编制项目招标文件；根据批准的项目招标文件、资格预审结果和公路建设计划，组织项目招标投标；根据国家有关规定，进行征地、拆迁等施工前准备工作，编制项目开工报告；根据批准的项目开工报告，组织项目实施；项目完工后，编制竣工图表和工程决算，办理项目验收；竣工验收合格后，组织项目后评价。

（二）监理阶段的划分

工程项目监理制度为工程项目管理的一种方式，贯穿于工程建设项目实施的始终，包括编制预可行性研究和项目建议书、项目可行性研究、工程项目设计、工程项目施工招标、工程项目施工、竣工验收与项目后评价。为此，按照公路工程建设程序，公路工程项目监理也可以划分为投资决策阶段监理、设计阶段监理、施工招标投标阶段监理、施工准备阶段监理、施工阶段监理、竣工验收与缺陷责任期阶段监理。鉴于目前在工程监理工作中，投资阶段和设计阶段尚未形成系统和成熟的经验，还需要通过实践进一步研究探索，按照交通部的有关规定，目前公路工程监理仅在施工阶段实施，因而公路工程监理是指公路工程施工监理。根据施工的过程，将公路工程施工监理阶段划分为施工准备、施工、竣工验收与缺陷责任期三个阶段。

三、与工程监理有关的行为主体及其关系

（一）与工程监理有关的行为主体

由图1-1可知，工程项目的实施会有很多行为主体参与。工程监理是依据业主的委托对工程项目进行管理，因此与工程监理活动有关的行为主体主要是工程项目法人、承包人、监理单位等。

项目法人：有时也称为业主、建设单位，它是指某工程项目的投资者或资金筹集者，在工程建设的前期及实施阶段对工程建设的费用、进度、质量等重大问题有决策权的组织。项目法人一般就是建设项目的产权所有人，与工程建设项目有着密切的利害关系，在工程建设中拥有确定建设工程规模、标准、功能，以及选择施工、监理单位等重大问题的权利。

承包人：有时也称为承包单位、承建单位、施工企业，是指被发包人接受的具有工程施工承包主体资格的当事人以及取得该当事人资格的合法继承人，是通过投标或其他方式取得工程项目的施工权，材料、设备的制造及供应权，并与业主签订合同，承担工程施工费用及进度、质量、安全、环保管理责任的经济组织。

监理单位：有时也称为监理企业，它是指取得法人资格，并取得交通主管部门颁发的公路施工监理资质证书，依法从事工程监理业务的经济组织。

（二）工程监理中行为主体间的相互关系

工程监理单位与业主、承包人的关系如图1-3所示。需要特别强调指出的是，作为行使政府监督职能的各级质量监督机构在整个工程建设活动中将对项目法人、承包人和监理单位实施有效的监督。

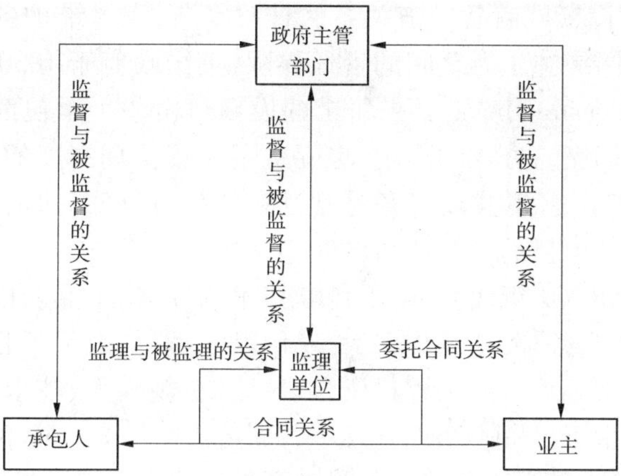

图 1-3　监理单位与工程项目参与方的关系

(1)业主与监理单位的关系。业主与监理单位应签订委托监理合同,二者是委托与被委托的合同关系,应做到各负其责,独立工作,相互尊重,密切合作。业主不得随意干涉监理工作,否则视为侵权违约;监理单位必须保证公正,不得和承包人有经济联系,不准串通承包人侵犯业主利益,否则业主将用合同或法律手段追究监理单位的经济和法律责任。

(2)业主与承包人的关系。业主与承包人应签订施工承包合同,二者是发包与承包的合同关系,业主将工程发包给承包人,承包人按合同约定完成工程。双方必须按合同履行所有的承诺,违约者要承担相应的违约责任。

(3)监理单位与承包人的关系。监理单位与承包人不签订任何合同,二者是监理与被监理的关系,该关系应在业主与承包人签订的施工承包合同中予以明确。监理单位受业主委托对承包人的建设行为进行监理,但也要维护承包人的合法权益;承包人应按合同规定接受监理单位的监督和管理。若监理人员的行为不公正,承包人有权向有关部门申诉。

四、工程监理制度的发展现状

(一)国外监理制度的产生和发展

1. 国外监理制度的发展历程

工程监理作为建设领域的一项科学管理制度,起源于产业革命以前16世纪的欧洲。它的产生和发展与商品经济的发展、建设领域的专业化分工、社会化大生产相伴随,并日趋完善。

16世纪以前的欧洲,建筑师就是总营造师,受雇于业主,负责工程设计、购买材料、雇佣工匠,并组织、管理工程的施工。16世纪以后,欧洲出现了设计考究、施工技术复杂的华丽建筑,因而建筑师队伍出现了设计与施工的专业分工,并且还有一部分建筑师专门向社会传授技艺,为业主提供建筑咨询或接受业主的聘请专门监督、管理施工,这就是监理行业的萌芽。但这时的监理业务仅仅局限于施工过程中的质量监督和工程量计算与检验。

18世纪60年代的英国产业革命,大大促进了欧洲工业化的发展进程,社会上大兴土木带来了建筑业的空前繁荣,工程建设规模不断扩大,建筑技术日趋复杂,质量要求也越来越高。业主也越来越感觉到,单靠自己来监督、管理工程建设已力不从心,监理服务的必要性已逐步为人们所认识。

19 世纪初，随着建设领域商品经济关系的日益复杂，为了维护各方经济利益并加快工程进度，明确业主、设计者、施工者之间的责任界限，英国政府于 1830 年推出了总合同制度（Lump Sum System of Constructing），要求每个建设项目由一个承包商进行总包。总包制度的实施，导致了招标投标交易方式的出现，也促进了工程监理制度的发展。此时，工程监理的业务内容得到进一步扩充，其主要任务是帮助业主计算标底，协助招标，控制费用、进度、质量，进行合同管理以及项目的组织和协调等。

自 20 世纪 50 年代末 60 年代初，由于科学技术的发展、工业与国防建设规模扩大以及人民生活水平的不断提高，需要建设许多大型、巨型工程，如航天工程、大型水利工程、高速公路、核电站和新型城市等。这些工程投资多、风险高、规模大、技术复杂，无论是投资者还是承包商，都难以承担由于投资不当或管理不善而造成的损失。竞争激烈的社会环境、巨大的项目风险迫使业主更加重视项目建设的科学管理。业主为减少投资风险，节约工程费用，需要聘请有经验的监理咨询人员，对工程建设前期的可行性进行研究论证，帮助其进行决策分析。这样，工程监理的业务范围由项目实施阶段向前延伸至项目决策阶段，工程监理工作便贯穿于建设活动的全过程。

20 世纪 70 年代以后，欧、美、日等工业发达国家和地区的工程监理制度向法制化、规范化发展，美国的《统一建筑管理法规》、日本的《建筑师法》及《建筑基准法》、我国香港地区的《建筑条例》和《建筑管理法规》等，都对工程监理的内容、方法以及从事监理的社会组织作了详尽的规定。工程监理制度逐步成为工程建设管理组织体系的重要组成部分。在西方国家的工程建设中形成了业主、承包商和监理工程师三足鼎立的基本格局。

20 世纪 80 年代以来，工程监理制度在国际上有了很大的发展。一些发展中国家也开始效仿发达国家的做法，结合本国实际，建立或引进监理机构，对工程项目建设实施监理。世界银行和亚洲开发银行等国际金融组织，也都把实行工程监理作为提供贷款的必备条件之一，工程监理已成为国际惯例和工程建设必须遵循的制度。

2. 国外工程监理的主要模式

（1）QS（Quantity Surveying）模式。这是英联邦国家所采用的模式，直译为数量估计，从事 QS 工作的人员称为估计员。QS 的工作内容虽然日渐丰富，但是英联邦国家一直沿用这个名称。QS 的国际组织是英国皇家特许测量师学会（RICS），地方性组织是加拿大、新加坡、澳大利亚等测量师学会（协会）。英联邦国家对从事 QS 工作的人员的审核是十分严格的，首先要脱产学习三年半或业余学习五年（1 天/周 +1 夜/周），取得 QS 学士学位，接着要在 RICS 认可的项目上实习三年，熟悉 QS 的全部业务，然后通过 RICS 考试，考试时间为 2 天，并要解决项目 QS 服务的几个实际问题，合格后才能取得 RICS 颁发的证书。QS 为业主提供的服务主要有以下几项：投资估算的咨询，投资规划和价值分析，合同管理咨询，索赔处理，招标文件编制，评标咨询，竣工决算审核，付款审核等。

（2）CM（Construction Management）模式。这是美国的一种体系，直译为建筑工程管理。1968 年在美国新纽约州立大学研究关于设计和施工的加速与改进控制时，汤姆逊等人提出了一份研究报告——快速途径的建筑工程管理（Fast Track Construction Management），该报告中提出了 CM 模式。CM 模式是从项目开始就雇佣具有施工经验的咨询人员参与到项目的实施过程中来，以便为设计人员提供施工方面的建议，并随后负责施工过程的管理。

（3）PM（Project Management）模式。PM 是项目管理的简称，是第二次世界大战以后，20

世纪50年代末60年代初逐步在美国、联邦德国、法国、日本等国广泛应用的项目管理方法。它是指咨询工程师受业主或设计单位、承包人的委托，为其提供项目组织协调、费用控制、进度控制、质量控制、合同管理、信息管理等服务。

（二）我国公路工程监理制度的发展

我国的工程建设监理制最早可以追溯到封建社会的监工制。鸦片战争以后，随着帝国主义列强的侵入，一些资本主义的生产方式开始传入我国，在工程营造方面逐渐形成了招标和工程承包制。新中国成立以后，社会主义公有制在国民经济中占据主导地位，随着经济体制的变革与发展，工程建设管理体制也发生着变化。20世纪70年代以前，全面推行了计划经济体制，工程建设的质量以施工单位的自我监督为主。20世纪80年代前期，我国进入了改革开放时代，使得施工单位自我监督体制难以适应市场经济体制发展的要求，为此，政府主管部门建立了质量监督站，形成了政府专业监督与企业自检相结合的工程质量管理体制。20世纪80年代中后期，随着改革开放的不断深化和社会主义市场经济的发展，我国开始引进现代工程监理制度。我国自提出推行工程监理制度以来，经历了准备阶段（1988年）、工程监理试点阶段（1989～1992年）、工程监理稳步推行阶段（1993～1995年）以及工程监理全面推行阶段（1996年至今）四个发展时期。

1. 准备阶段

1988年，建设部分别在北京和上海召开了两次建设监理试点工作会议，商讨监理试点工作的目的、要求，确定监理试点单位的条件等事宜，并确定了试点城市和部门，交通部的公路系统和能源部的水电系统被作为监理试点。根据会议精神，建设部于1988年11月12日印发了《关于开展建设监理试点工作的若干意见》。自此，试点地区和部门开始组建监理单位，为工程建设监理的试点工作的开展做好了准备。

2. 工程监理试点阶段

1989年7月28日，建设部颁发了《建设监理试行规定》，这是我国开展建设监理工作的第一个法规性文件，它全面地规范了参与建设监理各方的行为。交通部和能源部作为建设工程监理的试点单位，先后在世界银行贷款项目陕西省西安至三原一级公路、京津塘高速公路和天津港东突堤工程以及布鲁格水电站等项目实行了国际招标及工程监理制。交通部于1992年5月制定了《公路工程施工监理办法》，同时废止了1989年4月制定的《公路工程施工监理暂行办法》。经过几年的试点工作，建设部于1993年在天津召开了第五次全国建设监理工作会议，总结了试点工作的经验，对各地区、各部门的建设监理工作给予了充分肯定，并决定在我国结束建设监理制度的试点工作。工程建设监理制度从当年转入稳定发展阶段。

3. 工程监理稳步推行阶段

从1993年工程监理转入稳步发展阶段以来，我国工程建设监理工作得到了很大发展。截至1995年底，全国29个省、自治区、直辖市和国务院工业、交通等39个部门推行了工程监理制度。全国已开展监理工作的地级以上的城市有153个，占总数的76%；已成立的监理单位有1 500家，其中甲级监理单位有64家；监理从业人员达8万人，其中有1 180多名监理工程师获得了注册证书。一支具有较高素质的监理队伍正在形成，全国累计受监理的工程投资规模达5 000多亿元，受监理工程的覆盖率在全国平均约有20%。

4. 工程监理全面推行阶段

1995 年 12 月，建设部在北京召开了第六次全国建设监理工作会议，会上，建设部和国家计划委员会联合颁布了 737 号文件，即《工程建设监理规定》，并总结了 7 年来工程建设监理工作的成绩和经验，对今后的监理工作进行了全面的部署。这次会议的召开标志着我国建设监理工作已进入全面推行的新阶段。

第三节　我国公路工程施工质量保证体系

为了适应我国公路工程建设管理体制改革的需要，提高工程质量管理水平，保护国家及社会公共利益，交通部在总结我国过去公路建设历史经验的基础上，根据公路建设特点，科学地制定了"政府监督、法人管理、社会监理、企业自检"的公路工程质量保证体系。

一、政府监督

（一）政府监督及其性质

1. 政府监督的含义

政府机构对社会公共事务承担着监督和管理的职责。公路工程建设产品是公益性的基础设施，它属于社会公益产品，其质量和国民经济的发展、广大人民的根本利益有着直接的关系，因此政府必须对公路工程建设实行监督管理。

政府监督是指政府交通主管部门及其所属的质量监督机构依法对工程建设和工程建设从业单位及从业人员进行监督管理的活动。政府监督是公路工程质量保证体系中极其重要的质量监督环节之一，是政府职能部门强化对公路工程质量管理的具体体现。1984 年国务院明确提出建立有权威的政府工程质量监督机构。交通部于 1987 年 10 月设立了基本建设工程质量监督总站，并指令各省、自治区、直辖市及地、州、市设立相应的建设工程质量监督站，各级质量监督站在辖区内行使政府监督职能。

2. 政府监督的性质

（1）强制性。政府的管理行为象征着国家机构的运转，而国家机构的管理职能是通过国家法律获得的，因此政府机构实施的监督管理行为，对于被监督者来说，只能是强制性、必须接受的。政府机构与工程的投资、设计、施工、监理等单位不是平等主体的关系，而是监督与被监督的关系。政府监督的强制性体现在管辖范围内的所有建设工程，无论其投资主体如何，都必须无条件地接受政府机构的监督管理。

（2）执法性。政府监督主要依据国家法律、法规、方针、政策，以及国家与交通部颁布的技术规范、标准进行监督，并严格遵照法定的监督程序行使监督、检查、许可、纠正、强制执行等权力。监督人员每一个具体的监督行为都有充分的法律依据，带有明显的执法性，因此政府监督是一种行政执法行为。

（3）全面性。政府监督是针对整个辖区内的所有工程建设活动及建设活动的参与者的。就空间而言，政府监督的范围覆盖了辖区内的所有工程建设项目及所有的参与主体和从业人员；就一个工程项目的实施过程而言，政府监督则贯穿于工程项目建设的全过程。

（4）宏观性。政府监督侧重于工程建设项目的社会效益，着眼于工程建设行为的规范性，以维护国家和社会公众的利益以及工程建设各参与者的合法权益。对于具体工程建设项目而言,政府监督是宏观的、间接的、程序性的,并不涉及具体工程的质量、进度与投资的控制。

(二)政府监督的依据及职责

1. 政府监督的依据

(1)国家有关公路工程建设的方针、政策、法律、法规和规章。

(2)政府批准的工程建设计划、规划、设计文件。

(3)国家和交通部等有关部委颁发的有关技术标准、规范和规程等。

2. 政府监督的职责

(1)监督国家有关公路建设工作方针、政策和法律、法规、规章及强制性技术标准的执行。

(2)监督公路建设者履行国家基本建设程序。

(3)监督公路建设市场秩序。

(4)监督公路工程质量和工程安全。

(5)监督公路建设资金的使用。

(6)依法查处公路建设中的违法行为。

3. 政府监督的内容

(1)工程质量管理的法律、法规、规章、技术标准和规范的执行情况。

(2)从业单位的质量保证体系及其运转情况。

(3)勘察、设计质量情况,工程施工质量情况,使用的材料、设备的质量情况。

(4)工程试验检测工作情况。

(5)工程质量资料的真实性、完整性、规范性、合法性等情况。

(6)从业单位在工程实施过程中的行为。

(7)完工项目的质量检测和质量鉴定等。

二、法人管理

为了建立投资约束机制,规范业主的行为,建设工程应当按照政企分开的原则,组建项目法人。实行项目法人责任制,就是实行由项目法人对项目策划、资金筹措、建设实施、生产经营、债务偿还和资产保值增值全过程负责,贯彻执行谁投资、谁决策、谁承担风险的基本原则。

项目法人作为工程建设投资行为的主体,应当承担投资风险,承担公路建设相关责任和义务,承担建设项目质量、投资、工期等的管理责任。工程建设项目管理是一项专业性很强的工作,对于工程项目法人而言,通常缺乏工程建设方面的专业知识,缺乏工程项目管理的经验。因此,为了提高工程建设投资效益,确保工程质量、进度、费用等目标的实现,项目法人必然要根据自己的需要和有关法律法规的规定委托监理单位,把公路工程施工活动中的各项管理工作交给监理单位。监理单位根据项目法人的授权,发挥自己的专长,有效地对工程质量、施工安全、环保、进度、费用等进行监控,使工程项目的建设总目标得以最优实现。

法人管理是指项目法人通过招标择优选定监理单位、承包人,以合同的形式,明确建设各方的质量、进度、费用、安全、环保等管理职责,并通过对监理单位和承包人的履约情况检查来对工程质量、进度、费用、安全、环保等进行管理和承担管理责任,确保工程质量等目标的实现。因此,项目法人在质量保证体系中处于主体地位。

三、社会监理

(一)社会监理的性质

社会监理是指具有法人资格和相应监理资质的社会监理单位,受项目业主的委托,依据监理合同和施工合同,对工程质量、安全、环保、进度、费用及合同等其他事项进行全面的监督、控制,同时做好信息管理工作和组织协调的专业化的管理活动。

1. 服务性

监理单位是技术密集型的高智能服务组织,它属于中介服务性质的单位,本身不是建设产品的直接生产者和经营者,它依靠其高技术、高智能和丰富的经验为业主提供智力服务。监理工程师通过对工程施工进行组织、协调、监督和控制,保证施工合同的顺利实施,达到业主的建设意图。监理工程师在合同的实施过程中,有权监督业主和承包人严格遵守国家有关建设标准和规范,贯彻国家的建设方针和政策,维护国家利益和公众利益。监理单位不同于施工企业,它不承包工程,监理工程师的工作是为业主提供智力服务,是服务性的。此外,监理单位不参与工程承包的盈利分配,而是根据支付技术服务劳动量的多少取得相应的监理报酬,因此社会监理是一种有偿的技术服务活动。

2. 科学性

科学性是监理单位区别于其他一般性组织的重要特征,也是其赖以生存的重要条件。工程监理是一种高智能的技术服务活动,要求监理单位遵循科学准则。监理单位必须具有发现并解决工程施工中所存在的技术与管理等方面问题的能力,能够提供高水平的专业服务,所以它必须具有科学性,而科学性又必须以监理人员的高素质为前提。

工程监理的科学性主要表现在:工程监理单位应当由组织管理能力强、工程建设经验丰富的人员担任领导;应当具有由数量足够、管理经验丰富和应变能力强的监理工程师组成的骨干队伍;要有一套健全的管理制度;要有现代化的管理手段;要掌握先进的管理理论、方法,要积累足够的技术、经济资料和数据;要有科学的工作态度和严谨的工作作风,要实事求是、创造性地开展工作。

3. 委托性

工程监理的产生源于市场经济条件下业主的社会需求,始于业主的委托和授权。在国际上,工程监理作为一项制度正是基于这样的客观需求产生和发展的。工程监理的实施需要业主的委托和授权,在工程监理中,业主与监理单位是委托与被委托的关系,或是授权与被授权的关系。这种委托与授权方式说明,在实施工程监理的过程中,监理工程师的权利是由作为工程项目管理主体的业主通过授权而转移过来的。监理单位只有与业主签订委托监理合同,明确了监理的范围、内容、权利、责任与义务等之后,才能在规定的范围内行使监理权,合法地开展监理活动。

4. 公正性

监理工程师在工程监理中的主要工作内容之一,就是组织协调,调节工程项目参与各方的利益关系,促使合同当事人各方相互配合,圆满履行合同义务,保障各方的合法权益等。监理工程师在调节各方关系时必须排除各种干扰,坚持以公正的态度对待业主、承包人以及其他的项目参与方。当业主与承包人发生冲突时,监理工程师应当站在公正的立场上,以事实为依据,以有关的法律法规和双方所签订的工程建设合同为准绳,公正、有效地解决和处理问题。公正性是对监理行业的必然要求,是社会公认的职业准则,也是监理工程师的职业道德和行为准则。

(二)社会监理的依据和任务

1. 公路工程监理的依据

(1)国家和地方法律、法规及规章:指国家制定的与公路工程建设及工程监理有关的法律,国务院制定的有关行政法规,省级人大制定的有关地方性法规,国家及交通部制定的有关法规、规章及办法等。

(2)国家和行业及地方有关标准、规范、规程:国家和交通部及省级交通主管部门制定的与公路工程建设及工程监理有关的技术标准、技术规范、操作规程等。

(3)监理合同:业主和工程监理单位之间签订的公路工程施工监理合同。

(4)施工合同:业主和工程承包人之间签订的公路工程施工合同。

(5)工程前期有关文件:国家及交通主管部门批准的与工程建设有关的规划、计划、报告及其他工程建设前期文件,包括工程建设规划、可行性研究报告、年度建设计划、工程项目施工许可证等。

(6)工程设计文件和图纸:经交通主管部门批准的工程设计文件和设计图纸,以及在施工过程中产生的经监理工程师审核、业主批准的补充或变更图纸。

(7)工程实施过程中的有关函件:在施工合同履行期间,监理单位与业主及承包人之间所产生的会议纪要、函件和其他文字记载,以及经监理工程师批准的施工进度计划、施工方案等。

2. 公路工程监理的任务

公路工程监理主要是指施工阶段的监理。施工阶段监理的任务是,监理工程师利用业主授予的权利,从组织、技术、合同和经济的角度采取措施,对工程质量、安全、环保、进度、费用实施全面监理,并严格进行合同管理,高效有序地进行信息管理,及时进行组织协调,以使工程建设的目标最合理地实现。

(1)质量监理。质量是工程建设的关键。影响公路工程质量的因素很多,监理工程师应按照合同要求对影响工程质量的各个因素从原材料、施工工艺到成品进行监理。任一环节出现疏忽,都会给公路工程最终质量带来严重损害,因而监理工程师必须对整个工程实行施工全过程的监理。

(2)安全监理。安全生产是保证工程质量、进度、费用等目标顺利实现的前提条件之一。监理工程师应依据国家有关法规,按照合同规定的要求,贯彻落实国家安全生产的有关方针和政策,督促承包人按照工程建设安全生产法规和强制性标准组织施工,消除施工中的冒险性、盲目性和随意性,落实各项安全技术措施,有效地杜绝各类不安全隐患,杜绝、控制和减少各类伤亡事故,实现安全生产。

(3)环保监理。环境保护是我国的一项基本国策,是落实科学发展观和实现可持续发展的必然要求。同时,施工现场的环境状况对正常施工也会产生一定的影响。为了将施工对环境造成的影响降低到最小程度,确保工程施工正常进行,监理工程师应根据国家环保法律法规及合同的要求,贯彻落实国家有关环保的方针、政策,督促承包人按照有关环保法规和强制性标准组织施工,消除或控制施工中的环境影响因素,落实环保措施,杜绝、控制和减少施工对环境的不利影响。

(4)进度监理。一个工程项目,一般在合同文件中对工期作了明确的规定。承包人根据合同规定的工期进行计划安排,制订出切实可行的工程总进度计划,提交监理工程师审查批准。监理工程师应按照此计划对其进行监理。当出现导致工程延误的关键因素时,监理工程师应及时要求承包人采取有效的技术和管理措施并调整计划,如增加施工机械或人力等,以保证在竣工期限内完工。

(5)费用监理。在施工监理中,在工程质量符合标准、进度符合合同要求的基础上,监理工程师还应对工程费用进行监理。监理工程师作为工程费用监理控制的主体,处于工程计量和支付环节的关键地位,除加强对合同中工程量清单所列工程费用的计量与支付的管理外,还应对合同中所规定的其他费用(如附加工程、工程变更调价、索赔等)加强监督与管理,尽量减少工程施工过程中各种附加性费用的支付。

(6)合同及其他事项管理。工程建设的目标均反映在工程参与者之间签订的合同之中,监理工程师应依据合同的约定,及时按工作程序处理各种合同管理问题,其主要内容包括工程分包、工程变更、工程延期、费用索赔、工程保险、违约处理、争端协调等,以确保对工程质量、安全、环保、进度、费用实施有效监控。

(7)信息管理。信息是反映客观事物规律的一些数据和资料。在工程项目实施过程中,会产生各式各样的反映工程项目实施状况及参与者往来关系的信息,这些信息是监理工程师处理问题、进行决策的基础。信息管理是工程监理的重要手段。只有及时、准确地掌握项目建设中的相关信息,严格、有序地管理各种文件、图纸、记录、指令、报告和有关技术资料,完善信息资料的接收、签发、归档和查询等制度,才能为监理工程师及时、准确提供处理问题的依据,以便及时采取有效的措施,完成监理任务。

(8)组织协调。在工程项目实施过程中,业主和承包人之间由于各自的经济利益和对问题的不同理解,会产生各种矛盾和冲突;其他的项目参与者以不同的方式为项目建设服务,他们之间也难以避免地会发生各种冲突。因此,在工程项目的实施中存在着大量的组织协调工作。监理工程师及时、公正、合理地做好协调工作,维护各方的合法权益,是工程顺利进行的重要保证。

(三)施工阶段社会监理的工作内容

1. 施工准备阶段监理

监理合同签订之日至合同工程开工令确定的开工之日为施工准备阶段。该阶段监理工作的主要内容为:参加设计交底,审批施工组织设计,检查承包人的质量、安全、环保等保证体系,审核承包人工地试验室,审批承包人提交的对原始基准点、基准线和基准高程的复测结果,验收地面线,审批工程划分,确认场地占用计划,核算工程量清单,签发开工预付款支付证书,召开监理交底会,召开第一次工地会议,签发合同工程开工令等。

2. 施工阶段监理

合同工程开工之日至合同工程交工验收申请受理之日为施工阶段。该阶段监理工作的内容主要是集中力量做好工程质量监理、安全监理、环保监理、进度监理、费用监理工作,做好合同及其他事项管理工作和信息管理工作,并及时地组织协调,以确保工程顺利进行。

3. 竣工验收与缺陷责任期阶段监理

合同工程交工验收申请受理之日至缺陷期责任终止证书签发之日为交工验收与缺陷责任期阶段。该阶段监理工作的主要内容为:审查交工验收申请,评定工程质量与编制监理工作报告，参加竣工验收，签认交工结账证书，检查承包人剩余工程的实施，巡视、检查已完工程，指示承包人进行工程缺陷修复，督促承包人按合同规定完成竣工资料，签发缺陷责任终止证书，签发最后支付证书，参加工程竣工验收等。

四、企业自检

（一）企业自检的含义

所谓企业自检，是施工企业按照与业主签订的施工合同文件的要求，为保证工程质量，通过建立内部质量自检系统，开展工程质量控制与质量管理的活动。

公路工程施工企业作为公路工程建设的主要参与主体之一，是公路工程建筑产品的直接生产者，对保证公路工程的建设质量具有决定性的作用。公路工程施工企业建立良好的工程质量自检系统是形成公路工程质量保证体系的前提，是政府监督和社会监理职能实现的基础。

（二）施工企业自检系统的建立

为了按照合同约定实现建设工程项目的目标，施工企业必须根据工程的具体情况，建立健全工程质量自检系统。

（1）确定质量控制的目标。施工企业应根据施工合同中对工程质量的要求，确定质量自控的总目标，然后将其分解，明确各职能部门及各施工班组的质量自控目标，从而形成质量自控的目标体系。

（2）建立质量控制的组织机构。施工企业应根据工程项目规模大小、结构特点、质量自控目标等建立质量控制的组织机构。各职能部门及各施工班组也应根据各自承担的质量目标建立相应的自控小组，同时制定工作制度，从而建立起一个上下贯通的质量自检组织体系。

（3）配备相应职称的自检人员。施工企业应该根据工程规模的大小和工程结构特点等确定质量负责人，配备相应职称的自检人员，明确各自检人员的职责分工。施工的每一道工序都应由施工企业的自检人员按照监理工程师规定的程序提供自检报告和试验报表。

（4）配备能满足要求的试验检测设备。作为工程质量控制的技术手段，施工企业必须配备与工程规模和结构特点相适应的试验设备。试验设备的类型、规格应符合合同文件中有关试验标准的规定，并应对一些关键性设备，如核子密度仪、压力机等进行核定。此外，对某些试验设备的数量应进行核实，分析其在施工高峰期能否满足工程试验和检测的需要。

（5）明确质量检验标准。企业自检应以国家和交通部颁布的有关标准、规范、规程、规定、办法等为依据，根据国家和交通部颁布的有关标准，明确相应的工作方法和手段，使企业自检工作标准化、规范化。

（三）全面质量管理

施工企业自检系统的建立和运转是与施工企业的整体质量管理水平有密切关系的，搞好企业自检的关键是加强企业的全面质量管理。全面质量管理，即 TQM（Total Quality Management），是指一个组织以质量保证为核心，以全员参与为基础，以顾客满意和本组织所有成员及社会受益为目的的管理模式。就工程项目建设的施工阶段而言，工程质量形成于工程项目施工的全过程，涉及施工企业各部门、各个参与者及其各环节的工作质量，也就是说，施工企业的每一个人的每一个工作环节的工作质量都与工程质量有直接或间接的关系，因此企业中的每一个人都应重视质量，从自己的工作中发现与工程质量有关的因素和特点，主动加强协作配合，互相服务，保证施工过程中的工作质量，以确保工程质量目标的实现。

全面质量管理的基本程序是 PDCA 管理循环，即"计划(Plan)—执行(Do)—检查(Check)—处理(Action)"的循环。PDCA 管理循环是一种科学的质量管理工作程序，也反映了建立质量保证体系活动所应遵循的科学规律。在全面质量管理中，PDCA 管理循环包括四个阶段八个步骤(见图 1-4)。

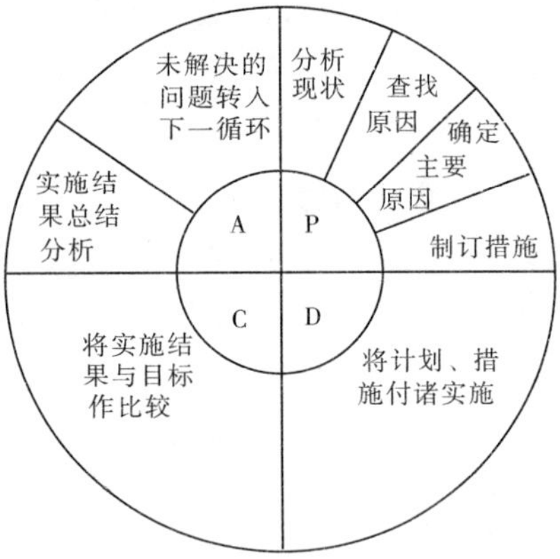

图 1-4　全面质量管理的八个步骤

第一个阶段是计划(Plan)，就是制订质量目标、活动计划、管理措施或方案，主要包括下列工作内容：①分析现状，找出存在的质量问题；②分析产生质量问题的各种原因或影响因素；③从各种原因中找出影响质量的主要原因；④针对影响质量的主要原因，提出技术、组织措施或方案，制订实施计划，并具体落实执行者、时间进度、地点、完成方法等。

第二个阶段是执行(Do)，就是将制订的计划、措施或方案付诸具体的组织实施。

第三个阶段是检查(Check)，主要是在计划的实施和执行过程中或执行之后，检查执行情况，分析实际结果是否符合计划的预期结果，哪些方面是成功的，哪些方面是失败的，成功的经验是什么，失败的教训是什么，原因有哪些。

第四个阶段是处理(Action)，主要是根据检查结果，采取相应的措施。把成功的经验加以肯定，纳入标准、规程或形成制度，以便今后照办；对失败的教训要予以吸取，以防再次发生；对查出的问题能够解决的，立即采取措施解决，一时不能解决的，作为遗留问题，转入下一个管理循环，作为下一阶段的计划目标。

PDCA 管理循环的四个阶段，符合"实践—认识—再实践—再认识"的认识规律，是体现科学认识论的一种具体管理手段和一套完整科学的工作程序。四个阶段循环往复，只有起点，没有终点。按照这套程序进行管理，有助于把管理工作做得卓有成效，更好地达到预期目标。

第四节　公路工程监理人员与组织

一、监理工程师及监理人员

工程监理是一项高智能的技术服务，实施这一技术服务的主体统称为监理人员。根据在建设工程项目监理中的地位和作用的不同，监理人员分为监理工程师和监理员两类。监理工程师属中高级监理人员，主要负责管理工作，在建设工程项目监理中起主导作用。监理员是初级监理人员，主要负责现场具体的监理工作。为此，此处重点介绍监理工程师。

(一)监理工程师与监理员

1. 监理工程师

监理工程师是指经全国公路工程监理工程师执业资格考试合格，取得监理工程师资格证书,并经岗位登记从事公路工程监理业务的专业人员。其包含三层含义:第一,监理工程师是从事公路工程监理工作的专业人员;第二,已取得交通主管部门确认的“监理工程师资格证书”;第三,进行了监理工程师岗位登记。监理工程师属于岗位职务,而并非专业技术职称。监理工程师的这一特点,决定了监理工程师并非终身职务,只有具备资格并经岗位登记,在监理单位中从事公路工程监理业务的人员,才能称为监理工程师;反之,对一位已取得监理工程师资格的人员来讲,如果脱离了监理单位,不再从事监理业务,其监理工程师资格也将被取消。

2. 监理员

经过监理业务培训并合格,取得交通主管部门颁发的监理业务培训证书,具有同类工程相关专业知识,但尚未取得监理工程师资格证书而从事监理工作的人员统称为监理员。

(二)监理工程师的资格与岗位登记

1. 监理工程师的资格划分与管理

《公路、水运工程监理工程师资质管理办法》规定:监理工程师按批准的资格分为监理工程师和专业监理工程师;具有监理工程师资格者,经聘任可在交通基本建设项目中担任总监理工程师、总监理工程师代表、高级驻地监理工程师、驻地监理工程师、专业监理工程师等岗位职务。

监理工程师资质实行分级管理。交通部是全国公路、水运工程监理工程师资质管理工作的主管部门,具体负责监理工程师资格和各等级(类型)交通基本建设项目专业监理工程师资格的审批、颁证和复查工作。各省、自治区、直辖市交通厅(局)和部属、双重领导的港务局、航务(运)管理局是本地区、本部门监理工程师资格和专业监理工程师资格的审查与申报部门,并负责本地区二级公路以下(含二级公路)或小型水运基本建设项目专业监理工程师资格的审批、颁证和复查工作。

2. 监理工程师执业资格考试

公路专业技术人员只有参加全国公路工程监理工程师执业资格考试并考试合格,才能取得《监理工程师资格证书》。凡报考者须如实填写《公路、水运工程监理工程师资格考试报名(审查)表》,并具备如下考试报名条件:

(1)遵守国家法律、法规,职业道德和工作业绩良好,热爱监理工作。

(2)取得工程类或经济类中级以上专业技术职务任职资格,或取得工程类初级专业技术职务任职资格且取得该资格的年限满足以下规定,即大学专科毕业的须满5年,大学本科毕业的须满4年,硕士研究生毕业或获得硕士学位的须满2年。

(3)年龄65周岁以下,身体健康,能胜任现场监理工作。

(4)报考监理工程师须具有公路工程或相关专业大专以上学历,从事公路工程及相关专业技术工作累计5年以上;报考专业监理工程师须有公路工程或相关专业中专以上学历,从事公路工程及相关专业技术工作累计3年以上。

3. 执业资格确认与登记

经公路监理工程师资格考试合格者,由交通部监理工程师执业资格考试领导小组根据应考者的考试结果,核审其公路工程监理工程师或专业监理工程师资格及其监理专业,并颁发相应的监理工程师资格证书,确认其相应的监理工程师资格。

根据《公路、水运工程监理工程师登记管理办法》,取得交通运输部公路、水运工程监理工程师或专业监理工程师资格的人员，应按规定进行从业登记和业绩登记。从业登记是指与监理企业建立合同关系的监理工程师，声明以监理工程师名义从事工程监理或相关业务活动的起始记录。业绩登记是指监理工程师在工程项目中代表监理企业以监理工程师名义从事监理工作的记录。

（三）监理工程师的素质要求

工程监理是高层次的咨询工作，也是一项技术性、政策性、经济性、社会性很强的综合管理工作，要求从事监理工作的监理工程师具备较高的素质。

1. 具有较高的理念水平

在工程建设监理工作中，监理工程师不仅要进行项目实施的组织管理与协调，而且还要对实施中出现的技术问题、经济问题、安全与环保问题进行处理，特别是随着现代科学技术的发展，建设工程项目的规模越来越大，结构越来越复杂，项目管理所涉及的领域和理论也越来越广泛，因此监理工程师必须具备较高的理论水平，才能对监理过程中所出现的复杂技术、经济问题进行深入分析，抓住事物的本质，从根本上处理、解决问题。此外，监理工程师不仅应具有较深厚的专业理论知识、经济管理理论知识和一定的法律知识，还要具有较高的政策理论水平，能正确理解有关工程建设的方针、政策，高水平地处理监理工作中的有关政策问题。

2. 具有较高的专业技术水平

建设工程监理是一种高智能的技术服务，在实施监理的过程中不仅应及时发现工程设计单位和承包人未能发现的技术问题，而且应及时有效地解决工程实施中出现的各种复杂技术、经济、安全等问题。因此，监理工程师除要具有较高的理论水平外，还应具有较高的专业技术水平和专业能力，能把专业理论应用于工程实践。较高的专业技术水平首先取决于渊博的专业技术知识，特别是有关新技术、新工艺、新材料、新方法及其在工程中的应用知识；其次是丰富的实践能力和经验，包括设计经验、施工经验、招标投标经验、项目管理经验（工程性质、规模、标准、工程量、强度、难度）、环境经验（自然环境、社会环境）等。经验就是“病例库”、“处方库”，经验丰富，就能够对突发问题及时采取有效方法加以处理。

3. 具有合理的知识结构

建设工程监理不仅仅是技术服务，还具有管理职能，因此作为监理工程师既要懂技术，还要懂经济、懂管理、懂法律，其知识结构包括专业技术、经济、管理和法律四个方面。在专业技术方面，主要是指路基、路面、桥梁结构、隧道、机电、试验检测等相关的专业知识；在经济方面，主要是指进行技术方案的经济比较，进行可行性研究、概预算的编制与审核等有关的知识；在管理方面，主要是指项目管理的知识，如组织学、控制论等；在法律方面，是指与工程监理有关的法律、法规和各项规章等，如公路法、合同法、招标投标法、建设工程质量管理条例、建设工程安全生产管理条例、公路工程施工监理规范、公路工程施工监理招标投标管理办法等。

4. 具有较强的组织协调能力和良好的协作精神

监理工程师要实现项目监理目标，需要与各参与单位合作，要与不同地位和知识背景的人打交道，要把各方面的关系协调好，这一切都离不开组织协调和协作。

监理工程师在项目建设中责任大、任务繁重，因而较强的组织协调能力和良好的协作精神就成了监理工程师的必备素质。监理工程师要力求把参加工程建设的各方组织成一个集体，要处理各种矛盾、纠纷，就要求具备较强的组织协调能力和良好的协作精神。

5. 具有较高的外语水平和涉外工作经验

监理工程师如果从事国际工程的监理，则必须具备较高的外语水平和涉外工作经验，即具有会话、谈判、阅读（招标文件、合同条件、技术规范等）以及写作（公函、合同、电传等）方面的外语能力。同时，还要具有国际工程合同管理的经历以及国际金融、国际贸易和国际经济技术合作有关的法律方面的基础知识。我国对外开放的进一步扩大，对监理工程师的外语水平和涉外工作经验提出了更高的要求。

6. 具有健康的体魄和充沛的精力

尽管工程监理是一种高智能的技术服务，以脑力劳动为主，但是监理人员也必须具有健康的身体和充沛的精力。尤其在工程施工阶段，由于露天作业，工作条件艰苦，工期往往紧迫，业务繁忙，更需要有健康的身体，否则，难以胜任。

（四）监理工程师的职业道德准则

各行各业都有自己的道德规范，这些规范是由职业特点决定的。为了确保公路工程监理事业的健康发展，监理工程师应遵守以下职业道德准则：

（1）维护国家的荣誉和利益，按照"守法、诚信、公正、科学"的准则执业。

（2）执行有关工程建设的法律、法规、规范、标准和制度，履行监理合同规定的义务和责任。

（3）努力学习专业技术和建设监理知识，不断提高业务能力和监理水平。

（4）不以个人名义承揽监理业务。

（5）不同时在 2 个以上监理单位注册和从事监理活动，不在政府部门和施工、材料设备生产供应单位兼职。

（6）不为所监理项目指定承包商、建筑构配件（设备、材料）生产厂家和施工方法。

（7）不收受被监理单位的任何礼品。

（8）不泄露所监理工程各方认为需要保密的事项。

（9）坚持独立自主地开展工作。

（五）监理工程师的职权

监理工程师受业主委托，履行合同中规定的职责，即进行工程进度、质量、安全、环保和费用的监理以及其他的合同管理工作。监理工程师的职责根据监理合同中的监理工作任务与性质确定，其权利由业主的授权而定，主要包括：技术上的核定权，组织协调的主持权，材料、设备和工程质量的确认权和否决权，进度与工期的确认权和否决权，施工安全和环境保护的确认权和否决权，工程款支付与结算的确认权和否决权。

（六）监理工程师违规的处罚

监理工程师在执业过程中必须严格遵纪守法。交通主管部门对于监理工程师的违法违规行为，将追究其责任，并根据不同情节给予必要的行政处罚。监理工程师违约行为的处罚在相关的法律法规和部门规章中都有明确的规定。

（1）《建设工程质量管理条例》规定：监理工程师等注册执业人员因过错造成质量事故的，责令停止执业 1 年；造成重大质量事故的，吊销执业资格证书，5 年以内不予注册；情节特别恶劣的，终身不予注册。

（2）《建设工程安全生产管理条例》规定：监理工程师等注册执业人员未执行法律、法规和工程建设强制性标准的，责令停止执业3个月以上1年以下；情节严重的，吊销执业资格证书，5年内不予注册；造成重大事故的，终身不予注册；构成犯罪的，依照刑法有关规定追究刑事责任。

（3）《公路建设监督管理办法》规定：监理工程师具有索贿、行贿、受贿行为，损害国家和单位合法权益的，依法给予行政处分，构成犯罪的依法追究刑事责任。

（4）《公路、水运工程监理工程师资质管理办法》第二十七条规定，对出现下列情况之一者，将根据情节，分别给予通报批评、停止执业、取消监理资格并收缴证书及限期5年内不得再申报监理工程师的处罚：不能自觉遵守监理工程师职业道德，缺乏监理工作责任心，造成不良影响者；监理工作失误，造成工程质量事故或经济损失者；未经注册，以驻地监理工程师以上名义从事监理工作者；以监理工程师个人名义承接工程监理业务的；以虚假或不正当手段获得"监理工程师资格证书"或"专业监理工程师资格证书"者。第二十八条规定，监理工程师丧失职业道德，贪污、索受贿赂，玩忽职守或因监理工作失误，造成重大工程质量事故和严重经济损失并构成犯罪的，除取消监理工程师资格并收缴证书外，还将由司法机关追究其刑事责任。

二、监理单位及其选择

（一）监理单位

1. 监理单位的概念

监理单位是指具有法人资格并取得交通行政主管部门颁发的公路工程施工监理资质证书，从事工程监理业务的经济组织。它是监理工程师的执业机构。

监理单位必须具有自己的名称、组织机构和场所，有与承担监理业务相适应的经济、法律、技术及管理人员，有完善的组织章程和管理制度，并具有一定数量的资金和设施。

按照我国现行法律法规的规定，工程监理企业的组织形式包括公司制、合伙制以及个人独资、中外合资经营和中外合作经营。公司制监理企业是依照法定程序设立的企业法人，包括监理有限责任公司、监理股份有限公司。

2. 监理单位的设立

设立监理单位必须向资质管理部门申请资质审查，符合条件的单位经申请取得监理资质证书，并经工商注册取得营业执照，才可承担监理业务。

1）设立监理单位的基本条件

（1）有自己的名称和固定的办公场所。

（2）有自己的组织机构，有一定数量的专门从事监理工作的工程经济、技术人员，其中有一定数量的人员已取得国家交通行政主管部门颁发的监理工程师资格证书，而且工程技术人员的专业基本配套，人员数量、业绩和职称符合要求。

（3）有符合国家规定的注册资金。

（4）有完善的企业章程和制度。

（5）有主管单位的，要有主管单位同意设立监理单位的批准文件。

（6）有符合要求的公路工程试验与检测设备及测量放样等仪器，具备建立工地试验室的条件。

2)设立监理单位的申报与许可程序

工程建设监理单位的设立应先申领企业法人营业执照,再申报专业资质。

新设立的工程监理单位,应根据法人设立的条件,先向工商行政管理部门申请登记注册,工商行政管理部门对申请登记注册的单位进行审查,经审查合格者,给予登记注册,并颁发企业法人营业执照。

监理单位资质是监理企业的人员组成、专业配置、测试仪器的配备、财务状况、管理水平、监理业绩等方面的综合实力的体现。根据《公路、水运工程监理企业资质管理规定》,公路、水运工程监理企业资质按专业划分为公路工程和水运工程两个专业。公路工程专业监理资质分为甲级、乙级、丙级三个等级,以及特殊独立大桥专项、特殊独立隧道专项、公路机电工程专项;水运工程专业监理资质分为甲级、乙级、丙级三个等级和水运机电工程专项。同时,对各级资质的监理单位的资质条件、从业范围都作出了具体规定。

新设立的工程监理单位在获得营业执照后,应向交通行政主管部门的资质许可机关提交申请,交通行政主管部门按照行政许可流程对具备条件的申请单位进行审核,核定监理企业的业务范围和资质等级,颁发相应的监理资质证书。

3.监理单位资质管理

交通部是全国公路工程监理单位资质管理工作的主管部门,其所属的质量监督机构受交通部委托,具体负责全国公路工程监理单位资质的监督管理工作。省级交通主管部门负责本行政区域内公路工程监理单位资质管理工作,其所属的质量监督机构受省级交通主管部门委托具体负责本行政区域内公路工程监理单位资质的监督管理工作。

交通部负责公路工程专业甲级、乙级监理资质和公路工程专业特殊独立大桥专项、特殊独立隧道专项、公路机电工程专项监理资质的行政许可工作。省级交通主管部门负责公路工程专业丙级监理资质的行政许可工作。

4.监理单位经营活动的基本准则

监理单位从事工程监理活动,应当遵循"守法、诚信、公正、科学"的基本准则。

1)守法

守法即遵守国家的法律法规。对于工程监理单位来说,守法就是要依法经营,主要体现在:①只能在核定的业务范围内开展经营活动;②不伪造、涂改、出租、转让、出卖《监理资质证书》;③按照合同的规定认真履行义务,不无故或故意违背自己的承诺;④遵守国家关于企业法人的其他法律、法规的规定;⑤在工程监理活动中,自觉接受政府主管部门的监督。

2)诚信

简单地讲,诚信就是诚实、守信用。监理单位是向社会提供技术服务的,而技术服务水平的高低,弹性变化很大,在通常的情况下,很难做出全面合理的合同约定,所以诚信准则对实施监理活动具有重要意义。监理单位在承揽监理业务时,不得夸大自己的能力,不得擅自分包或转让监理业务。在监理活动中,监理单位应当做到忠诚老实、重信誉、竭诚为业主服务,提供与其资质水平相适应的技术服务。信用是企业的一种无形资产,良好的信用能为企业带来巨大的效益。监理单位应当树立良好的信用意识,使企业成为讲道德、讲信用的市场主体。

3)公正

公正是指监理单位在监理活动中既要维护业主的权益,又不能损害承包商的合法权益,并依据合同公平合理地处理业主与承包商之间的矛盾和争议。监理单位要做到公正，必须做到以下几点：

(1)培养监理人员良好的职业道德，不接受可能导致判断不公的报酬，不为私利而违心地处理问题。

(2)要求监理人员坚持实事求是的原则，不偏袒任何一方。

(3)全面提高监理人员的专业技术能力和综合分析问题的能力，正确处理工程监理中出现的各种技术问题。

(4)不断增强监理人员的合同意识，尤其是要提高综合理解、熟练运用工程建设项目合同条款的能力，以便以合同为依据，恰当地协调各种关系、处理各种争议与纠纷。

公正性以独立性为前提，所以监理单位必须保持自己的独立性。

4)科学

监理单位应当按照科学的思想、理论、方法和手段开展工程建设监理活动及其他技术服务活动。在实施某项具体的监理活动时要有科学的方案，要运用科学的手段，采取科学的方法。工程项目监理结束后，还要进行科学的总结。只有这样，才能提供高智能的、科学的服务，才能符合工程监理事业发展的需要。

5. 监理单位违规行为的处罚

监理单位应在核定的资质等级许可的范围内依法开展监理业务，否则将受到处罚。《公路、水运工程监理企业资质管理规定》第三十一条规定：监理企业违反本规定，由交通部或者省、自治区、直辖市人民政府交通主管部门依据《建设工程质量管理条例》的有关规定给予相应处罚。

工程监理单位超越本单位资质等级承揽工程监理业务的，责令停止违法行为，并处合同约定的监理酬金1倍以上2倍以下的罚款；未取得资质证书承揽工程监理业务的，予以取缔，依照上述规定处以罚款；有违法所得的，予以没收；以欺骗手段取得资质证书承揽工程监理业务的，吊销资质证书，并依照上述规定处以罚款，有违法所得的，予以没收。

工程监理单位允许其他单位或者个人以本单位名义承揽工程的，责令改正，没收违法所得，并处合同约定的监理酬金1倍以上2倍以下的罚款；可以责令停业整顿，降低资质等级；情节严重的，吊销资质证书。

工程监理单位转让工程监理业务的，责令改正，没收违法所得，处合同约定的监理酬金25%以上50%以下的罚款；可以责令停业整顿，降低资质等级；情节严重的，吊销资质证书。

工程监理单位有下列行为之一的，责令改正，处50万元以上100万元以下的罚款，降低资质等级或者吊销资质证书；有违法所得的，予以没收；造成损失的，承担连带赔偿责任：

(1)与建设单位(业主)或者施工单位(承包人)串通，弄虚作假，降低工程质量的。

(2)将不合格的建设工程、建筑材料、建筑构配件和设备按照合格签字的。

工程监理单位与被监理工程的施工承包单位以及建筑材料、建筑构配件和设备供应单位有隶属关系或者其他利害关系，承担该项建设工程监理业务的，责令改正，处5万元以上10万元以下的罚款，降低资质等级或者吊销资质证书；有违法所得的，予以没收。

工程监理单位违反国家规定，降低工程质量标准，造成重大安全事故的，对直接责任人员追究刑事责任。

（二）工程建设监理单位的选择

1. 监理单位的选择方式

建设单位经授权将工程项目管理权委托给社会监理单位，是现代化项目管理的一种表现形式。建设单位选择监理单位的基本方式，一是招标，二是直接委托。《中华人民共和国招标投标法》规定，在中华人民共和国境内，对于大型基础设施、公用事业等关系社会公共利益、公众安全的项目，全部或者部分使用国有资金投资或者国家融资的项目，使用国际组织或者外国政府贷款、援助资金的项目，包括项目的勘察、设计、施工、监理以及与工程建设有关的重要设备、材料等的采购，必须进行招标；涉及国家安全、国家秘密、抢险救灾或者属于利用扶贫资金实行以工代赈、需要使用农民工等特殊情况，不适宜进行招标的项目，按照国家有关规定可以不进行招标。在不宜公开招标的机密工程或没有投标竞争对手的情况下，或者是在工程规模比较小、比较单一的监理业务，或者是对原工程监理企业的续用等情况下，建设单位也可以直接委托工程监理企业。

2. 建设工程监理招标投标

1）工程建设监理招标

a. 招标方式

根据《中华人民共和国招标投标法》和《公路工程施工监理招标投标管理办法》，公路工程施工监理招标分为公开招标和邀请招标。公开招标，是指招标人以招标公告的方式邀请不特定的法人或者其他组织投标。邀请招标，是指招标人以投标邀请书的方式邀请特定的法人或者其他组织投标。采用公开招标方式的，招标人应当依法在国家指定媒介上发布招标公告，并可以在交通主管部门提供的媒介上同步发布。

《公路工程施工监理招标投标管理办法》规定，公路工程施工监理应当公开招标，但符合下列条件之一的项目，经有审批权的部门批准后可以进行邀请招标：技术复杂或者有特殊要求的；符合条件的潜在投标人数量有限的；受自然地域环境限制的；公开招标的费用与工程监理费用相比，所占比例过大的；法律、法规规定不宜公开招标的。公路工程施工监理招标采用邀请招标方式的，被邀请参加投标竞争的监理单位不少于 3 家，一般为 3 ~ 6 家。

招标人一般委托招标代理机构办理招标事宜，但招标人具有编制招标文件和组织评标能力的，也可以自行办理招标事宜。招标人自行办理招标事宜的，应当向有关行政监督部门备案。

b. 招标程序

公路工程施工监理招标工作按下列程序进行：

（1）招标人确定招标方式。采用邀请招标的，应当履行审批手续。

（2）招标人编制招标文件。编制招标文件并按照项目管理权限报县级以上地方交通主管部门备案；采用资格预审方式的，同时编制投标资格预审文件，预审文件中应当载明提交资格预审申请文件的时间和地点。

（3）发布招标公告。采用资格预审方式的，同时发售投标资格预审文件；采用邀请招标的，招标人直接发投标邀请书，发售招标文件。

（4）资格预审、发售招标文件。采用资格预审方式的，对潜在投标人进行资格审查，并将资格预审结果通知所有参加资格预审的潜在招标人，向通过资格预审的潜在投标人发出投标邀请书并发售招标文件。

(5)现场考察、召开标前会议。必要时招标人组织投标人考察招标工程项目现场,召开标前会议。

(6)接收投标人的投标文件。

(7)公开开标。

(8)采用资格后审方式的,招标人对投标人进行资格审查。

(9)组建评标委员会评标,推荐中标候选人。

(10)确定中标人。将评标报告和评标结果按照项目管理权限报县级以上地方交通主管部门备案并公示。

(11)招标人发出中标通知。

(12)招标人与中标人签订公路工程施工监理合同。

二级以下公路,独立中、小桥及独立中、短隧道的新建与改建以及养护维修工程项目,可根据具体条件和实际需要对上述程序适当简化,但应当符合《中华人民共和国招标投标法》的规定。

c. 招标文件

招标人应当根据施工监理招标项目的特点和需要编制招标文件,招标文件应当符合交通部颁布的《公路工程施工监理规范》中要求强制执行的规定。

二级及二级以上公路、独立大桥及特大桥、独立长隧道及特长隧道的新建与改建以及养护大修工程项目,其主体工程的施工监理招标文件,应当使用交通部颁布的《公路工程施工监理招标文件范本》,附属设施工程及其他等级的公路工程项目的施工监理招标文件,可以参照《公路工程施工监理招标文件范本》进行编制,并可适当简化。

招标文件应当包括以下内容:

(1)投标邀请书。

(2)投标须知(包括工程概况和必要的工程设计图纸,提交投标文件的起止时间、地点和方式,开标的时间和地点等)。

(3)资格审查要求及资格审查文件格式(适用于采用资格后审方式的)。

(4)公路工程施工监理合同条款。

(5)招标项目适用的标准、规范、规程。

(6)对投标监理企业的业务能力、资质等级及交通和办公设施的要求。

(7)根据招标对象是总监理机构还是驻地监理机构,提出对投标人投入现场的监理人员、监理设备的最低要求。

(8)是否接受联合体投标。

(9)各级监理机构的职责分工。

(10)投标文件格式,包括商务文件格式、技术建议书格式、财务建议书格式等。

(11)评标标准和办法,评标标准应当考虑投标人的业绩或者处罚记录等诚信因素,评标办法应当注重人员素质和技术方案。

2)工程建设监理投标

a. 投标人与投标程序

投标人是响应招标、参加投标竞争的法人或者其他组织。《中华人民共和国招标投标法》规定:投标人应当具备承担招标项目的能力,对于国家有关规定对投标人资格条件或者招标文件对投标人资格条件有规定的，投标人应当具备规定的资格条件；投标人应当按照招标文件的要求编制投标文件，且投标文件应当对招标文件提出的实质性要求和条件做出响应。公路工程施工监理投标人是依法取得交通主管部门颁发的监理企业资质，响应招标、参加投标竞争的监理企业或监理企业联合体。

投标的基本程序：投标报名、提交资格预审文件，购买招标文件、参加标前会议，编制、送达投标文件，参加开标会议、签订监理合同。

投标报名、提交资格预审文件：对于公开招标的项目，监理单位通过招标公告获得工程监理项目招标信息后应根据企业现状和项目信息进行投标可行性分析，并在招标公告规定的报名时间内按要求报名，提交资格预审文件；对于实行邀请招标的项目，在接到招标邀请书后也应决定是否参加投标。

购买招标文件、参加标前会议：通过资格预审后，按要求向招标人购买招标文件，同时，根据招标程序的安排按时参加招标人组织召开的投标预备会（即标前会）及勘察现场。

编制、送达投标文件：根据招标文件的要求和有关现场考察、标前会议的信息，组织相关人员编制投标文件，经其法定代表人或者其授权代理人签字并加盖法人章，按照招标文件的要求密封后，按规定的时间、地点和方式送达投标文件。

参加开标会议、签订监理合同：按照招标文件规定的时间、地点和要求参加开标会议，若中标，按要求与招标人签订委托监理合同。

b. 投标文件的组成

投标人应当按照招标文件的要求编制投标文件，并对招标文件提出的实质性要求和条件做出响应。

采用“技术评分合理标价法”和“综合评标法”的项目，投标文件由商务文件、技术建议书、财务建议书组成。商务文件和技术建议书应当密封于一个信封中，财务建议书密封于另一个信封中。这两个信封应当再密封于一个信封内，成为一份投标文件。采用“固定评标价评分法”的项目，投标文件由商务文件、技术建议书组成。商务文件和技术建议书应密封于一个信封中，成为一份投标文件。投标文件及任何说明函件应当经投标人盖章，投标文件内的任何有文字页均须经其法定代表人或者其授权代理人签字。

一般而言，投标文件由以下内容组成：①投标书；②法定代表人授权书；③商务文件；④技术建议书；⑤财务建议书；⑥联合体共同投标协议（如果有的话）；⑦投标保证金或银行保函；⑧其他资料（监理单位资质及其业绩和监理人员资格证明文件等）。

三、监理机构

（一）监理机构设置

监理机构是指由监理单位派出，并代表监理单位履行监理合同的现场监理组织。

监理单位与业主签订监理合同后，在实施工程监理之前，应在施工现场组建项目监理机构。监理机构的组织形式和规模，应根据监理合同规定的监理服务内容、服务期限、工程项目组成、工程规模、技术复杂程度、现场条件等因素确定。对于某一监理项目，可视具体情况设置一级监理机构或二级监理机构。一级监理机构，即只设置总监理工程师办公室（简称“总监办”）；二级监理机构，即同时设置总监理工程师办公室和驻地监理工程师办公室（简称“驻地办”）。高速公路和一级公路一般可设置二级监理机构，但开工里程在 20 km 以下的，宜设置一级监理机构。二级和二级以下公路及养护工程可根据工程规模、难易程度、合同工期安排、现场条件等因素设置一级或二级监理机构。独立大桥和独立隧道工程可设置一级监理机构。

（二）监理机构的职责

1. 总监办的职责

总监理工程师是由监理单位法定代表人书面授权，全面负责委托监理合同的履行、主持项目监理机构工作的监理工程师。总监办主要负责以下工作：

（1）主持编制监理计划。

（2）主持召开监理交底会议、第一次工地会议。

（3）按合同要求建立中心试验室。

（4）审批施工组织设计及总体进度计划、重要工程材料及混合料配合比。

（5）签发支付证书、合同工程开工令、单位或合同工程的暂停令和复工令。

（6）审核变更单价和总额以及延期与费用索赔。

（7）协助建设单位审查交工验收申请，评定工程质量。

（8）组织编制监理月报、监理竣工文件、监理工作报告。

2. 驻地办的职责

驻地监理工程师是指经总监理工程师授权，全面负责监理项目的某一部分（或某个合同段）现场监理工作的监理工程师。驻地办主要负责以下工作：

（1）主持编制监理细则。

（2）主持召开工地会议。

（3）按合同要求建立驻地试验室。

（4）审批一般工程原材料和混合料配合比、施工单位的机械设备、施工方案。

（5）审批施工单位测量基准点的复测、原地面线测量及施工放线成果。

（6）审批分项工程开工申请，签发分项和分部工程暂停令和复工令。

（7）组织、安排日常巡视、旁站、抽检，检查相关记录、日志。

（8）核算工程量清单，负责对已完工程进行计量。

（9）组织分项、分部工程中间验收和质量评定，签发中间交工证书。

（10）审批月进度计划，编制合同段监理工作报告。

（三）监理人员的配备

1. 监理人员的组成

工程项目监理机构实行总监理工程师负责制，监理机构应配备的监理人员通常包括总监理工程师、驻地监理工程师、专业监理工程师（以上统称为监理工程师），以及测量、试验人员和现场旁站人员等相关专业技术人员（以上统称为监理员）。

项目监理机构中配备人员的数量和结构，应根据监理内容、工程的性质与特点、工程规模、工程的技术复杂程度、工程环境等因素综合考虑，并应符合监理合同中对监理工作的要求，能体现项目监理机构的整体素质，保证对工程实施有效监理，满足监理目标控制的要求。

就专业结构而言，项目监理机构应由与被监理工程项目的性质及业主对工程监理的要求相适应的各专业技术人员组成，也就是各专业人员要配套。就技术职称结构而言，为了提高监理效率和经济性，项目监理机构应根据工程项目的特点和监理工作的需要，选择具有相应技术职称的各类监理人员，高级职称、中级职称和初级职称的人员应有与监理工作要求相称的比例。

2. 监理人员的资格

总监理工程师应具有相应专业的高级职称并取得交通部监理工程师资格证书，具有5年以上的现场工程监理经历，担任过2项以上同类工程的总监理工程师或驻地监理工程师的职务。

驻地监理工程师应具有相应专业的中级或高级技术职称，取得交通部监理工程师资格证书，具有同类工程3年以上监理工作经历。

专业监理工程师应具有相应专业的中级及以上技术职称，取得交通部专业监理工程师资格证书，具有同类工程3年以上监理工作经历。

监理员一般应具有相应专业的初级以上技术职称，经交通主管部门批准的监理业务培训并取得监理培训结业证书，具有1年以上的工程及相关专业实际工作经历。

3. 监理人员的数量

监理机构中监理人员的数量，应根据监理内容、工程规模、合同工期、工程条件和施工阶段等因素，按保证对工程实施有效监理的原则确定。高速公路、一级公路工程一般每年每5 000万元建安费宜配备交通部核准资格的监理工程师1名；独立大桥、特长隧道工程每年每3 000万元建安费宜配备交通部核准资格的监理工程师1名。根据工程特点和实际需要，上述配备可在0.8～1.2的系数范围内调整，其他监理人员的数量可根据具体情况适当配置。

如遇重大工程变更等情况，人员配备应根据需要进行调整，并就工程内容的变化、人员的调整事宜签订补充合同。

总监办应配备1名监理工程师和若干名专业监理工程师。驻地办应根据工程复杂程度配备1～2名驻地监理工程师和若干名专业监理工程师。

（四）监理仪器与设备

公路工程一般投资大、现场条件复杂、施工难度大、质量要求高、影响因素多，监理工作任务重、内容多、程序复杂，因此为确保监理工作的顺利进行，监理机构必须配备足够数量和相应质量水平的监理仪器与设备。监理仪器与设备一般应包括测量仪器及设备、气象观测仪器、试验检测设备、交通工具及通信设施、照相与摄像器材、办公和生活设施等。

第五节　公路工程项目的风险管理与目标控制

一、工程项目风险管理

（一）工程项目风险

风险是指在一定环境下和特定时期内影响目标实现的各种不确定性事件。工程项目建设活动作为集经济、技术、管理各方面于一体的综合性社会活动，是一项复杂的系统工程。工程建设项目的开放性与复杂性的特点，决定了在项目实施过程中存在着大量的不确定性因素。工程项目风险是指在项目决策和实施过程中，导致实际结果与预期目标差异的不确定性事件（因素）。工程项目的质量、进度、费用三大目标的实现是工程项目管理的核心。

工程项目内部和外部的不确定性因素,会造成工程项目管理目标的失控,如工期延长、成本增加、质量降低,甚至出现安全事故等,最终导致工程经济效益降低,甚至工程项目的失败。也可以说,工程项目的风险就是指在项目实施过程中可能出现的不满意的结果或灾难性事件。任何风险都包括两个基本要素:一是风险因素发生的不确定性,二是风险发生带来的损失。

工程项目风险是客观存在的、不可避免的,风险存在于工程项目的整个生命周期。同时,工程项目风险也是多种多样的,如政治风险、经济风险、法律风险、自然风险、合同风险、合作者风险等,并且这些风险之间存在着复杂的内在联系。虽然工程项目风险具有多样性、不确定性、复杂性,但是工程项目的实施和环境变化是有一定规律的,因此工程项目风险的发生和影响也有一定的规律性,是可以预测和管理的。

(二)工程项目风险管理的措施

风险管理是指对影响目标实现的各种不确定性事件进行识别和评估,并采取应对措施将其影响控制在可接受范围内的过程。风险管理是一个识别和度量项目风险,制订、选择和管理风险处理方案的系列过程。工程项目风险管理是指通过风险识别、风险分析和风险评价,并以此为基础合理地使用各种风险应对措施、管理方法、技术和手段对项目的风险实行有效的控制,妥善处理风险事件造成的不利后果,以最小的成本保证项目总体目标实现的一系列科学管理活动。工程项目风险管理的目标是减小风险的危害程度,使工程质量、进度、费用等目标得到控制和实现。

1. 风险的预测和识别

在风险管理中最重要的就是预测和识别出项目目标实现过程中可能存在的风险事件。为了使风险识别准确、完整和系统性,应从项目风险管理的目标出发,通过采取风险调查、信息分析、专家咨询及试验论证等手段,对项目风险进行多维分析,从而全面认识风险,形成风险清单。

2. 风险的分析和评价

风险的分析和评价包括确定风险事件发生的概率和对项目目标影响的严重程度,如经济损失、工期迟延等。通过风险分析与评价能更准确地认识风险,评价所有风险的潜在影响,得到项目的风险决策变量值,为项目的正确决策提供保障,为风险对策的选择提供依据。风险的分析与评价可以采用定性和定量两类方法。

3. 风险控制措施

风险控制是指风险管理者采取各种措施和方法,消灭或减少各种风险事件发生的可能性,或者减少风险事件发生时造成的损失。风险控制的基本措施包括风险回避、风险分散、损失控制、风险转移和风险自留。

1)风险回避

风险回避是投资主体有意识地放弃风险行为,完全避免特定的风险损失。简单的风险回避是一种最消极的风险处理办法,因为投资者在放弃风险行为的同时,往往也放弃了潜在的目标收益。

2)风险分散

风险分散是指把可能遭受同样损失的风险分开设置或者通过扩大规模来分散风险,把固定的风险分散在更多的单位上。例如,将不同易燃易爆物品分开放置于不同的仓库,运输高价值货物时不将货物放在同一条船上等。

3)损失控制

损失控制不是放弃风险行为,而是制订计划和采取措施降低损失的可能性或者减少实际损失。损失控制的阶段包括事前、事中和事后三个阶段。事前控制的目的主要是降低损失的概率,事中和事后控制的目的主要是减少实际发生的损失。

4)风险转移

风险转移是指通过契约,将让渡人的风险转移给受让人承担的行为。通过风险转移可大大降低经济主体的风险程度。风险转移的主要形式是合同转移和保险转移。合同转移是指通过签订合同,将部分或全部风险转移给一个或多个其他参与者。保险转移是指通过支付一定的保险费把企业的风险转嫁给保险公司。

5)风险自留

风险自留,即风险承担。也就是说,如果损失发生,经济主体将以当时可利用的任何资金进行支付。风险自留包括无计划自留、有计划自留。无计划自留是指风险损失发生后从收入中支付,即不是在损失前作出资金安排。有计划自留是指在可能的损失发生前,通过作出各种资金安排以确保损失出现后能及时获得资金来补偿损失。

4. 风险控制措施的实施

在工程项目管理中,应根据工程项目的特点从系统的观点出发,制订与项目目标一致的风险管理方案和风险控制措施。在风险管理方案和风险控制措施的实施过程中应对风险因素进行监控,检查风险控制措施的实施情况,并对其实施效果进行评价。特别是应检查是否有被遗漏的风险因素,以及在环境和条件变化时风险管理方案与风险控制措施的实施情况。对新发现的风险因素应及时提出对策,对于环境和条件发生变化的应调整风险管理方案与风险控制措施。

二、目标控制

(一)公路工程项目施工监理的目标系统

公路工程项目施工监理的任务就是"五控制、两管理、一协调",即质量控制、进度控制、费用控制、安全控制、环保控制、合同管理、信息管理、组织协调,因此质量、进度、费用、安全和环保构成了公路工程监理的5个目标。公路工程监理是一项多目标的管理工作,从系统学的角度而言,5个目标之间相互关联,特别是质量、进度、费用三大目标之间的关系更为密切,各目标既相互依存,又相互制约,既相互对立,又相互统一,构成了一个目标系统。

(二)目标控制的概念及任务

目标控制是指为了保证组织目标的实现,按照事先制订的计划和标准,对组织内部不同层面上的绩效进行测量、评价,并采取相应措施纠正各种偏差的过程。控制是项目管理的重要职能之一。控制的主要任务是把计划执行情况与计划目标进行比较,对比较的结果进行分析,找出差异,排除和预防产生差异的因素,使总体目标得以实现。

项目控制是控制论与工程项目管理实践相结合的产物,具有很强的实用性。由于工程项目的一次性特点,将前馈控制、反馈控制、主动控制、被动控制等基本概念用到工程监理中是非常有效的,有助于提高监理人员的主动监理意识。

(三)控制的方法

目标控制是控制论与工程项目管理实践相结合的产物。如果将工程项目的实施过程作为一个输入输出系统,那么所投入的人力、物力、财力就是输入,建筑产品就是输出,工程建设目标实现的过程就是转换。按照系统论和控制论的观点,目标控制的方法可以从不同的角度划分为前馈控制、反馈控制、主动控制、被动控制以及事前控制、事中控制、事后控制等不同的方式。

1. 前馈控制与反馈控制

前馈控制指通过观察情况、收集整理信息、掌握规律,正确预测趋势和未来可能出现的问题,提前采取措施,避免在未来可能出现的问题,将可能发生的偏差消除在萌芽状态。

反馈控制是指分析以前工作的执行结果,将它与控制标准相比较,发现偏差所在并找出原因,然后拟订纠偏措施以防止偏差发展或继续存在。反馈控制其实是用过去的情况来指导现在和将来的工作。

2. 主动控制与被动控制

主动控制就是预先分析目标偏离的可能性,并拟订和采取各项预防性措施,以使计划目标得以实现。主动控制是一种面向未来的控制,是一种事前控制,它可以解决传统控制过程中存在时滞影响的问题,尽可能避免偏差成为现实的被动局面,降低偏差发生概率及其严重程度,从而使目标得到有效控制。

被动控制是指管理人员对计划的实施进行跟踪,将系统输出的信息进行加工、整理,再传递给控制部门,使控制人员从中发现问题,找出偏差,寻求并确定解决问题和纠正偏差的方案,然后回送给计划实施系统付诸实施,使得计划目标一旦出现偏离就能得以纠正。被动控制是一种面对现实的控制,虽然目标偏离已成为客观事实,但是通过被动控制措施,仍然可能使工程实施恢复到计划状态,至少可以减小偏差的严重程度。可见,被动控制仍然是一种有意义的控制。

3. 事前控制、事中控制与事后控制

按照被控项目系统实施全过程的不同阶段,控制又分为事前控制、事中控制和事后控制。事前控制是指在投入阶段对被控项目系统进行控制,又称为预先控制。事前控制实际上是前馈控制,也是一种主动控制。事中控制又称为过程控制,是在转换过程中对被控项目系统进行的控制。事后控制是在输出阶段对被控项目系统进行的控制。事后控制实际上是反馈控制,也是一种被动控制。

三、监理计划性文件

(一)监理计划性文件的作用

在管理实践中,计划是其他管理职能的前提和基础,并且渗透到其他管理职能之中。列宁曾指出:任何计划都是尺度、准则、灯塔、路标。由此可见,要做好任何工作都要预先拟订计划。工程建设监理是一项相当复杂的技术性管理工作,为了顺利完成监理任务,实现监理目标,也必须预先编制计划性文件。根据不同阶段的详细程度不同,监理计划性文件分为监理大纲、监理计划、监理细则等。

1. 监理大纲及其作用

监理大纲又称监理方案,是监理单位为获得监理任务在施工监理投标阶段针对所要监理的工程项目的特点，根据业主对建设项目的要求、监理的范围和内容而编制的开展监理工作的纲领性技术文件。监理大纲是监理投标文件的一部分，即技术建议书。

监理大纲编制的目的是让业主了解监理单位的实力和对本监理项目的理解以及开展监理工作的方案，是为社会监理单位的经营目标服务的，起着承揽业务的作用。在签订监理合同后，监理大纲又是编制监理计划的基础和依据。

2. 监理计划及其作用

监理计划是在签订委托监理合同后，根据委托监理合同所确定的监理范围和项目的特点，在监理大纲的基础上编制的全面开展监理工作的指导性文件。

监理计划是事先对项目的各项监理工作作出的全面、系统、科学的组织和安排，是监理机构有序开展监理工作的依据和基础，其基本作用是指导项目监理机构全面开展监理工作，使监理工作规范化、标准化，避免因人而异的随意性。同时，监理计划也是业主确认监理单位是否全面、认真履行监理合同的主要依据。此外，监理计划反映了监理工作的内容与方法，也反映了监理单位的技术能力和管理水平，因此监理计划是主管机构对监理单位实施监督管理的重要依据，是监理单位重要的存档资料。

3. 监理细则及其作用

监理细则是监理工作实施细则的简称，是在落实了监理机构各部分的监理职责后，在监理计划的指导下，由专业监理工程师针对公路工程中某一专业或某一方面的具体情况编制的，具有可实施性及可操作性的业务文件。

监理细则是对监理计划中各项监理工作的方法、措施的具体化和补充。针对性较强的监理细则对工程施工的重点、难点以及工程质量通病都进行了详细的分析，对于可能出现的问题均有预防与应急处理措施，因此监理细则不仅可以指导监理人员有针对性地开展监理工作，而且也对承包人起着良好的警示作用。

（二）监理计划性文件的内容

1. 监理大纲与监理计划的内容

监理大纲和监理计划均应明确监理目标、依据、范围和内容，监理机构及各部门岗位职责，监理人员和设施配备及进退场计划，监理方案、监理制度以及监理程序等。

监理大纲的内容包括：工程概况，监理工作的指导思想、目标，监理组织机构，质量控制的任务与方法，投资控制的任务与方法，进度控制的任务与方法，合同管理的任务与方法，信息管理的任务与方法，组织协调的方法，安全、环保及文明施工的任务与方法，缺陷责任期的监理方法等。

监理计划的主要内容包括：工程项目概况，监理范围和工作内容，监理工作目标，监理工作依据，项目监理组织机构，质量、安全、环保、进度、费用、合同和其他事项管理及组织协调、信息管理、缺陷责任期监理的工作程序，监理工作方法及措施，监理工作制度，监理设施等。

2. 监理细则的内容

监理细则是在专项工程或专业工程施工前针对该子项或该专业工程的监理内容和特点而编制的具有可操作性的业务文件，因此对于不同的专业工程或不同的子项工程监理细则的内容也不尽相同。一般情况下，监理细则的内容包括：监理的范围和编制依据、专业工程的特点、监理工作目标、开工审批程序、监理工作流程、监理控制要点及目标值、监理工作方法及措施等。

（三）监理计划性文件的编制与审批

1. 监理大纲的编制与审批

监理大纲既是监理招标文件的重要组成部分，也是中标后编制监理计划的依据，因此监理大纲的编制人员应包括监理单位的经营部门或技术管理部门的人员，也应包括拟订的总监理工程师。监理大纲的两大重点是：拟投入的主要监理人员的资质及其业绩状况和各种监理方案。编制监理大纲时，为说明各种监理方案的工程依据，首先应说明工程概况。工程概况的描述应突出重点，以便使后续的工程难点和重点的提出言之有据。其次应列出编制各种监理方案所依据的国家规范和政府发布的技术政策性文件等，表明所编制的各种监理方案的规范性和合法性。当监理招标文件对监理大纲的编制要点和章节安排提出要求时，监理大纲的编制要服从招标文件的要求。

监理大纲编制完成后，应由监理单位的总工程师进行审核，最后由监理单位的总经理或负责技术的副总经理审批。

2. 监理计划的编制与审批

监理计划的编制应由项目总监理工程师主持，驻地监理工程师参加。总监理工程师主持编制整个工程项目的监理计划，所属各监理合同段的驻地监理工程师应根据总监理工程师的要求和需要，组织编制本监理合同段的监理计划。在监理计划中，应结合所监理项目的特点和合同要求，体现总监理工程师的组织管理思想、工作思路和总体安排。监理计划的内容应具有针对性、指导性，体现监理项目的特点、合同要求以及监理机构的管理特色。

监理计划编制完成后，应报监理单位的技术主管部门进行内部审核，由监理单位技术负责人批准。同时，还应按合同约定提交业主，由业主批准后执行。

3. 监理细则的编制与审批

按照施工进度要求，在相应的工程开工前由专业监理工程师负责编制相应的监理细则。监理细则的编制应以批准的监理计划为依据，并与批准的施工组织设计相呼应。在编制中应根据工程的专业特点，明确监理的重点、难点以及具体的措施、方法、步骤，做到详细、具体，具有可操作性。二级以下公路工程中技术不太复杂的分项和分部工程可以不编制监理细则。

监理细则编制完成后，应报总监理工程师办公室审核，经总监理工程师批准后实施。

本章小结

本章从项目及项目管理的概念出发，简要介绍了工程项目管理、工程项目管理体制与工程项目管理目标；在工程项目管理体制的基础上引出了工程监理的概念，结合我国基本建设程序介绍了工程监理工作的阶段划分，并介绍了监理与工程各参与方的关系以及国内外工程监理的发展与现状；从我国公路工程施工质量保证体系出发，介绍了政府、工程项目法人、社会监理单位以及施工企业在工程建设项目管理中的地位、作用和任务，并对监理工程师的资格考试、岗位登记以及社会监理单位的设立、资质管理和社会监理单位的选择等进行了简要介绍；从工程项目监理的角度，简要介绍了工程项目风险管理和目标管理的概念，并简要介绍了监理文件的概念及其编制与审批程序。

复习思考题

1-1 什么是项目？其基本特征是什么？

1-2 什么是建设工程项目？建设工程项目应具备哪些条件？

1-3 什么是工程项目管理？工程项目管理有哪些特征？

1-4 我国的工程项目管理体制是怎样的？

1-5 工程项目管理的目标有哪些？其关系如何？

1-6 什么是工程监理？其内涵包括哪些？

1-7 什么是基本建设程序？公路工程建设程序包括哪几个阶段？

1-8 简述监理与工程建设各参与方的关系。

1-9 我国公路工程施工质量保证体系是什么？

1-10 什么是政府监督？其性质和依据是什么？

1-11 简述社会监理的性质、依据和任务。

1-12 简述施工阶段社会监理的工作内容。

1-13 如何建立施工企业的自检系统？

1-14 什么是全面质量管理？它包括哪几个阶段？

1-15 什么是监理工程师？其应具备哪些素质？

1-16 监理工程师的职业道德准则是什么？有哪些职权？对于监理工程师的违规行为有哪些处罚？

1-17 什么是社会监理单位？如何设立社会监理单位？

1-18 社会监理单位应遵循的基本准则是什么？对社会监理单位的违规行为有哪些处罚？

1-19 如何进行社会监理单位的选择？

1-20 公路工程项目招标程序是什么？招标文件包括哪些内容？

1-21 公路工程项目投标程序是什么？投标文件包括哪些内容？

1-22 什么是监理机构？一般应设几级监理机构？各级监理机构的职责是什么？

1-23 监理机构应配备哪些人员和设备？各类监理人员应具备哪些条件？

1-24 什么是风险？什么是工程项目风险？工程项目风险管理措施包括什么？

1-25 公路工程监理的目标系统包括哪些？监理中的目标控制方法有哪些？

1-26 监理计划性文件包括哪些？其各自的作用是什么？

1-27 各种监理计划性文件的内容包括什么？如何编制和审批？

第二章　公路工程施工质量监理

【知识要点介绍】

1. 叙述公路工程质量与质量控制概念。

2. 叙述公路工程质量监理的依据、特点及任务。

3. 叙述监理试验室及施工单位试验室的特点。

4. 叙述公路工程质量缺陷与质量事故的分类、处理程序。

5. 叙述公路工程施工质量监理阶段的划分，描述各阶段的监理任务与要点。

6. 分析与描述公路工程施工各阶段主体工程和附属工程的工程质量监理的程序和方法，进行质量控制及质量检测。

7. 描述公路工程竣工验收检查与检测的程序和方法。

第一节　概　述

一、工程质量与质量管理

（一）工程质量

1. 质量

根据我国国家标准《质量管理体系 基础和术语》（GB/T 9000—2000），质量的定义是“一组固有特性满足明示的、通常隐含的或必须履行的需求和期望”。定义中“固有特性是质量的主体。简单地说，所谓质量，一是必须符合规定要求，二是要满足用户期望。

2. 工程项目质量

工程项目质量包括建筑工程实体和服务这两类特殊产品的质量。

建筑工程实体作为一种综合加工的产品，它的质量是指建筑工程产品适合某种规定的用途，满足人们要求其所具备的质量特征的程度。

服务是一种无形的产品。服务质量是指企业在推销前、推销时、售后服务过程中满足用户要求的程度。其质量特性依服务业的不同行业而异，但一般均包括服务时间、服务能力、服务态度。

结合建筑施工项目招标投标的特点。投标额较大、生产周期较长，服务质量同样是工程项目质量中的主要因素之一。建设行业的服务质量既可以是定量的，也可以是定性的。例如：施工工期、现场的概貌、同驻现场的监理和其他施工单位之间的协作配合、工程竣工后的保修等。

3. 公路工程质量

按照《建筑工程施工质量验收统一标准》（GB 50300—2001），公路工程质量的定义可表述为反映公路工程满足相关标准或合同约定的要求，包括适用性、耐久性、安全性、可靠性、经济性、与环境的协调性等方面所有明显或隐含能力的特性总和。

（二）质量管理

所谓质量管理，广义地说，是为了最经济地生产出适合使用者要求的高质量产品所采用的各种方法的体系。

随着科学技术的进步和市场竞争的加剧，质量管理已越来越为人们所重视，并逐渐发展成为一门学科。工程项目质量管理体系是指 1987 年 3 月由国际标准化组织（ISO）正式发布 ISO 9000《质量管理和质量保证》系列标准，世界各地纷纷等同或等效采用该标准作为工程项目质量管理体系标准。我国于 1992 年发布了等同采用国际标准的 GB/T 19000—ISO 9000《质量管理和质量保证》系列标准。这一系列标准是为了帮助企业建立和完善质量体系，提高质量意识和质量保证能力，提高管理素质和市场经济条件下的竞争能力。

我国在国际 ISO 9000《质量管理和质量保证》系列标准的基础上，于 1992 年发布了 GB/T 19000 系列标准，它由五个标准组成：

GB/T 19000—ISO 9000《质量管理和质量保证——选择与使用指南》

GB/T 19000—ISO 9001《质量体系——设计/开发、生产、安装和服务质量保证模式》

GB/T 19000—ISO 9002《质量体系——生产、安装和服务质量保证模式》

GB/T 19000—ISO 9003《质量体系——最终检验和试验的质量保证模式》

GB/T 19000—ISO 9004《质量管理和质量体系要素指南》

二、工程质量监理的依据、特点和任务

（一）工程质量监理的依据

（1）国家法律、法规和地方法规。

（2）国家和行业及地方有关标准、规范、规程。

（3）监理合同。

（4）施工合同。

（5）工程前期有关文件。

（6）工程设计文件和图纸。

（7）工程实施过程中的有关函件。

（二）工程质量监理的特点

（1）监理工程师对工程质量的监理权受法律保护。

（2）监理工程师对工程项目实行全方位、全环节、全过程的全面质量管理。

（3）工程质量的监理强调事先主动监理，监理的重点则是施工前的准备阶段和施工过程中的各个环节，力求及早发现问题，防范于未然。

（4）质量监理应与工程支付挂钩，未经监理工程师验收并签认的工程项目，其费用一律不予支付。

（三）工程质量监理的任务

（1）审查承包人的质量控制体系和措施，核实质量文件，对施工依据的合同文件、设计图纸、技术要求和质量标准等进行检查与认可，对施工质量进行监督。

（2）对单项工程、隐蔽工程和施工前的准备工作等进行检查、验收，发布开工令、停工令、复工令等监理指令，对施工质量进行检验和评价。即对施工全过程进行检查、监督和管理，消除影响工程质量的各种不利因素，使承包人提交的工程项目符合合同图纸、技术规范、

使用要求和验收标准。

三、工程质量监理的程序和方法

（一）工程质量监理的程序

为保证监理工程师有效地控制工程质量，使质量监理工作系统化、标准化和程序化，必须在单项工程的施工质量监理程序的基础上制订一套用于整个工程项目的质量监理程序来指导工程的施工和监理，以规范承包人的施工活动和监理工程师为监督、检查和管理而确定的工作步骤。因此，整个工程项目的质量监理程序一经确定，承包人和监理人员都必须严格执行。

公路工程项目质量监理工作流程，如图 2-1 所示。

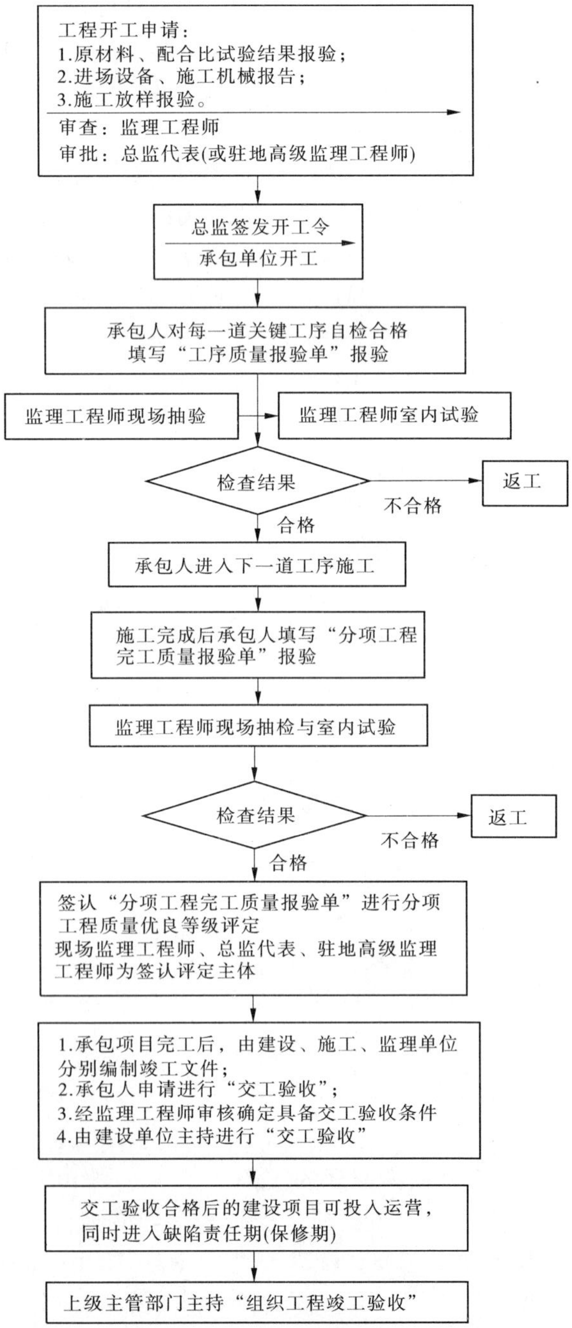

图 2-1　公路工程项目质量监理工作流程

（二）工程质量监理的基本方法

在施工阶段，监理工程师对现场施工质量监理的方法，主要是对工程承包人的各项施工程序、方法、工艺、材料、设备、机械、配合比等进行全方位巡视、全环节抽检、全过程旁站，使工程的施工质量得到有效的监督和管理。

所谓全方位巡视，就是监理人员对施工现场或关键工程所进行的经常性检查。巡视工作由总监理工程师和驻地高级监理工程师进行。在工程的施工期间，驻地高级监理工程师应每天对施工现场巡视一次，以便及时发现并处理施工中的质量问题。

所谓全环节抽检，就是现场监理工程师（或其助手）应对承包人的每道施工工序、每一分项工程、分部工程或单位工程按照规定方法和频率及时进行检验和评定，发现质量问题及时发出相应指令。

所谓全过程旁站，就是监理人员对工程的重要环节或关键部位实施全过程的现场察看监理。对承包人施工的隐蔽工程、关键工程部位、重要工序及工艺等,专业监理工程师(或其助手)应实行全过程的旁站监督,以便及时消除影响工程质量的不利因素。

监理工程师在现场质量监理中,采取的监理手段有现场测量、试验检测、工序控制、交工验收、计量与支付、发布监理指令等。现分述如下。

1. 现场测量

现场测量是监理人员对承包人的路线放样和有关几何指标进行检查和控制的重要手段。在公路工程开工之前,对承包人依据监理工程师提供的原始基准点、基准线、基准高程所做的定线控制测量进行监督、检查和认可;在各单项工程开工之前,对承包人的施工放线测量进行监督、检查和认可;在各单项工程的施工过程中,对控制工程的位置、高程、尺寸及其线型的准确性进行监督、检查和认可;在各分项工程、分部工程、单位工程、工程区段或整个工程项目的中间交工和竣工验收时进行测量,汇总并提出各项工程的测量成果资料。

当发现承包人的放样测量不合格时,要督促其返工;对已完成工程进行测量验收时,若发现不合格,要责令承包人整修;对通过整修仍达不到质量要求的工程,应坚决予以返工重建。

2. 试验检测

对公路工程施工质量合格与否的判断,大多是要通过试验检测结果才能作出结论的,试验检测是监理工程师进行质量监控的重要手段。

对材料或商品构件应进行预先鉴定,即进行验证试验,以决定其是否可以用于工程;在材料或商品构件的采购、储存保管、施工中,均应按规定的批量和频率进行抽样,对不合格者不准用于工程施工,还应指令承包人运出场外。

在各项工程开工前,承包人应在合同规定或合理的时间内,先行完成如各种标准击实试验、集料的级配试验、混合料的配合比试验、结构的强度试验等标准试验,并将试验报告及试验材料提交监理工程师中心试验室审查批准;同时,试验监理工程师应派出试验监理人员参加承包人试验的全过程,并进行现场监督检查。

对于路基、路面及其他需预先通过工艺试验方能正式进行施工的分项工程,应预先进行工艺试验,然后根据试验结果全面指导施工;在进行工艺试验之前,监理工程师应要求承包人提出工艺试验的施工方案和实施细则,并予以审批;对工艺试验的机械组合、人员配置、材料、施工程序及操作方法等应有两组以上方案,以便通过试验作出选定。对承包人进行工艺试验的全过程,监理工程师应旁站监理,并作出详细记录。工艺试验结束后,由承包人提出试验报告,并经监理工程师批准。

在工程项目的施工过程中,抽检试验是对各项工程实施中的实际内在品质(如压实度、弯沉值、强度等)进行符合性检查,是实现质量控制的关键环节。

3. 工序控制

工程项目的施工过程,就是完成各道工序的过程,所以施工过程的质量监理主要就是工序的质量控制,而工序的质量控制又表现为施工现场的质量控制,这也是施工阶段质量监理的重点。因此,工序控制是监理工程师对施工质量进行有效监理的重要手段之一,必须按“质量监理程序流程”前述的质量监理的“四不准”原则进行严格控制,即人员、材料、机械设备准备不足不准开工,未经检查认可的材料不准使用,施工工艺未经批准施工中不准采用,各道工序未经验收，后道工序不准进行。

4. 交工验收

对各项已完成工程的实际内在品质作出决定，需按照《公路工程质量检验评定标准》(JTG F80/1—2004)进行验收试验。对承包人做钻芯抽样试验等的抽检频率、抽样方法和试验过程进行有效的监督，而对承包人按技术规范要求进行的加载试验或其他检测试验项目的试验方案、设备及方法，监理工程师应进行审批，对试验的实施进行现场检查、监督，并对试验结果进行评定。

5. 计量与支付

所谓计量与支付，是指在向承包人支付各项工程款时，必须由该工程监理工程师进行计量并签发支付证书后，业主才能向承包人支付工程款，否则不能支付。这是监理合同赋予监理工程师的一项权力，监理工程师可以利用这一权力进行质量监理，即只有施工质量达到规定的标准和要求时，监理工程师才能进行计量并签发支付证书，否则可拒绝计量并拒签支付证书。监理工程师有了这个权力，就能运用经济手段对工程质量进行监理。

6. 发布监理指令

监理工程师可通过发布指令性文件对工程质量进行监控，如变更设计、补充技术标准和质量要求，以及一些通知、会议记录等，都可按监理指令性文件发布给承包人。对施工中存在的问题或质量事故苗头，亦可以监理指令性文件向承包人发布，提醒其加以注意和改进。对于重大质量事故，还可向承包人发出质量事故通知单，要求承包人迅速采取措施加以收工和补救。由于质量事故通知单要存入竣工文件和档案中，会影响承包人的形象，因此应随时提醒承包人重视企业自身的形象、重视施工质量，力求避免发生质量事故通知单。

第二节　质量监理试验室

一、监理单位试验室

(一)监理单位试验室的职责

工程施工监理的中心任务是控制工程质量。监理工程师对施工质量的判断，则以检测试验数据为依据，而数据的主要来源又是承包人的施工质量自检报告。由于某些原因，在承包人的自检结果中往往会掺杂一些不可信的数据，为对这些有疑问的数据进行核查，监理工程师必须设立自己专用的试验室，即中心试验室和驻地试验室。

监理工程师的专用试验室应当是对整个工程项目进行数据控制和检验测定的中心，其具体职责是：凡涉及决定质量标准的一切试验，经现场材料试验监理人员监督审查后，报监理工程师批准，当监理工程师认为有必要时，可指令监理试验室做对比试验；承担各合同段送交或提交的抽样试验，并根据部分工程完工情况迅速提出试验数据，满足各合同段的需要；当现场各专业监理人员对承包人提供的试验资料有疑问，或认为其可靠性有问题时，应提请监理试验室进行核查，并提供正确的数据；定期或不定期地对承包人的试验仪器和设备进行检验，并监督承包人将其交由政府监督部门进行标定。

监理工程师的专用试验室和承包人工地试验室的各项试验工作，均应统一按合同列出的条款或正式颁布的国家标准及行业标准进行。当监理工程师中心试验室的试验结果与承包人工地试验室的试验结果出现允许误差以外的差异时，一般应以中心试验室的试验结果为准。若承包人拒绝接纳该结果，则双方应在具备资格的政府部门的试验室进行校核试验，并应据此作为批准或认定的依据，但其试验费用须按合同条款规定办理。经监理工程师审查并经业主批准，承包人采用合同未曾列明或无现成标准可循的新材料、新技术、新工艺进行施工的特殊项目时，试验监理工程师应要求承包人提供相关的科技及鉴定报告，拟定出符合工程实际的暂行标准或规程，并经监理工程师审查批准后执行。

（二）监理试验室的设置及工作程序

监理试验室应根据工程规模大小和其施工特点，并与监理组织机构层次相对应设置。一般可设立监理中心试验室和驻地试验室。监理试验室的工作程序如下：

（1）不定期地对承包人所用的各种材料，按规范要求进行抽查与评定，如发现明显问题应及时向监理工程师或承包人反馈信息，并根据监理工程师的指令对其处理。

（2）当承包人的单项工程完工后，在承包人已自检完毕的基础上，先由驻地监理进行测定，若符合规范要求，再由承包人填写“质量验收通知单”，经驻地监理签字后，向中心试验室提出验收申请。中心试验室在收到“质量验收通知单”之后，应先查阅承包人的各种自检记录，然后对已完工的单项工程进行实地试验，待所测得的各种试验结果合格后，由中心试验室分别向驻地监理与承包人发出质量评定意见。驻地监理则将中心试验室对该单项工程的评定结果作为中间计量的依据。

（3）凡需监理试验室批准的各种文件，均应在 24 h 以内进行核实，并上报监理工程师予以批复。

（4）每月配合总监代表处进行批准支付本段的拟支付工程的抽查，进行一系列的试验与检查工作。

（三）监理试验的类型

1. 验证试验

对材料或构件应预先鉴定，以决定取舍。如水泥、钢材、外加剂、预制件钻芯取样等的性能试验。

2. 标准试验

对各项工程的内在品质进行施工前的数据采集，以此作为控制与指导施工的科学依据。如标准击实试验确定的土的最大干密度与最佳含水量，混凝土配合比试验确定的混合料的坍落度和强度等。

3. 工艺试验

按照技术规范规定，在动工之前对路基路面等工程需要预先通过试验确定施工工艺，并依据试验结果全面指导施工。

4. 抽检试验

对各项工程实施中的实际内在品质进行符合性检查，是实现质量控制的关键环节。如压实度、弯沉值、强度等。

5. 验收试验

对各项已完工程的实际内在品质作出评定。

二、施工单位试验室

为了正确地履行合同义务，施工单位应按合同要求建立一个完整的以自检为主的质量保证组织体系。监理工程师应审查批准承包人在投标书中所报质量保证和自检工作负责人的资格,并要求其一直在工程现场专职负责本工程的自检工作。各级自检人员应由具有丰富的施工经验、专业技术职称,熟悉规范和图纸,并且工作作风优良的技术人员担任。

(一)施工单位试验室

施工单位试验室是控制施工质量的关键部门。监理工程师应监督、检查和批准施工单位筹备的工地试验室和流动试验室,其规模、设备及人员配备应能满足本工程各项试验的需要。

(二)施工单位自检职责及其要求

(1)在工程开工之前,施工单位应自检各项工程的开工条件,满足要求后,提交各项工程的开工报告及有关技术资料。

(2)在各项工程的施工中,施工单位自检人员应按照监理工程师规定的质量监控程序,对每道工序或工艺进行现场质量自检,以保证整个施工过程中材料、操作及工艺符合要求,并获得监理工程师的认可。

(3)当施工过程中出现质量缺陷时,经监理人员确认后,应及时采取措施予以消除。

(4)对工程质量事故或安全事故进行现场记录,并及时报告监理工程师。

(5)及时检测各工程部位的高程、位置和几何尺寸,并将检测资料提交监理工程师,以获得其认可。

(6)按合同和规范规定的抽样频率、时间、方法,及时通知工地试验室进行取样或现场试验,并对保留在工程现场的试样的养护与管理进行监督检查。

(7)对每道工序或分项工程完工后进行自检和测定,并配合监理工程师进行检查验收。

(8)对各项工程质量进行数理统计和分析,建立质量档案,即完整的施工原始记录、试验数据、分项工程自检数据等质量保证资料。其内容应包括:①所用材料、半成品和成品质量检验的结果;②混合材料配合比、拌和加工控制检验和试验的数据;③地基处理和隐蔽工程的施工记录;④各项质量控制指标的试验记录和质量检验汇总图表;⑤施工过程中遇到的不正常情况记录及其对工程质量影响的分析;⑥施工中如发生质量事故,经补救处理后,达到设计要求的认可证明文件等。在竣工验收时提供翔实的施工资料和图表。

第三节　工程质量事故分析及其处理

一、工程质量缺陷与质量事故的产生原因

在实际工程中,凡工程不符合规定的质量标准或设计要求的,均称为工程质量事故。质量事故具体指由于勘测、设计、施工、监理、试验检测等责任过失而使工程遭受损毁或产生不可弥补的本质缺陷,或因构造物倒塌造成人员伤亡、财产损失,以及需加固、补强、返工处理的事故。工程质量事故的产生原因主要有以下几个方面:

(1)违背基本建设程序,如边设计,边施工;在没有或缺乏水文、工程地质等自然资料,以及施工工艺不过关的情况下盲目施工。

(2)设计计算失误。

(3)工程地质勘察失误,或地基处理失误。

(4)原材料、预制构件质量指标不符合要求。

(5)施工管理不当或未按操作规程作业,或运行管理不当。

(6)自然环境方面的影响。

二、工程质量缺陷与质量事故的分类及特点

在施工过程中,若通过试验检查发现了问题,但经承包人自行解决处理并未造成经济损失或延误工期的,均属未遂事故;凡造成较大经济损失及产生不良后果者,则构成事故。按事故产生的原因,可将其分为人为指导责任事故和操作责任事故;而按事故的性质及其对工程的耐久性、可靠性和正常使用的影响程度,以及检查、分析、处理事故对工期的影响与造成的直接经济损失的大小,可将其分为质量缺陷、一般质量事故及重大质量事故。

(1)质量缺陷。质量较差,造成直接经济损失,且直接经济损失不超过20万元的事故。

(2)一般质量事故。质量低劣或达不到合格标准,需加固补强,直接经济损失(包括修复费用)在20万元到30万元之间的事故。

(3)重大质量事故。由于责任过失造成工程倒塌、报废和人身伤亡或者重大经济损失的事故。

工程质量事故,一般均具有复杂性、严重性、可变性及多发性的特点,处理起来也颇为困难。因此,对于在施工过程中发生的某些质量问题,凡可以不作处理或稍作处理即可达到合同和规范要求的质量标准者,均不宜轻易将其定为质量事故,而应按质量缺陷加以处理。

三、工程质量缺陷与质量事故处理的目的及程序

分析与处理工程质量的目的在于:正确分析事故,创造正常的施工条件;保证结构的安全使用,减少事故损失;总结经验教训,预防同类事故重复发生;了解结构(新结构)的实际工作状态,为正确选择结构计算简图、构造设计、修订规范(规程)和有关技术措施提供依据。

工程项目出现质量事故,其直接责任者一般是承包人,但由于监理工程师对工程项目的建设负监控责任,所以监理工程师对质量事故也应负失控的责任。

在各项工程的施工过程中或其完工以后,若工程项目明显存在着技术规范所不允许的质量缺陷,承包人应立即报告监理工程师,并分析产生的原因,提出处理意见。监理工程师在收到报告后,应立即组织调查和批复,具体如下:

(1)应详细调查该质量缺陷产生的基本情况,并根据其性质和严重程度,酌情处理。

(2)当因施工而引起的质量缺陷尚处在萌芽状态时,应及时加以制止,并要求承包人改变不正确的施工方法及操作工艺。

(3)若因材料、设备不合格,或不称职的施工人员所为,应要求承包人立即予以更换。

(4)当因施工而引起的质量缺陷已出现时,应立即向承包人发出暂停施工的指令(先口头再书面),待承包人采取了能足以保证施工质量的有效措施,并对质量缺陷进行了正确的补救处理后,再书面通知其恢复施工。

(5)当质量缺陷发生在某道工序或分项工程完工以后,且对下道工序或分项工程的质量将产生影响时,监理工程师应对质量缺陷产生的原因及责任预先作出判定,并在确定了补救在方案后,再进行质量缺陷的处理,然后才能进行下道工序或分项工程的施工。

（6）若施工质量缺陷在缺陷责任期内才发现，则监理工程师应及时指令承包人进行修补、加固或返工处理。

对因施工原因而产生的质量缺陷进行修补与加固，其修补方案及方法应先由承包人提出，报经监理工程师批准后方可施行。对因设计原因产生的质量缺陷，则应由业主提出处理方案和方法，再由承包人进行修补。

对已完工工程的质量缺陷，若不危及工程安全，且又能满足设计和使用要求，在征得业主同意后，可不进行加固或变更处理。倘若工程的质量缺陷确属承包人的责任，通过业主与承包人协商后，可降低对此项工程的支付费用。

当某项工程在施工期间（包括责任缺陷期）出现了断层、裂缝、倾斜、倒塌、沉降、强度不足等技术规范所不允许的情况时，应视其为质量事故，并按以下程序处理：

（1）监理工程师应立即指令承包人暂停该项工程的施工，并对现场采取有效的安全保护措施。

（2）监理工程师应要求承包人尽快提出质量事故报告并报业主，在质量事故报告中，承包人应详细而真实地反映发生事故的工程名称、部位、产生的原因、应急措施、处理方案、损失的费用等内容。

（3）监理工程师应立即组织有关人员到事故现场进行调查研究，并在审查、分析、诊断或测试的基础上，对承包人报告中提出的处理方案予以审查、修正、批准，再指令承包人恢复该项工程的施工。

（4）当事故比较严重，在技术规范规定范围内无法解决时，监理工程师应组织专家进行专项调查研究，并提出处理方法。

（5）对承包人提出的有争议的质量事故，监理工程师应全面审查有关的施工记录、设计资料及水文地质现状等（必须时还应实际检验测试），对质量事故的责任予以判定，同时，在分清技术责任时，还应明确事故处理的费用数额、承担比例及其支付方式。根据合同条件规定，经事故处理后的工程，在验收合格后，应予以计量支付，但只计量支付质量合格部分的费用，而处理质量事故发生的一切费用，则完全由承包人自己承担。

四、工程质量事故处理的结论

监理工程师应根据设计要求、施工规范及质量检验评定标准等对工程质量事故的处理效果作出结论。监理工程师所作的结论应该明确，不能含糊其辞。结论包括：①质量事故已经排除，可以继续施工；隐患已经消除，工程结构安全。②经修补后，完全满足使用要求。③基本满足使用要求，但附有限制条件。④对耐久性及安全方面影响的结论。⑤对工程外观影响的结论。

工程质量事故经处理后，应重新进行工程质量的检查和评定，并在质量等级评定栏内，加盖“处理”章。对于重大质量事故，经处理后，还应呈报上级主管部门和上一级质量监督部门备案。

工程质量事故的处理程序如图 2-2 所示。

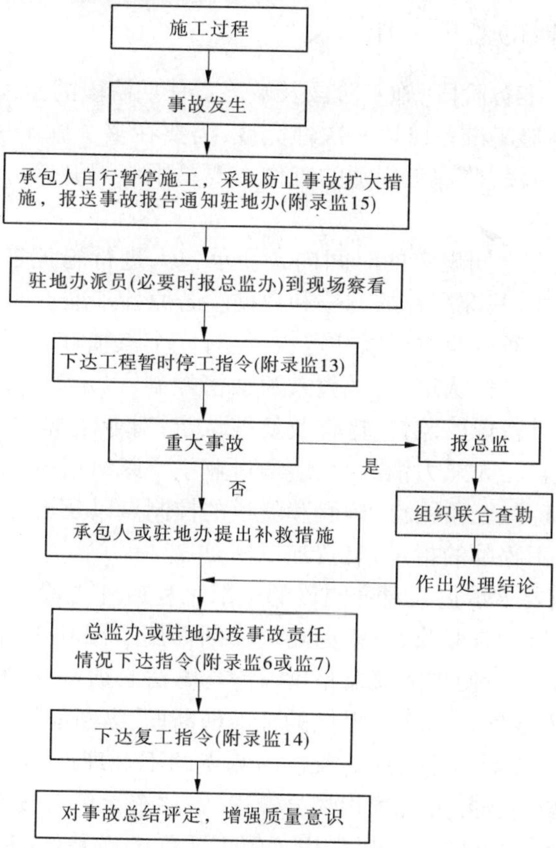

图 2-2　工程质量事故的处理程序

第四节　施工准备阶段的监理

一、施工监理工作准备

施工监理人员在合同规定的开工日期以前适当的时间，应进驻施工现场。监理人员进场后，首先应全面熟悉合同文件、有关标准和试验检测方法，对合同文件中存在的差错、遗漏、含糊不清等问题要查证清楚，能作出合理的解释，并应提出合理的处理方法。同时，监理工程师应要求承包人对施工合同文件中提供的图纸和定线数据等设计资料进行必要的现场核对复查，纠正差错，补充缺漏；当发现有重大错误、漏项或方案性问题时，应向业主提出报告。监理工程师还应对施工环境进行调查，尤其应要求承包人对工程占地范围以内尚未拆迁的建筑物及其他障碍物，施工尚不能按时交接的工程占地及有争议的工程占地进行调查，并根据调查结果提出处理措施，向业主报告。此外，监理工程师应根据施工合同文件的要求及工程项目实际，在选用《公路工程施工监理规范》（JTG G10—2006）有关表格的基础上，补充完善并统一制订出一套进行质量监理、进度监理、费用监理和合同管理的各种记录、报表、证书及图表等，以便供监理工程师和承包人双方共同使用。

二、施工准备阶段的监理工作

监理工程师在施工准备阶段、施工阶段及缺陷责任期阶段的监理工作是有机联系的，而且某些工作也不可能在施工准备阶段一次性完成，需要在整个施工过程中分期分段穿插进行。因此，在施工准备阶段，监理工程师的工作主要是围绕召开第一次工地会议，为签发开工令而进行的。

(1)监理工程师应在合同规定的时间内或在承包人进行施工定线之前，全面向承包人提供原始基准点、基准线、基准高程的方位和数据。若原始基准点或基准高程连续在两个点以上发生损坏或丢失，应通过业主予以补定；若仅有一个点损坏或丢失，承包人可直接予以补定，但须经监理工程师复核认定；对承包人为加密控制、以定线和施工放样为目的的测量工作，监理工程师亦应进行现场监督、检查及复核认定；对业主提供的或图纸上的原始资料进行复核时发现差错，且又无能力消除时，应通过业主予以纠正；对于所有永久性标桩，包括中线桩、转角桩、水准基点、三角网点、桥涵和隧道的控制点以及放样和检验工程必需的标桩等，承包人应根据监理工程师的指示，自费加以恢复。

(2)监理工程师应要求承包人对合同段的全部工程或开工段的原始地面线进行实际测定，并对其测定工作进行检查验收，以作为路基横断面施工图和土石方、桥涵结构等工程计量的依据。承包人测量时所使用的仪器精度及操作方法必须符合勘察设计要求与规定。监理工程师应要求承包人根据合同文件提供的标准横断面、纵断面等资料进行测量，并对承包人旨在影响土石方工程数量的任何加桩及横向测点的不合理性加以纠正，以使纵向加桩的连线及横向测点的连线与实际地面线相吻合。然后，要求承包人按合同文件提供的纵、横断面图及实际测定的原始地面线资料，提交用于施工放样的横断面施工图及用于确定实际土石方工程数量和结构工程数量的计算表，以供监理工程师审核。

(3)监理工程师应在各项工程开工前合同规定的合理时间内，对承包人依据合同规定完成并提交的各种施工图进行审核批准。承包人提交的施工图，其图幅应按统一规定，且应与设计文件的施工图一致。

(4)在合同规定的开工令发出之前，以及各项工程开工前合理的时间里，监理工程师应督促业主将全部工程或施工段的工程场地移交给承包人使用。同时，监理工程师应要求承包人预先提出工程场地占用计划(附图)给业主，以便业主能在合理的时间内完成工程场地的准备；倘若业主一时难以按工程进度计划及场地占用计划提供施工段的工程场地，监理工程师应与承包人协商，合理地对施工段的顺序安排加以调整；占用工程场地的交接工作应在工程现场进行，并履行必要的文字手续，即各有关代表均须在文件上签字；对已占用的工程场地，承包人应根据监理工程师指示埋置永久性的界桩，并对场地进行看管。

(5)审查承包人的施工机械设备。监理工程师应按其批准的承包人的工程进度计划分期审查承包人在实施工程时所使用的施工机械设备。

监理工程师应检查承包人进场机械设备(包括计划进场的机械设备)的数量、型号、规格、生产能力、完好率是否与工程进度计划，尤其是与网络计划中的关键线路相适应；检查承包人各种施工机构设备的配套情况，以及与满足施工技术要求的适应性；当承包人的施工机械设备数量不足或不配套时，应限期补足进场；对审验不合格的施工机械设备，应限期让承包人撤离工地；若承包人要求替代或更换施工机械设备，应要求承包人事先征得监理工程师同意；已运入施工现场并经监理工程师审查的施工机械设备，未征得同意，承包人不得将其运出工地。

第五节　施工阶段的质量监理

一、路基工程施工质量监理

路基是公路的重要组成部分，必须密实、均匀、稳定，可以为路面提供可靠的基础。路基施工的好坏，直接影响到路面的质量和使用效果。因此，保证路基工程的施工质量是公路工程施工的关键。

（一）路基施工准备阶段的质量监理

从承包人进场至监理工程师正式签发开工令之前，即为路基工程的施工准备阶段。监理工程师在此阶段的工作重点是根据合同规定对承包人开工前的准备工作进行检查。为了使路基工程能按时顺利开工，且在开工后能继续顺利施工，以达到充分保护业主和承包人双方的利益、减少风险损失的目的，监理工程师一定要做好承包人施工准备阶段的质量监理。

1. 进场材料的质量控制

由于路基工程的备料具有数量大、所需劳力多、涉及面宽、耗资大（占总投资的25%~40%）和高等级公路一次性要求用量多、难度大等特点，为避免不符合要求的材料进入施工现场，造成工程质量事故，因此在材料进入工地之前，监理工程师要对其进行严格的控制。

首先要求承包人提供当地或外购材料的产地、厂家的生产工艺、设备等。对外购材料或构件，如管道、混凝土构件等，承包人应提供生产厂家的试验报告，以备监理工程师审批；对自制材料，承包人应提供该料场的开采机械、加工设备、成品率及取样试验资料给监理工程师审查，以便确定是否采用；对合同段内准备用作填方材料的挖方段或借土场，承包人应进行土的塑限、液限、塑性指数、颗粒分析、天然含水量、干湿容重、有机质含量等指标的检测试验，并将报告提交监理工程师审批；对已进场的材料，应按规范规定做进一步的抽样试验，并将报告提交监理工程师审批。凡是经检验不合格的材料，应指令承包人清出场外，不得用于工程施工。

2. 施工现场的检查和测量放样的校核

承包人根据监理工程师书面提供的原始基准点、基准线和基准标高，对施工中需要的所有中线点、标高、位置、尺寸等数据进行计算和确定，经核对无误后报监理工程师审批。然后根据批准的定线数据进行准确的放样，并将放样数据及图表报监理工程师审批。监理工程师收到报告后，会同承包人到现场，按交通部颁布的公路验收标准或合同规定的技术标准，对放样精度进行复核，无误后由监理工程师审批。当施工放样测量满足《公路路基施工技术规范》（JTG F10—2006）等规定后，双方应签字认可。

3. 施工机械检查和审批

承包人进入现场的土方施工机械设备，不仅关系到开工后的施工质量和进度，而且对因工期延误产生的索赔费用计算有直接影响。因此，监理工程师应要求承包人详细填写施工机械进场检验单，并依照进场检验单对机械设备的数量、型号、规格、生产能力、完好率等进行认真的检查和记录。当发现承包人进场的机械设备和投标书附表所填不一致时,应查明原因,尤其对承包人直接用于网络计划中关键线路工程上的机械设备的生产能力、效率、性能、配套使用及周转情况,更应特别仔细地进行检查,并以满足施工需要为准。

4. 试验路段施工监理

路基试验路段应选择在地质条件、断面形式等具有代表性的地段,路段长度不宜小于100 m。承包人需按要求提交填方路堤试验路段施工总结报告,并经监理工程师审批。试验路段施工总结报告应包括以下内容(或通过试验路段的修筑,需要提交正式施工的技术参数和标准方法):①填料试验、检测报告等;②压实工艺主要参数,包括机械组合和机械规格、松铺厚度、碾压遍数和碾压速度、最佳含水量及碾压时含水量允许偏差等;③过程控制方法和指标;④质量评价指标与标准;⑤优化后的施工组织方案及工艺流程;⑥原始记录和过程记录;⑦对施工图的修改建议等。

5. 施工方案的审批

承包人在提交"路基工程开工申请单"报告时,应附一份施工进度计划及其说明(即路基施工方案),以便监理工程师审批。

监理工程师在审批施工进度计划时应注意:调查承包人实现进度计划的能力和不利因素;落实业主对工程进度计划实现的不利影响因素;当确认承包人所提交的工程进度计划合理而切实可行时,应在合理的时间内同意该进度计划;经过充分的分析调查,确认承包人提交的工程进度计划与其实际的技术、装备能力不相适应,尤其是计划中的关键线路和施工阶段的计划不可靠或并非有效时,应要求承包人重新拟订一份工程施工进度计划并报监理工程师审批。

6. 施工质量自检系统的审查

在工程开工前,应尽早督促承包人建立施工质量自检系统,并对其配备的自检人员、试验人员与试验设备进行审查。

7. 审批开工申请

当监理工程师对承包人的施工准备工作和开工条件经过认真核查,确认已满足合同规定的开工条件时,应立即签发路基开工通知单。

(二)路基工程施工阶段质量监理

工程施工阶段是一项工程的形成阶段。在此阶段,监理工程师的工作重点是要抓住各道施工工序的检查,严格执行工序质量监理程序,以确保每道工序的质量符合规范和设计文件的技术要求。

路基工程各工序质量监理工作要点具体如下。

1. 表土的清理与压实

表土是指自然地面表层有利于植物生长的土。通常,在路基施工范围内的树根或有树根的表层土必须挖除,且应掘至自然地面以下50 cm;对路堤填高小于80 cm的路段,其挖掘深度应达到100 cm;挖方及高填方路段的表土、草皮,应挖至自然地面以下20 cm;建筑物或其他障碍物的地下部分,应掘除到设计图或监理工程师指示的深度;对含有地表水、淤泥、杂草、垃圾、腐殖土等路基地基,应进行排除清理;对膨胀土、污染土、软土地基,则要进行特殊处理。挖出的不带树根的表土,应搬运到由承包人提供且经监理工程师同意的贮料堆存放。

对填土路基,为使土方能均匀压实,无论是旧路基还是新铺平的地面,均要进行碾压,地面以下 20 cm 以内,其压实度应达到 90%。铺填表面,应先使用平地机或推土机将原地面推平,平整度误差不应超过 5 cm,再进行碾压,并达到压实标准。对零填方路段及土质较差的路段,应将地面表土挖除一层(厚约 30 cm),换土填筑后碾压,其压实度应达到 90%。当原地面横坡较陡,为 1:5 ~1:2.5 时,应将原地面挖成宽度不小于 1 m 的台阶形;当原地面横坡坡度陡于 1:2.5 时,则应按特殊路基处理。

路基填方施工前,表土清理与压实监理工作内容及施工工序流程如图 2-3 所示。

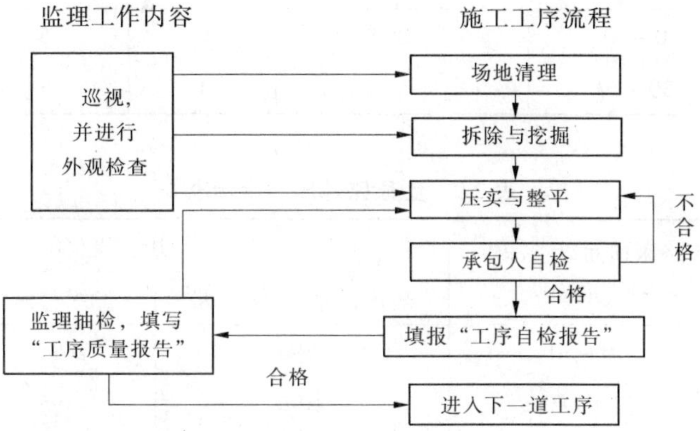

图 2-3　表土清理与压实监理工作内容及施工工序流程

2. 填方路基施工质量监理

填方路基由路床和路堤组成。路床是指路面底面或路基顶面以下 80 cm 范围内的路基部分,分为上路床(0 ~30 cm)和下路床(30 ~80 cm)。路堤是路床底面至原地面的路基填方高度,分为上路堤和下路堤。上路堤为路面底面或路基顶面以下 80 ~150 cm 范围内的路基填方部分,下路堤为上路堤以下的填方部分。

1)填土路基施工

a. 填料的技术要求

在路基施工前和施工过程中,对填方材料应按要求进行颗粒分析、塑性指数、液限、有机质含量及标准击实等试验,并将试验结果报监理工程师审批。土质路基的填料应满足以下技术要求:

(1)含草皮、生活垃圾、树根、腐殖质的土严禁作为路基填料。

(2)泥炭、淤泥、冻土、强膨胀土、有机质土及易溶盐超过允许含量的土,不得直接用于填筑路基;确需使用时,必须采取技术措施进行处理,经检验满足设计要求后方可使用。

(3)液限大于 50%、塑性指数大于 26、不适宜直接压实的细粒土,不得直接作为路堤填料;确需使用时,必须采取技术措施进行处理,经检验满足设计要求后方可使用。

(4)粉质土不宜直接填筑于路床,不得直接填筑于浸水部分的路堤及冰冻地区的路床。

(5)填料强度和粒径应符合表 2-1 的规定。

b. 施工压实度标准与质量标准

土质路基压实度标准应符合表 2-2 的规定。

填土路基填筑至设计高程并整修完成后,其施工质量标准应符合表 2-3 的规定。

表 2-1　路基填料最小强度和最大粒径要求

填挖类型		路床顶面以下深度(mm)	填料强度(*CBR*)(%)			填料最大粒径(mm)
			高速公路、一级公路	二级公路	三、四级公路	
路堤	上路床	0 ~ 30	8	6	5	100
	下路床	30 ~ 80	5	4	3	100
	上路堤	80 ~ 150	4	3	3	150
	下路堤	> 150	3	2	2	150
零填及挖方路基		0 ~ 30	8	6	5	100
		30 ~ 80	5	4	3	100

表 2-2　土质路基压实度标准

填挖类型		路床顶面以下深度(mm)	压实度(%)		
			高速公路、一级公路	二级公路	三、四级公路
路堤	上路床	0 ~ 30	≥96	≥95	≥94
	下路床	30 ~ 80	≥96	≥95	≥94
	上路堤	80 ~ 150	≥94	≥94	≥93
	下路堤	> 150	≥93	≥92	≥90
零填及挖方路基		0 ~ 30	≥96	≥95	≥94
		30 ~ 80	≥96	≥95	—

表 2-3　土质路堤施工质量标准

项次	检查项目	规定值或允许值			检查方法和频率
		高速公路、一级公路	二级公路	三、四级公路	
1	压实度	符合规定	符合规定	符合规定	施工记录
2	弯沉值	不大于设计值	不大于设计值	不大于设计值	
3	高程(mm)	+10，-15	+10，-20	+10，-20	每 200 m 测 4 个断面
4	中线偏位(mm)	50	100	100	每 200 m 测 4 个断面，弯道加测 *HY*、*YH* 两点
5	宽度	不小于设计值	不小于设计值	不小于设计值	每 200 m 测 4 处
6	平整度(mm)	15	20	20	3 m 直尺：每 200 m 测 2 处 × 10 尺
7	横坡(%)	+0.3	+0.5	+0.5	每 200 m 测 4 个断面
8	边坡坡度	不陡于设计坡度	不陡于设计坡度	不陡于设计坡度	每 200 m 抽查 4 处

桥涵及其他构造物回填土的压实度标准：桥台背后、涵洞两侧与顶部、锥坡、墙及构造物背后的填土均应分层压实、分层检查。检查频率为每 50 m^2 检验 1 点，不足 50 m^2 时至少检验 1 点，每点都应合格，每一压实松铺厚度不宜超过 20 cm，其压实度标准应满足下列要求：

（1）高速公路和一级公路的桥台、涵身、通道背后和涵洞顶部填土的压实度标准为 95%。

（2）其他等级公路的压实度标准为 95%。

地基处理的压实度标准：当用石灰或天然砂处理地基时，其压实度应达到重型击实标准的 93%。当在软土地基或过湿土路基上修筑高等级公路、二级公路，采用重型击实标准确实有困难时，可放宽采用轻型击实标准，其压实度不低于表 2-2 的规定；铺筑中级或低级路面的三、四级公路可采用轻型击实标准。

c. 铺筑试验路段

路基施工前还应对用于填方的各种主要填料进行试验路段的铺筑压实试验。承包人在路基填方开工 28 d 前，应遵照监理工程师指示，结合现场实际情况，选择面积不小于 1 000 m^2 或长度不小于 100 m 的试验场地，进行试验路段的施工。试验路段施工时，监理工程师应加强旁站检查，并应记录压实设备的类型、型号、规格及其最佳组合方式，填筑材料每层的松铺厚度，材料的含水量，填筑碾压工序，碾压遍数及碾压速度等。试验结果经监理工程师批准后，即成为一套标准的施工方法，可作为该填料施工时的依据。

d. 填土路堤铺筑压实

填土路堤铺筑压实监理工作内容及施工工序流程如图 2-4 所示。

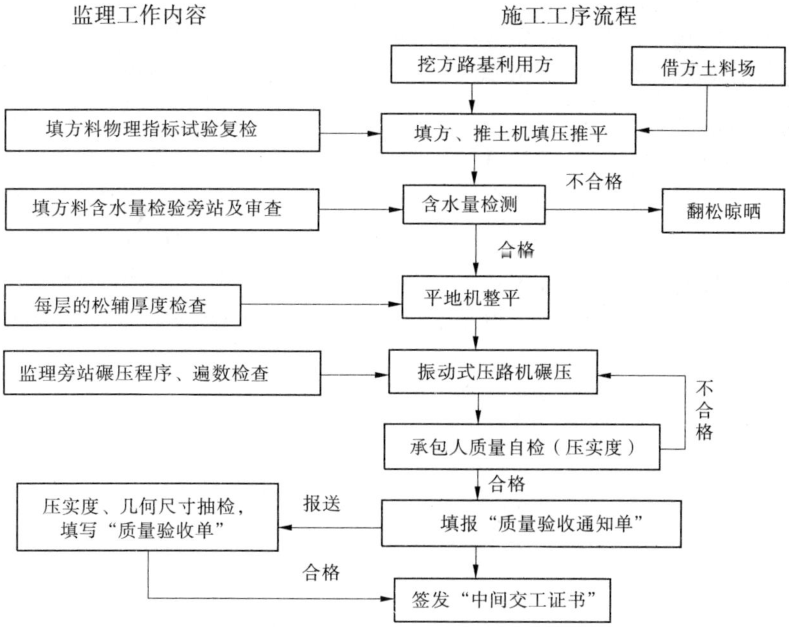

图 2-4　填方路堤铺筑监理工作内容及施工工序流程

e. 填土路基施工质量监理要点

（1）路基压实机械应根据工程规模、场地大小、填料种类、压实要求、施工条件、现场条件、机械使用性能等因素综合选择。

（2）路基施工工序的控制。承包人在路基填方时，应采用透水性良好的土壤作填料，不得采用设计或规范规定的不适用土料，即在通常情况下，不能被压实和不能形成稳定路基的土，如沼泽土、淤泥、泥炭、细粉砂土、液限大于50%及塑性指数大于26的土，含有树根和易腐物质的土等作为路基填料；每一压实层上土之前应打格定点，以便土层的摊铺、整平和碾压质量的控制；当土层压实后，应及时进行压实质量的检测。

(3)路基压实控制。要控制好路基压实质量，首先应充分认识到影响压实的各种因素，然后根据现场实际情况采取各种技术措施，充分发挥现场压实机械的工作效率，使所施工的路基达到压实标准的要求。为此，监理工程师在施工过程中进行质量监理时，应注意以下几点：①确定不同种类填土最大干密度和最佳含水量；②检查控制填土压实含水量；③分层填筑，分层碾压；④全宽填筑，全宽碾压；⑤加强现场施工检测试验；⑥现场压实质量的评定。

在路基施工中，监理工程师尤其应注意检查填土的含水量，一般情况下，填方填料的压实含水量应控制在不高于或不低于最佳含水量3%范围内，当填料的含水量超过此范围时，应将土料晒干或进行加水处理，以便达到规定压实度；填料的松铺厚度是影响压实度的重要因素之一，当填土厚度过大时，其深部不能获得要求的压实度。因此，填方路基的填料应分层平行摊铺，每层的松铺厚度可根据现场压实试验确定。一般情况下，最大松铺厚度不大于30 cm，最小松铺厚度不得小于10 cm。填筑路基时，从基底开始在路基范围内依次向上分层填土和充分碾压，特别注意边坡部分的压实质量控制。若不注意全宽碾压，当路堤填筑到一定高度时，会出现程度不同的纵向裂缝，严重的还会使路面出现纵向裂缝。

路基的压实度应以重型击实标准为准。检查压实度一般采用规范规定的灌砂法和烘干法。当采用环刀法或核子密度仪法时，因为测试条件不同，必须以灌砂法为标准进行对比试验，找出相关的压实度修正系数。在压实过程中，施工单位的自检人员应经常检查压实度是否符合要求，检测频率为每压实层每200 m测4处，必要时可增加检查点数，以防止压实不足处漏检。

填方路基现场压实质量的评定要按照《公路工程质量检验评定标准》(JTG F80/1—2004)进行。压实度的评定以1～3 km长的路段压实层为检验评定单元，如检验不合格，应及时补压，不至于等待过久而含水量变化过大。检验评定段的压实度K_1按式(2-1)计算，若$K_1 \geqslant$压实度标准值K_0，且单点压实度K_i全部大于或等于规定值减2%，评定路堤的压实度合格率为100%；若$K_1 \geqslant$压实度标准值K_0，且单点压实度全部大于或等于规定值，按测定值不低于规定值减2%的测点数计算合格率。当$K_1 < K_0$或某一单点压实度K_i小于规定值时，该评定路段压实度为不合格，相应分项工程评为不合格。

$$K_1 = K - t_\alpha S/\sqrt{n} \geqslant K_0 \tag{2-1}$$

式中 K——检验评定段内各检验点压实度的算术平均值；

t_α——t分布表中随自由度和保证率(或置信率)而变化的系数，通常保证率为95%；

S——检验值的标准差；

n——检验点数。

2)填石路基施工

a. 石质路基填料的规定

(1)膨胀岩石、易溶性岩石不宜直接用于路堤填筑，强风化石料、崩解性岩石和盐化岩石不得直接用于路堤填筑。

(2)路堤填料粒径应不大于500 mm且不宜超过层厚的2/3，不均匀系数宜为15～20。

路床底面以下 400 mm 内,填料粒径应小于 150 mm。

(3)路床填料粒径应小于 100 mm。

b. 压实标准与施工质量标准

石质路基压实标准应符合表 2-4 的规定。

表 2-4　填石路基上、下路堤压实标准

分区	路床顶面以下深度(mm)	硬质石料孔隙率(%)	中硬质石料孔隙率(%)	软质石料孔隙率(%)
上路堤	80～150	≤23	≤22	≤20
下路堤	>150	≤25	≤24	≤22

填石路基填筑至设计高程并修整后,其施工质量应符合表 2-5 的规定。

表 2-5　填石路堤施工质量标准

项次	检查项目		规定值或允许值		检验频率
			高速公路、一级公路	其他等级公路	
1	压实度		符合试验路段确定的施工工艺		施工记录
			沉降差≤试验路段确定的沉降差		水准仪:每 40 m 检测 1 个断面×5～9 点
2	弯沉值		不大于设计值		
3	高程(mm)		+10,-20	+10,-30	水准仪:每 200 m 测 4 个断面
4	中线偏位(mm)		50	100	经纬仪:每 200 m 测 4 个断面,弯道加测 *HY*、*YH* 两点
5	宽度		不小于设计值		每 200 m 测 4 处
6	平整度(mm)		20	30	3 m 直尺:每 200 m 测 2 处×10 尺
7	横坡(%)		±0.3	±0.5	每 200 m 测 4 个断面
8	边坡	坡度	不陡于设计坡度		每 200 m 抽查 4 处
		平顺度	符合设计要求		

c. 填石路堤施工技术要求

(1)在路堤施工前,应先修筑试验路段,确定满足规定的孔隙率标准的松铺厚度、压实机械型号及组合、压实速度及压实遍数、沉降差等参数。

(2)在路床施工前,应先修筑试验路段,确定能达到最大压实干密度的松铺厚度、压实机械型号及组合、压实速度及压实遍数、沉降差等参数。

(3)二级及二级以上公路的填石路堤应分层填筑压实。二级以下砂石路面公路在陡峭山坡地段施工特别困难时,可采用倾填的方式将石料填筑于路堤下部,但在路床底以下不小于 1.0 m 的范围内仍应分层填筑压实。

(4)岩性相差较大的填料应分层或分段填筑。严禁软质石料与硬质石料混合使用。

(5)用中硬、硬质石料填筑路堤时,应进行边坡码砌。码砌边坡的石料强度、尺寸及码砌厚度应符合设计要求。边坡码砌与路基填筑宜基本同步进行。

(6)压实机械宜选用自重不小于 18 t 的振动压路机。

(7)在填石路堤顶面与细粒土层之间,应按设计要求设过渡层。

填石路堤的压实质量宜采用施工参数(压实功率、碾压速度、压实遍数、铺设层厚等)与压实质量检测联合控制。

填石路堤压实质量可以采用压实沉降差或孔隙率进行检测,孔隙率的检测应采用水袋法进行。

3. 挖方路基施工与质量控制

挖方路基监理工作内容及施工工序流程,如图 2-5 所示。

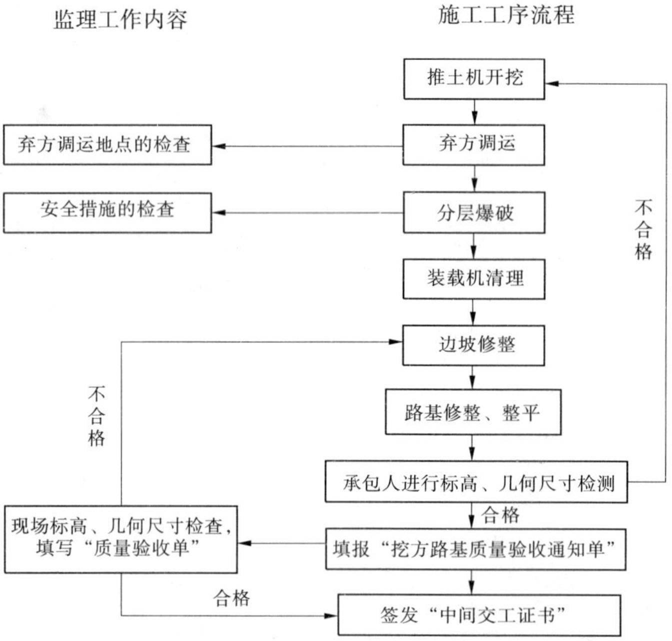

图 2-5 挖方路基监理工作内容及施工工序流程

挖方路基的施工质量监理要点如下:

(1)开挖方式。路堑的开挖可根据路堑的长短采用不同的方式。当路堑短而浅时,从两端向中间掘进,并采用全断面开挖法。当路堑较长,可采用分段开挖法施工,即两端为纵向出土,而在中部选择适当地点挖穿堑壁,采用横向出土,以加快施工进度。拟设挡土墙的路堑,亦可考虑采用纵向分段开挖,以便同时分段修筑挡土墙。防护工程的边坡,当防护工程不能紧跟开挖施工时,应留下一定厚度的保护层,待防护工程施工时再刷坡挖足。当路堑较深时,可采用上层在前、下层随后的台阶式分层开挖法。

(2)开挖规定。当挖方路基(含取土坑)有不同的土或岩石层时,承包人应尽可能按土和岩层分层进行开挖;在开挖中,如果出现石方(某些合同规定,对体积大于 1 m^3 的孤石,可称为石方),承包人应测出土石分界线,经监理工程师鉴定认可。在任何情况下,是否按石方开挖,需经监理工程师同意并批准,方能按石方开挖并按石方计量付款。承包人应将开挖中挖出的适用材料和不适用材料严格分开,未经监理工程师同意,不得将可利用的适用材料倾弃;在开挖中应尽量避免超挖,因为超挖数量不仅不得计量支付,而且承包人还要自费按照监理工程师批准的材料和要求将路基坡面的超挖部分回填压实。

(3)弃方处理。路基弃方包括两种:一种是路堑开挖中挖出的未被利用的剩余材料,另一种是清理表土时各清理场地的杂物和废料,以及不适合做路堤填料的材料。上述弃方应运送到设计图纸指示的或承包人提供并经监理工程师同意的地点堆放。承包人在堆放弃土时,应防止对周围的灌溉渠道和天然水流的污染和淤塞。任何因弃土而污染水源和淤塞水道所造成的损失,均应由承包人自行负责进行处理。

4. 路基排水设施的施工与质量控制

在土方工程施工期间,为保证路基的稳定,始终要保护施工现场良好的排水状态,除修建永久性排水设施外,还可修建一些临时排水沟,供施工排出积水用。

路基排水设施的施工质量控制的监理工作要点如下:

(1)对各类排水设施的几何尺寸、砌筑材料、排水是否畅通、防渗漏的效果等进行现场检查,一旦发现有不符合规定要求者,应立即指令承包人返工。

(2)遇到下列情况时,监理工程师应详细检查地面排水系统是否采取了防漏或防冲的加固措施:①位于松软或透水性大的土层,以及有裂缝的岩石上;②流速较大,可能引起冲刷的地段;③纵坡大于4%,或者产生路基病害地段的边沟;④路堑与路堤交接处的边沟出口处;⑤水田地带、路基填土高度小于0.5 m地段的排水沟;⑥兼作灌溉渠道的边沟或排水沟;⑦有集中水流进入的截水沟和排水沟。

(3)对于排水设施的施工现场,监理工程师应实行旁站监理,并对承包人填报的"隐蔽工程验收通知单"进行审核检查,然后填写"隐蔽工程质量验收单"。

5. 路基支挡及防护构造物的施工与质量控制

路基支挡及防护构造物是指挡土墙、护脚墙、护面墙、护坡等。其监理工作内容及施工工序流程,如图2-6所示。

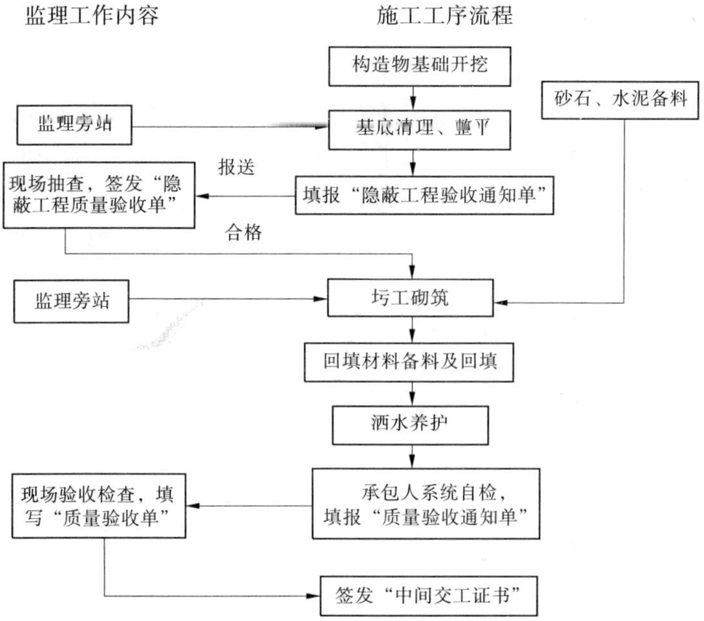

图2-6 路基支挡及防护构造物监理工作内容及施工工序流程

支撑及防护构造物施工质量的监理要点如下：

(1)材料要求。用于支撑及防护构造物的块石、片石、砂浆、砂砾垫层材料、反滤层材料等应符合合同条件及技术规范的要求。

(2)基坑开挖。在进行结构物基坑开挖之前，承包人应制订开挖方法和支护方案报送监理工程师，待批准后方能施工，但这种批准并不免除承包人应负的责任。结构物的基坑和涵管沟，应按设计图纸所示的标高和尺寸进行开挖，且不得超挖，超挖部分承包人应自费使用和结构物基础相同等级的混凝土与基础整体浇筑；但监理工程师可根据实际情况，经业主同意后，决定基坑的开挖深度和宽度，承包人据此施工而增加的费用，由业主负担。在基坑开挖期间，承包人必须采取措施避免基坑或沟渠积水，以保持施工在干燥状态下进行。如开挖工作和基础工程必须在已知地下水位以下作业，为排降渗水和积水，承包人应提供良好的排水系统，为此承包人应提交关于保证整个工程能在干燥条件下施工的建议措施报告，经监理工程师审批后方能施工；已提供的排水系统，未经监理工程师批准，亦不得拆除。

(3)基底处理与检查。结构物基坑应按岩层(未风化、风化、泥岩等)、土层(碎石类、砂类、黏性土、不均匀土层等)及土质不良等不同情况，分别加以处理。监理工程师应根据现场实际，对基底平面位置、尺寸大小、基底标高等按表2-1的要求检验。

(4)构造物施工。在进行基础圬工施工前，监理工程师必须对基坑底土质及地质情况进行检验，确认符合设计要求并签认后，承包人方能进行施工。在构造物的施工过程中，应严格按照设计图纸与技术规范控制工序和质量。

二、路面工程施工质量监理

路面按荷载作用的力学特征，可分为柔性路面、半刚性路面和刚性路面三类。路面应具有足够的强度、刚度、稳定性、耐久性及良好的表面性能，而路面结构一般则由垫层(底基层)、基层、面层三部分组成。

(一)路面基层和底基层施工质量监理

路面基层和底基层主要承受由面层传递的车辆荷载的垂直力，并扩散到下面的结构层中去，是路面结构中的承重层。路面常用的基层和底基层材料可分为无机结合料稳定类、有机结合料稳定类和粒料类这三大类。在我国高等级公路(干线公路)常用半刚性基层，其施工中，混合料的拌和方式有路拌和厂拌两种，摊铺方式有人工和机械两种，底基层、基层施工质量的控制可分为材料标准试验、施工过程质量控制及外形几何尺寸控制三大部分。从施工程序来看，一般是先通过修筑试验路段，制订出一套标准的施工方法，再进行大面积正式施工。

1. 基层(底基层)施工准备阶段的质量控制

监理工程师在施工准备阶段的工作内容主要是检查审核以下几个方面的内容。

1)施工机械设备的检查

施工机械设备的检查主要指拌和、运输、摊铺和压实等施工机械设备的数量、规格、型号及使用状况等是否符合合同规定的要求，是否满足正常施工的需要，以及是否能保证施工质量。

2)原材料的质量检验

原材料的质量检验主要是对承包人提交的材料试验报告进行审核和抽检。它包括审核和抽检天然级配料及自采料的物理力学指标的测定结果，外购材料的物理、化学和力学指标的测定结果，评判各类原材料的质量检查结果是否符合规范要求。

3）基层混合料的组成设计试验报告的审核

混合料试验检测的项目包括重型击实试验、承载比试验、抗压强度试验和耐久性试验。监理工程师应通过对比试验对承包人提供的基层混合料的组成设计试验报告进行审核，主要审查混合料组成设计的目标是否已达到，即在强度上是否满足设计要求，抗裂性是否达到最优且便于施工；混合料组成设计是否已满足其基本原则，即结合料剂量是否合理，且尽可能采用综合稳定及有一定级配的集料。在混合料组成中，结合料的剂量应适中，如剂量太低，则不能形成半刚性材料，如剂量太高，则刚度太大，容易脆裂；集料数量则以达到靠拢而不紧密为原则，空隙被无机结合料填充，形成各自发挥优势的稳定结构。

4）保证混合料拌和质量的检查

保证混合料拌和质量的检查主要检查混合料拌和场位置、拌和设备及运输车辆是否能保证连续施工拌和的质量。

5）试验路段施工与总结报告的审核

在基层和底基层正式开工前至少一个月，承包人应自觉在监理工程师批准的地点试铺一段面积为400～800 m^2 的试验路段，并应提供关于计划用于试验路段的原材料和混合料的组成设计以及备料、拌和、运输、摊铺、碾压、养生机械设备一览表，施工程序与工艺操作计划等详细说明给监理工程师，以便审批。若该试验路段经检验合格，亦可作为主体工程的一部分。

修筑试验路段的目的是检验承包人提出的施工方案和施工方法的可行性，检验各种施工机械的使用性能和实际效果，检验混合料的组成设计是否符合质量要求；检验和确认基层和底基层施工中各道工序的质量控制指标，提出保证质量的有效措施及质量检验的方法；获得基层和底基层正式施工的各项技术参数；提出标准的施工方法。

通过试验路段的修筑，需要提交正式施工的技术参数和标准方法如下：

(1)用于正式施工的基层材料配合比。

(2)混合料的松铺系数。

(3)水泥稳定类材料施工允许延迟的时间。

(4)标准的施工方法：①混合料的原材料数量或比例的控制；②合适的拌和方法、拌和速度与拌和遍数（或时间）；③混合料最佳含水量的控制方法；④摊铺方法和适用的机具，整平和整型的合适机具与方法；⑤压实机械的选择和组合，压实顺序、速度和遍数；⑥现场压实度的检查方法及每一作业段的最小检查数量。

(5)确定一次铺筑的合适厚度。

(6)确定每一作业段的合适长度。

6）签发“路面底基层和基层开工通知单”

（略）

2. 基层（底基层）施工阶段质量监理

基层（底基层）监理工作内容及施工工序流程，如图2-7所示。

基层（底基层）施工过程的质量监控要点如下：

(1)在已经过加工的路基上恢复中线，直线段20～25 m设一桩，平曲线每10 m设一

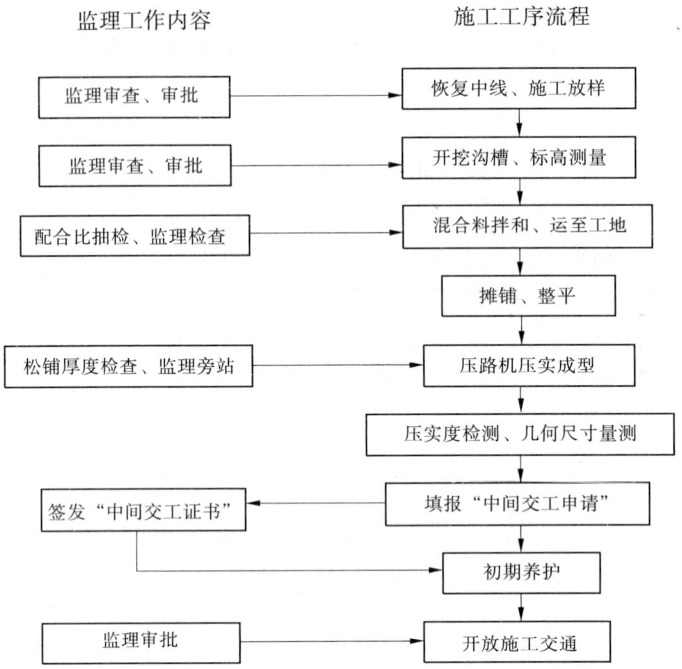

图 2-7　基层(底基层)监理工作内容及施工工序流程

桩,并在两侧路面边缘外设指示桩。

(2)进行高程测量,并在两侧指示桩上用红漆标出基层的边缘设计高程及松铺厚度标记。所进行的测量,其精度要符合规范要求。

(3)检验材料层的松铺厚度,视其是否符合预定要求。松铺厚度 = 压实厚度 × 松铺系数,水泥稳定类混合料和石灰稳定类混合料的松铺系数应符合规范要求。

(4)场外机械拌和(当采用厂拌时),承包人应将机械设备的选型、拌和设备的位置、布置与设计等,在任何机械安装前提交给监理工程师审查批准。土料和稳定材料应按配合比(质量比或体积比)准确配料,充分拌和并达到均匀,此时监理的重点是检查无机结合料的剂量、最佳含水量的控制以及拌和方法等。

所有拌和设备,在拌和过程中,稳定材料应均匀地注入集料,并按质量或体积比例加水,且应有方法让监理工程师易于核对每一批的水量和连续式拌和机的水流量,其加水时间或水输入拌和机的位置,均须得到监理工程师的同意。当在远离施工地点拌和材料时,应保证混合料均匀,混合料运送时应加盖,以防水分蒸发散失。混合料在路基上的摊铺量,应能保证在摊铺的宽度内达到压实厚度。混合料应确保不受污染,不再挖掘掺入新料,否则要换置新的混合料,这在监理时要特别注意。

(5)混合料摊铺必须采用监理工程师批准的机械进行,并按试验路段所得的松铺系数进行摊铺,应力求在要求的宽度上均匀摊铺,摊铺时混合料的含水量宜高于最佳含水量 0.5% ~1.0%,以补偿摊铺及碾压过程中的水分散失。摊铺就绪后,以平地机整平,刮出路拱,然后进行压实作业。无机结合料稳定类结构层应用 12 t 以上的压路机碾压,当用 12 ~15 t 三轮压路机碾压时,每层的压实厚度不超过 20 cm;对于稳定中粒土和粗粒土,当采用能量大的振动压路机时,每层的压实厚度应根据试验确定(即试验路段确定),压实厚度超过上述规定时，应分层铺筑，但每层最小压实厚度不得小于 10 cm。

(6)压实作业应遵循“先轻后重、先慢后快、先静后动、先边后中、先内后外”的原则，即直线段由两侧路肩向路中心碾压，平曲线路面由内侧路肩向外侧路肩进行碾压。在碾压过程中，如有“弹簧”、松散、起皮等现象，应及时让承包人翻开重新拌和，或采用其他方法处理，使之达到质量要求。在碾压结束之前，应用平地机再终平一次，使其纵向顺适，路拱和超高符合设计要求。

在碾压过程中，混合料的表面应始终保持潮湿，如表面水分散失太快，应及时补洒少量的水。对于水泥稳定类，在施工过程中，从加水拌和到碾压终了的延迟时间不应超过规定。严禁压路机在已完成的或正在碾压的路段上调头和紧急制动，以保证结构层表面不受破坏。施工接缝和压路机调头，应按《公路路基基层施工技术规范》(JTJ 034—2000)的规定处理，压实作业完成后，从外观看，表面应无移动，无碾压痕迹、隆起、裂缝或松散材料。

(7)养护。碾压完成后应立即进行养护，养护时间不应少于 7 d，养护方法可视具体情况采用洒水或采用沥青乳液等。养护期间应封闭交通，不能封闭时，应将车速限制在 30 km/h 以下，且应禁止重型车辆通行。

(8)抽样试验。混合料应在施工现场每台班取样一次或每拌和 250 t 混合料取样一次，并按《公路工程无机结合料稳定材料试验规程》(JTG E51—2009)标准方法进行试验。所有的试验结果均报监理工程师审批。

(9)关注气候条件和天气变化，避免水泥和混合料受雨淋。降雨时应停止施工，但已摊铺的混合料应尽快碾压密实。

在基层(底基层)施工过程中，监理工程师应检查承包人是否按合同与规范要求项目及频率进行质量自检。

3. 基层(底基层)交工验收阶段质量监理

工程完工后，应进行完工检查验收。检查验收通常以 1 km 长的路段为评定单位；当采用大流水作业法施工时，也可以每天完成的段落长度为评定单位。验收时，应首先检查承包人施工原始记录，进行初步评定，同时进行抽样检查，而且抽样检查必须是随机的，不得带有任何倾向性。

1)交工验收监理工作程序

路面基层和底基层可根据以下程序进行交工验收：

(1)当工程按合同规定要求完工后，承包人应根据合同文件及《公路工程质量检验评定标准》(JTG F80/1—2004)的要求进行系统质量自检，并填写“质量自检报告”，各项自检质量合格后，即可填写“中间交工验收申请报告”，一并提交监理工程师审批。

(2)监理工程师收到承包人报送的“中间交工验收申请通知单”后，首先应汇总检查该项工程每道工序的“质量验收单”，并将“质量验收单”编号，填写到“中间交工证书”中，然后检查“开工申请单”及相关的资料是否齐全。

(3)及时组织监理人员按照合同和《公路工程质量检验评定标准》(JTG F80/1—2004)规定的基本要求、实测项目、外观鉴定对已竣工的工程进行现场验收检查，并核对承包人提交的自检报告和各项检验结果。若“质量验收单”证明每道工序均已符合规范要求，则最后的交工验收也应符合规范要求。当以上各项合格后，监理工程师即可填写“交工检验报告”；否则，应责令承包人返工，直至合格。

(4)成立该项工程竣工交工验收评估小组，根据检查结果进行工程质量等级评定，并填写“工程交工验收评估报告”。

(5)监理工程师签发“中间交工证书”，并进行工程计量与支付。

2)交工验收检测项目及内容

路面基层(底基层)的具体检查验收内容，则按基本要求、实测项目、外观鉴定及质检资料四个部分依次进行。

(1)基本要求。土的性质应符合设计要求，且土块要经过粉碎；结合料的质量应符合设计要求才能使用；混合料的配合比应准确，拌和均匀；碾压时应先用轻型压路机稳定，再用重型压路机碾压至要求的压实度；保持一定湿度养生，且养生期要符合规范要求。

(2)实测项目。基层和底基层的实测项目如表2-6所示。

表2-6 基层和底基层的实测项目

<table>
<tr><td colspan="3">项次</td><td colspan="4">水泥稳定粒料基层和底基层</td><td colspan="4">石灰稳定粒料基层和底基层</td><td rowspan="4">检查方法和频率</td></tr>
<tr><td rowspan="12">实测项目</td><td colspan="2" rowspan="3">检查项目</td><td colspan="8">规定值或允许值</td></tr>
<tr><td colspan="2">基层</td><td colspan="2">底基层</td><td colspan="2">基层</td><td colspan="2">底基层</td></tr>
<tr><td>高速公路、一级公路</td><td>其他公路</td><td>高速公路、一级公路</td><td>其他公路</td><td>高速公路、一级公路</td><td>其他公路</td><td>高速公路、一级公路</td><td>其他公路</td></tr>
<tr><td rowspan="2">压实度(%)</td><td>代表值</td><td>98</td><td>97</td><td>96</td><td>95</td><td>—</td><td>97</td><td>96</td><td>95</td><td rowspan="2">每200 m每车道测2处</td></tr>
<tr><td>极值</td><td>94</td><td>93</td><td>92</td><td>91</td><td>—</td><td>93</td><td>92</td><td>91</td></tr>
<tr><td colspan="2">平整度(mm)</td><td>8</td><td>12</td><td>12</td><td>15</td><td>—</td><td>12</td><td>12</td><td>15</td><td>每200 m每车道测2处×10尺</td></tr>
<tr><td colspan="2">纵面高程(mm)</td><td>+5
−10</td><td>+5
−15</td><td>+5
−15</td><td>+5
−20</td><td>—</td><td>+5
−15</td><td>+5
−15</td><td>+5
−20</td><td>每200 m测4个断面</td></tr>
<tr><td colspan="2">宽度(mm)</td><td colspan="8">符合设计要求</td><td>每200 m测4个断面</td></tr>
<tr><td rowspan="2">厚度(mm)</td><td>代表值</td><td>−8</td><td>−10</td><td>−10</td><td>−12</td><td>—</td><td>−10</td><td>−10</td><td>−12</td><td rowspan="2">每200 m每车道测1点</td></tr>
<tr><td>极值</td><td>−15</td><td>−20</td><td>−25</td><td>−30</td><td>—</td><td>−20</td><td>−25</td><td>−30</td></tr>
<tr><td colspan="2">横坡(+%)</td><td>0.3</td><td>0.5</td><td>0.3</td><td>0.5</td><td>—</td><td>0.5</td><td>0.3</td><td>0.5</td><td>每200 m测4个断面</td></tr>
<tr><td colspan="2">强度</td><td colspan="8">符合设计要求</td><td>按JTG F80/1—2004附录G检查</td></tr>
</table>

(3)外观鉴定。内容如下：表面应平整密实，无坑洼，不符合要求时，每年减1~2分；施工接槎处应平整、稳定，不符合要求时，每年减1~2分。

(4)质检资料。主要包括汇总审核基层和底基层各施工工序的“质量验收单”，并将“质量验收单”编号，填写到“中间交工证书”中；审核施工单位(承包人)提交的交工自检报告。若“质量验收单”证明每道工序均符合规范要求，则最后的交工验收也应符合规范要求，且同时具备“开工申请单”。分项工程的施工资料和图表残缺，缺乏最基本的数据，或有伪造涂改者,不予检验和评定。资料不全者应予减分,减分幅度可按《公路工程质量检验评定标准》(JTG F80/1—2004)中所列资料逐项检查,视资料不全情况每项减1~3分。

(二)沥青混合料面层施工质量监理

沥青路面施工质量监理包括以下内容:沥青材料的检查试验、矿料(包括集料和矿粉)的质量检查、沥青混合料的组成设计及质量检查、试验路段施工、沥青混合料铺筑施工质量的控制及验收。

1. 沥青混合料面层质量要求

1)对沥青混合料的使用要求

(1)密级配沥青混凝土混合料(AC)适用于各级公路沥青面层的任何层次。

(2)沥青玛琋脂碎石混合料(SMA)适用于铺筑新建公路的表面层、中面层或旧路面加铺磨耗层。

(3)设计空隙率为3%~6%的粗粒式及特粗式的密级配沥青稳定碎石混合料(ATB)适用于基层。

(4)设计空隙率为6%~12%的半开级配的沥青碎石混合料(AM)仅适用于三级、四级公路,且沥青混合料拌和设备缺乏添加矿粉的装置和人工炒拌的情况。

(5)设计空隙率大于18%的粗粒式及特粗式排水型沥青稳定碎石混合料(ATPB)适用于基层。

(6)设计空隙率大于18%的细粒式排水式沥青稳定碎石混合料(OGFC)适用于高速行车、多雨潮湿、不宜被尘土污染、非冰冻地区铺筑排水式沥青路面磨耗层。

2)对沥青混合料面层质量监控的基本要求

(1)施工时,要加强沥青用量的检查,使沥青混合料的配料准确,拌和均匀,碾压密实,接缝平顺。

(2)加强初期交通控制,重视初期养护。

(3)应采取适当措施,防止与减少对环境的污染。

2. 沥青类面层施工准备阶段质量监理

在施工准备阶段,监理工作程序主要有以下几个方面:承包人向监理工程师提交沥青面层开工申请单,检查沥青面层所用原材料是否符合规范要求,基层表面的清理工作是否达到技术要求,施工机具设备(如拌和设备、摊铺机械、压实机械等)的准备是否符合合同规定,审核沥青混合料的组成设计试验报告,审核试验路段施工总结报告,签发“沥青面层开工批复单”。

施工准备阶段监理工作的主要内容如下。

1)原材料的质量检查

原材料的质量检查主要检查沥青材料的针入度、软化点、延度三项指标,石料(碎石)必须有足够的强度和耐磨性,且应符合规范要求,砂和石屑的质量亦应符合规范要求,矿粉的物理力学指标及亲水系数均应符合规范的要求。

2)基层表面的清理检查

基层表面应干燥、清洁及无任何松散的石料、灰尘和杂质。对粘在路面上和不能用扫帚清除的杂质,应用其他方法清除;对被油料严重沾污的地方,应用有效的方法将油污清除干净。对某些表面凹洼，且在大于铺筑沥青混凝土允许误差 2 倍的地方，须先填补沥青混凝土，并在主层铺筑前将其予以压实，且应达到现有表层的标高。

3）施工机具设备的检查

沥青混合料拌和设备在开始运转前要全面检查一次，应注意仔细检查沥青管道各个接头，严禁沥青吸管有漏气现象产生，连接应紧固；检查搅拌器内有无积存余料，冷料运输机是否运转正常和有无跑偏现象；注意检查电气系统；对于机械转动部分，还要检查传动键的紧张度；对运输车辆要认真检查其保温设施是否齐全，是否能满足运输要求；对洒油车应检查其油泵系统，输油管道、量油表、保温设备等有无故障。为此，应将一定数量的沥青装入油罐，并到路上先行试洒，以校核其洒布量；对矿粉撒布车应检查其传动和液压调整系统，并应事先进行试撒，以确定其撒铺每种矿料（每立方米）时能控制的开度和行驶速度；对摊铺机应检查其规格和主要机械性能是否正常；对压路机械，应检查其规格和主要的机械性能，如转向、启动、振动、倒退、停驶，以及滚筒（钢轮）表面的磨损情况等。

4）沥青混合料组成设计的审核

沥青混合料组成设计，即是选择合格的材料，确定各种粒径矿料和沥青的配合比。承包人应向监理工程师提交沥青混合料组成设计试验报告，以便审批。为了获得满足规范标准、适应路用性能要求，而且经济的沥青混合料，监理工程师主要应控制矿质混合料的组成设计和沥青最佳用量两个方面。

5）试验路段铺筑的检查

在沥青表层主体工程开工前 10 d 以上，承包人应在监理工程师批准的地点，在严格的旁站监督下，用每种沥青混合料铺筑一段长约 30 m 的试验路段；并在完工后，做出试验路段的施工总结报告，报送监理工程师审批，以作为正式施工的依据。

在试验路段的铺筑过程中，监理工程师应做下列工作：

（1）验证沥青混合料的配合比是否符合要求，以及混合料质量的稳定性。

（2）检查承包人提供的施工机械设备是否有明显的缺陷，如摊铺机是否适用，矿料撒布车的开度及行驶速度是否符合要求。

（3）压实机械的选择、组合及压实顺序、速度、遍数是否满足施工需要。

（4）确定松铺系数及压实度。

（5）确定施工温度（包括拌和温度、摊铺温度、碾压温度）。

（6）确定作业段的合适长度。

在试验路段的施工中，为保证其施工质量，当沥青混合料摊铺压实 12 h 后，应按标准方法进行密实度、厚度检验。

3. 沥青类面层施工阶段质量监理

沥青面层施工工序及监理工作流程，如图 2-8 所示。

沥青面层是指沥青混凝土面层、沥青碎（砾）石面层、沥青贯入式面层和沥青表面处治面层，在此仅对沥青表面处治面层、沥青混凝土面层和沥青碎（砾）石面层施工各工序的质量控制要点加以叙述。

1）沥青表面处治面层施工质量控制要点

沥青表面处治面层施工，监理工程师应严格对其进行监控。

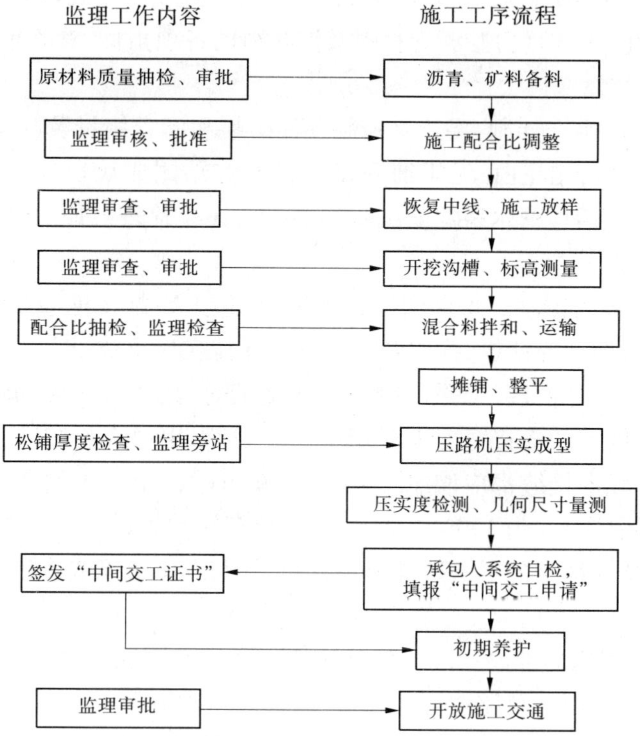

图 2-8　沥青面层监理工作内容及施工工序流程

(1)在新建公路或改建旧路的表层进行表面处治时,应将表面的泥沙及一切杂物清除干净,而底层必须在坚实、稳定、平整、干燥的情况下才可施工。

(2)沥青材料的各项指标、质量规格及用量应符合有关规范,各层用量可根据施工气温、沥青标号、基层情况,在总用量不变的情况下作适当调整;沥青表面处治所采用的石料,其最大粒径可与处治层厚度相等,最大粒径与最小粒径之比应小于2,符合规格要求的颗粒含量不得小于80%,石料的质量应符合设计要求和施工规范的规定。

(3)施工宜在干燥和较为炎热的季节进行,并宜在最低气温低于15 ℃到来之前半个月进行;若在雨季施工,应随时注意天气预报,当雨天气温下降到5 ℃时,应立即停止摊铺(除非监理工程师另有指示),且在气温未升到5 ℃以上之前,不得重新开始摊铺;下雨时,拌制摊铺应停止,雨天过后,必须待矿料和基层晾干后方可施工;当气温下降到15 ℃以下时,要特别小心控制运输和碾压温度。

(4)沥青浇洒应均匀,无露白,且不得污染其他构造物;嵌缝料必须趁热撒铺,撒布均匀,不得有重叠现象,并应压平整。

(5)各个工序必须紧密衔接,不得脱节,每天的施工路段必须当天完成。

(6)加强初期交通控制,重视初期养护。

2)沥青混凝土面层和沥青碎(砾)石面层施工质量监控要点

沥青混凝土面层和沥青碎(砾)石面层广泛用于高等级公路,监理工程师应从以下方面对其施工质量进行严格监控。

(1)对沥青混合料的矿料质量及矿料级配应认真检验审核，确认是否符合设计要求和施工规范的规定；同时应认真检验沥青材料及混合料的各项指标，看其是否符合设计和施工规范的要求。

(2)沥青混合料的生产拌制，要严格控制各种矿料和沥青用量及其加热温度；拌和后的沥青混合料应均匀一致，无花白，无粗细分离(离析)和结团成块现象；在整个拌制过程中，每日应做抽提试验(包括马歇尔稳定度试验)。此外，还应检查各原材料称量设备及混合料的出料温度和油石比。

(3)注意施工接缝的控制。每天的铺筑方案，承包人在施工前应征得监理工程师的同意，并在进行工作安排时，要使纵、横向两种接缝都保持在最小数量。对纵向接缝，两条摊铺带的相接处必须有一部分搭接，当采用冷接槎法施工时，其搭接宽度为 3 ~ 5 cm；采用热接槎法施工时，毗邻摊铺带的搭接宽度为 2 ~ 5 cm。不管采用冷或热接槎法施工，其摊铺带的边缘都必须齐整，即纵向接缝都应该连续和平行，并与横坡变坡线重合，应在 150 cm 以内，与下卧层的接缝应错位至少为 150 cm，且位于通行车辆轮辙之外。对横向接缝，其接槎的基本原则是将第一条摊铺带的尽头边铺成垂直面，并与纵向边缘成直角，即横缝应与铺筑方向大致成直角。

(4)对现场摊铺碾压的控制。混合料摊铺应严格掌握摊铺厚度和平整度，仔细找平，并注意控制摊铺温度。碾压要自路边压向路中，曲线段自内侧压向外侧，在纵坡段碾压，无论是上坡或下坡，均应让从动轮始终朝着摊铺方向。压实程序可按初压、复压、终压三道工序进行，初压的目的是整平和稳定混合料，并为复压创造有利条件。初压机械可采用6 ~ 8 t 双钢轮压路机或 6 ~ 10 t 振动式压路机(关闭振动装置)，在 110 ~ 130 ℃料温下碾压两遍。复压紧接着初压进行，其目的是使混合料密实、稳定、成型。复压可采用 10 ~ 12 t 三轮压路机或 10 t 振动式压路机进行，在 90 ~ 110 ℃料温时碾压 4 ~ 6 遍，压至无明显轮迹和稳定。最后进行终压，其目的是消除轮迹，形成平整的压实面。终压宜用 6 ~ 8 t 振动式压路机(关闭振动装置)在料温为 70 ~ 90 ℃时进行，碾压 2 ~ 4 遍即可。

在碾压作业中，压路机应匀速行驶，三轮式压路机的行驶速度不应超过 3 km/h，轮胎式压路机的行驶速度不应超过 5 km/h；三轮式压路机每次重叠宜为后轮宽的 1/2，双轮式压路机的重叠宽度每次为 30 cm；压路机不应停留在新压实的混合料上，不得在新铺混合料上转向、调头、左右移动位置或突然刹车。当压路机要离开路面移动时，可使用木搭板，以防路面边棱处被压成圆角。

3)施工过程中的质量检验项目

(1)原材料检验包括沥青及各种矿料的质量检验。

(2)在施工过程中，应对沥青混凝土混合料的性能做随机抽样检查。检查项目包括马歇尔稳定度、流值、空隙率、饱和率、沥青抽提试验(每天做)、抽提后的矿料级配组成等。

(3)沥青路面密实度，常钻取芯样检测。芯样直径 100 ~ 150 mm，采用通用层取芯，然后测其毛密度。毛密度与混合料马歇尔稳定度试拌平均密度之比即为压实度(%)；当用核子密度仪检测密度时，应先与钻芯法做逐层对比试验，找出其相关性后，方可单独使用。

(4)沥青混合料施工质量检查，应符合表 2-7 的要求。

表 2-7　沥青混合料施工质量检查标准

检查项目			允许偏差	检查点数	合格标准
沥青用量	沥青混凝土、沥青碎石	油石比	±5%、±3%	2～3	同单个测定值
	沥青贯入式、表面处治	总用量	±5%		
压实度			不小于 95%		
级配组成			规定级配范围以内		

4. 沥青类面层交工验收阶段的质量监理

1）沥青路面竣工交工验收程序

以沥青混凝土面层和沥青碎（砾）石面层为例，沥青路面竣工交工验收的监理工作程序如下：

（1）当工程按合同规定要求完工后，承包人应根据合同文件及《公路工程质量检验评定标准》（JTG F80/1—2004）的要求进行系统质量自检，并填写“质量自检报告”，各项自检质量合格后，即可填写“中间交工验收申请报告”，一并提交监理工程师审批。

（2）监理工程师收到承包人报送的“中间交工验收申请通知单”后，首先应汇总检查该项工程每道工序的“质量验收单”，并将“质量验收单”编号，填写到“中间交工证书”中，然后检查“开工申请单”及相关的资料是否齐全。

（3）及时组织监理人员按照合同和《公路工程质量检验评定标准》（JTG F80/1—2004）规定的基本要求、实测项目、外观鉴定对已竣工的工程进行现场验收检查，并核对承包人提交的自检报告和各项检验结果。若“质量验收单”证明每道工序均已符合规范要求，则最后的交工验收也应符合规范要求。当以上各项合格后，监理工程师即可填写“交工检验报告”；否则应责令承包人返工，直至合格。

（4）成立该项工程竣工交工验收评估小组，根据检查结果进行工程质量等级评定，并填写“工程交工验收评估报告”。

（5）监理工程师签发“中间交工证书”，并进行工程计量与支付。

2）沥青路面竣工交工验收检验项目及内容

沥青路面工程的竣工交工验收检验项目及内容包括基本要求、实测项目、外观鉴定及质检资料四个部分，并对其施工质量进行检验评分和等级评定。

a. 基本要求

（1）沥青混合料的矿料质量应符合设计要求和规范规定。

（2）严格控制各种矿料和沥青用量及各种材料和沥青混合料的加热温度，沥青材料及沥青混合料的各项指标应符合设计和施工规范要求，抽检合格率应不小于 90%。

（3）沥青混合料应拌和均匀，无花白，无粗细料分离和结团成块现象。

（4）基层必须碾压密实，表面干燥、清洁、无浮土，其平整度和路拱度应符合要求。

（5）严格控制摊铺厚度和平整度，避免离析，注意控制摊铺和碾压温度，碾压到要求的密实度。

b. 实测项目

沥青混凝土面层和沥青碎石面层实测项目如表 2-8 所示。

表 2-8　沥青混凝土面层和沥青碎石面层实测项目

项次	检查项目		规定值或允许值		检查方法和频率	权值
			高速公路、一级公路	其他公路		
1	压实度		最大理论密度的 92%（*94%） 试验室标准密度的 96%（*98%） 试验段密度的 98%（*99%）		按 JTG F80/1—2004 附录 B 检查，每 200 m 测 1 处	3
2	平整度	σ(mm)	1.2	2.5	平整度仪：全线每车道连续按每 100 m 计算 *IRI* 和 σ	2
		IRI(m/km)	2.0	4.2		
		最大间隙（mm）	—	5	3 m 尺：每 200 m 测 2 处 ×10 尺	2
3	弯沉值(0.01 mm)		符合设计要求		按 JTG F80/1—2004 附录 I 检查	2
4	渗水系数		SMA 路面 200 mL/min，其他沥青混凝土路面 300 mL/min	—	渗水试验仪：每 200 m 测 1 处	2
5	抗滑	摩擦系数	符合设计要求	—	按 JTG F80/1—2004 检查	2
		构造深度				
6	厚度（mm）	代表值	总厚度：设计值的 -5% 上面层：设计值的 -10%	-8%	按 JTG F80/1—2004 附录 H 检查，双车道每 200 m 测 1 处	3
		合格值	总厚度：设计值的 -10% 上面层：设计值的 -20%	-15%		
7	中线偏位(mm)		20	30	每 200 m 测 4 点	1
8	纵面高程(mm)		±15	±20	每 200 m 测 4 个断面	1
9	宽度（mm）	有侧石	±20	±30	每 200 m 测 4 个断面	1
		无侧石	不小于设计值			
10	横向坡度(%)		±0.3	±0.5	每 200 m 测 4 处	1

注：①表内压实度可选用其中的 1 个或 2 个标准，并以合格率低的作为评定结果。带 * 号者是指 SMA 路面，其他为普通沥青混凝土路面。

②表列厚度仅规定负允许偏差。其他公路的厚度代表值和极值允许偏差按总厚度计，当总厚度≤60 mm 时，允许偏差分别为 -5 mm 和 -10 mm；当总厚度 >60 mm 时，允许偏差分别为 -8% 和 -15% 的总厚度。

c. 外观鉴定

(1)表面应平整密实，无明显碾压轮迹，不应有泛油、松散、裂缝、粗细料集中现象，对高速公路和一级公路，有上述缺陷的面积（凡属单条的裂缝，则按其实际长度乘以 0.2 m 宽度，折算成面积）之和不得超过受检面积的 0.03%，其他公路不得超过 0.05%。不符合要求时，每超过 0.03% 或 0.05% 减 2 分。半刚性基层的反射裂缝可不计作施工缺陷，但应及时进行灌缝处理。

(2)搭接处应紧密平顺，裂缝不应枯焦。不符合要求时，累计每 10 m 长减 1 分。

(3)面层与路缘石及其他构筑物应接顺，不得有积水现象。不符合要求时，每处减 5 分。

d. 质检资料

质检资料主要包括检查各道工序的“质量验收单”是否齐全；检查各道工序的质量检验报告是否符合合同规定；审查沥青混合料和各种原材料质量检验的记录是否符合要求；审查承包人提交的竣工自检报告。分项工程的施工资料和图表残缺，缺乏最基本的数据，或有伪造涂改者，不予检验和评定。资料不全者应予减分，减分幅度可按《公路工程质量检验评定标准》(JTG F80/1—2004)中所列质量标准资料逐项检查，视资料不全情况每项减 1 ~3 分。

(三)水泥混凝土面层施工质量监理

实践证明，水泥混凝土路面(面层)的使用性能，在相当大的程度上取决于施工机具和先进的施工管理，即从拌和、运输、摊铺、振捣等直至养生成型的整个工艺过程，均采用机械化施工与现代化手段。因此，为保证公路水泥混凝土路面的施工质量，除要求承包人具有先进的施工机具和工艺管理水平外，还需要监理工程师对施工工艺的全过程进行严格认真、一丝不苟的全面监理。

1. 水泥混凝土面层的质量要求

1)水泥混凝土材料的基本要求

由于水泥混凝土面层直接承受行车荷载的反复作用及环境因素(温度和湿度)的影响，因此要求混凝土面板必须具有良好的工作性、足够的强度和耐久性，较低弹性模量、温度和膨胀系数，同时还应具有抗滑、耐磨、平整的表面特性，以确保行车安全和舒适。因此，对水泥混凝土材料还有以下基本要求：

(1)混凝土路面用水泥，应采用强度高、干缩性小、抗磨性与耐久性好的水泥。对特重及重交通路面，应采用 525 号水泥；对一般交通，采用的水泥标号亦应高于 425 号。

(2)混凝土的粗、细集料应质地坚硬、洁净，其级配应通过试验室试验确定，并采用最佳配合比。

2)水泥混凝土面层施工质量监控的基本要求

(1)施工时，对水泥用量要加强检查，混凝土的配合比和水灰比应准确，拌和要均匀，振捣应密实，尤其是边角处要加强振捣，接缝应平顺。

(2)为了保证混凝土表面有一定的粗糙度，应在抹面完成后进行纹理制作(拉毛)，纹理制作宜于混凝土表面无波纹水迹时进行，过早与过晚都会影响其制作质量；纹理制作的平均深度应控制在 1 ~2 mm。

(3)拌制混凝土的砂料、石料、散装水泥必须过磅计量。

(4)混凝土铺筑后，必须按规定养生。

(5)混凝土面层标高应与其他构造物连接平顺，并使路面边缘不积水。如检查井井盖顶面高程应高于周边路面 1 ~3 mm，水口标高比路面低 5 ~8 mm 等。

3)水泥混凝土面层施工质量监理程序和内容

水泥混凝土路面监理工作内容及施工工序流程如图 2-9 所示。

2. 水泥混凝土面层施工准备阶段质量监理

在水泥混凝土路面施工前，监理工程师应检查：

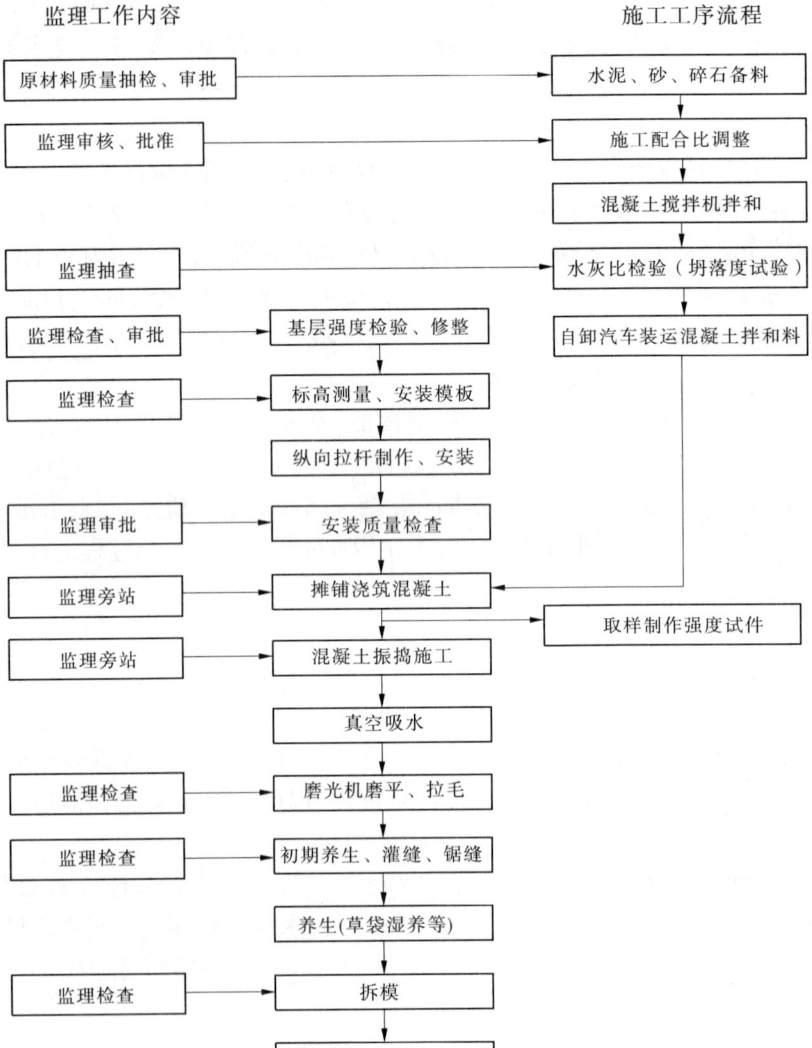

图 2-9　水泥混凝土路面监理工作内容及施工工艺流程

(1)承包人按合同规定向监理工程师提交的“水泥混凝土路面开工申请单”。

(2)承包人的施工放样测量是否准确无误。

(3)承包人的施工现场布置是否妥当。

(4)承包人的施工机械设备、劳力和各种施工材料的准备情况。

(5)承包人提供的水泥混凝土混合料配合比设计是否正确,特别是在确定混合料中水、水泥、细集料和粗集料 4 种基本成分中,其水灰比、用水量和砂率这 3 个关键参数的选择是否合适。

(6)承包人模板安装的质量是否符合施工验收规范的要求。

(7)对承包人其他准备工作，如基层的几何尺寸、路拱、平整度、压实度等进行检查，看其是否符合要求。

(8)与有关交通部门进行联系，使施工时能及时实行交通封锁或只开放单向交通等。

(9)签发"水泥混凝土路面开工批复单"。

3. 水泥混凝土面层施工阶段质量监理

水泥混凝土路面施工主要工序质量控制的工作内容包括：原材料的质量检查，路面基层的质量检查，混凝土拌制和运输过程的质量控制，混凝土浇筑的质量控制，混凝土接缝施工的质量控制，混凝土表面养护和拆模的质量控制与检查，混凝土路面与其他构造的接头处理，质量检查与质量评定等方面。现分述如下。

1)原材料的质量检验

水泥混凝土路面的原材料包括水泥、碎石、砂、水、外加剂、钢材等。对承包人已备水泥，除应查验其出厂质量报告单外，还应抽检其细度、凝结时间、安定性及抗压强度(3 d、7 d、28 d)是否满足规范要求；对已备好的石料和砂，应抽样检测其含泥量、有害物质含量、坚固性、级配等，对碎石还应抽检其强度、软弱颗粒含量、针片状含量和磨耗等是否满足规范要求；水泥混凝土路面用钢材的品种、规格应符合设计要求，钢筋应顺直，不得有裂缝、断伤刻痕，其表面的油污、颗粒状或片状锈蚀应清除掉；为改善混凝土的技术性质，在其制备过程中加入流变剂、调凝剂和改变混凝土含气量的外加剂，其质量应符合国家标准《混凝土外加剂》(GB 8076—2008)的规定，并应在充分试验和实地试用后，再选定所用的外加剂类型。

2)水泥混凝土路面基层的质量检测

在水泥混凝土路面铺筑前，应对其基层进行检测，其各项指标必须符合质量检验评定标准的要求，尤其须进行基层弯沉值测定，以便验算基层整体模量能否满足设计要求。

基层强度应以基层顶面的当量回弹模量值，或以黄河标准汽车测定的计算回弹弯沉值作为检查指标。具体检测如下：当量回弹模量值或计算回弹弯沉值，现场每 50 m 测 2 点，其计算结果不得小于设计要求；压实度每 1 000 m^2 测 1 点，其结果亦不得小于设计要求；基层厚度每 50 m 测 1 点，允许误差为 ±10%；平整度每 50 m 测 1 处，其结果应满足设计要求；纵坡高程采用水准仪测量，每 20 m 测 1 点，允许误差为 ±10 mm；横坡亦采用水准仪测量，当路面宽度为 9 ~ 15 m 时检测 5 点，大于 15 m 时测 7 点，允许误差为 ±1.0%。

3)混凝土的拌制与运输

水泥混凝土路面用的混凝土应采用机械拌和，搅拌机的容量应根据工程量大小和施工进度配置，搅拌站应按照碎(砾)石、砂、水泥的顺序进料，进料后，边搅拌边加水。其最佳拌和时间应控制在以下范围内：立轴强制式拌和机为 90 ~ 180 s，双卧轴强制式拌和机为 60 ~ 90 s，最短拌和时间不应低于低限，而最长拌和时间则不应超过最短拌和时间的 3 倍。混凝土在拌和时进入拌和机的水泥、砂、石料必须采用集料箱加地磅的方法计量。混凝土原材料的计量精度不应超过：水和水泥 ±1%，粗、细集料 ±2%；当混凝土拌制需加入外加剂时，应对外加剂单独计量，其计量精度不应超过 ±1%。

为保证混凝土的工作性，在运输中应考虑蒸发失水(指水泥在拌和之后，开始水化反应，其流动度下降)，以及因运输颠簸和振动使水泥混凝土发生离析等因素的不利影响，宜采用自卸汽车进行运输。工程实践证明：运距在 1 km 以内，以 2 t 以下的小型自卸汽车运输较为经济；运距在 5 km 左右时，以 5 ~ 8 t 中型自卸汽车运输最为经济；当运输距离更远时，则以采用容量为 6 m^3 以上的混凝土拌和运输车较为理想。

混凝土的拌和工序是决定水泥混凝土路面施工质量和使用性能的关键工序，监理工程师应加强对此道工序的监理工作。除加强旁站和对承包人的现场工作严格监督管理外，还应协助和指导承包人选择好拌和机与混凝土运输车辆，使机械的工作效率充分发挥，获得较好的经济效益，以保证混凝土路面工程的高质量。

4）混凝土浇筑的质量控制

水泥混凝土路面浇筑主要有混凝土的摊铺与振捣两道施工工序。混凝土摊铺，即是将混凝土拌和物由摊铺机箱内或倾卸在基层上的混凝土按摊铺厚度均匀地充满模板范围之内。摊铺方式可采用机械和人工两种，当采用机械时，摊铺机可选用刮板式、箱式或螺旋式。由于混凝土的摊铺成型也是决定混凝土路面施工质量和使用性能的关键工序，摊铺机的工作效率成为制约施工质量和进度的关键因素。因此，在施工机械的选型和配套中，通常把混凝土摊铺成型机械作为第一主导机械，把混凝土拌和机械作为第二主导机械，而将混凝土运输车辆作为配套机械。所谓合理的配套，就是在保证摊铺机械生产效率充分发挥的前提下，使拌和机械与运输车辆的生产率也得到正常发挥，并在过程中保持均衡、协调一致。监理工程师的任务就是要协助和指导承包人正确地选择和配套上述机械，并让其在施工中充分发挥作用。

水泥混凝土摊铺时的松铺系数主要取决于坍落度。合适的松铺系数应按各工程的混凝土配合比情况由试验确定，但在施工阶段主要取决于坍落度，其值应参考规范选取。

混凝土的振捣可采用振捣机或内部振动式振捣机进行。混凝土振捣机是跟在摊铺机后面，对混凝土进行再一次整平和捣实的机械。内部振动式振捣机主要用并排安装的振捣棒插入混凝土中，由内部将混凝土振实。一般施工队伍应采用常规的振捣方式。当混凝土板厚小于 22 cm 时，靠边角处先用插入式振捣，再用功率不小于 2.2 kW 的平板式振捣器纵横交错全面振捣；纵横振捣时，应重叠 10 ~ 20 cm，最后用振捣梁振捣拖平；对有钢筋的部位，振捣时应防止钢筋变位；混凝土拌和物的振捣，应严格按照施工验收规范进行。

5）水泥混凝土路面接缝施工质量的监控

为使混凝土表面更加平整及具有良好的表面功能，振实后的混凝土还应进行整平、精光、纹理制作等表面修整工序，表面修整可在混凝土终凝前进行。在施工中，监理工程师要加强质量检查，以确保表面修整的质量。

混凝土板的模板可在混凝土浇筑 60 h 后予以拆除；当气温不低于 10 ℃时，可缩短 36 h 后拆除；当交通车辆不直接在混凝土板上行驶，且气温又不低于 10 ℃时，可缩短到 20 h 后拆除。拆模时，不应损坏混凝土板和模板。

混凝土板的养生可采用覆盖浇水，也可采用喷洒养生药剂的方法。不过，无论采用何法，均应满足规范要求和取得监理工程师的同意。

6）混凝土路面和其他构造物相接处的处理

混凝土路面可与柔性路面、桥梁、交叉口相接，以及构造物横穿公路，其相接处的处理均是较为困难的。监理工程师要特别注意这些部位之间的衔接，保证接缝平整顺直，尤其是与柔性路面相接处，不致因柔性路面碾压不实而引起沉陷、错台或因柔性路面受顶推而出现拥起等质量缺陷。

7)质量检查的指标与质量评定

水泥混凝土面层质量检查的项目、内容、方法、频率和评分标准等如表 2-9 所示。

表 2-9　水泥混凝土面层实测项目

项次	检查项目		规定值或允许偏差		检查方法和频率	权值
			高速公路、一级公路	其他公路		
1	弯拉强度		符合设计要求		按 JTG F80/1—2004 附录 C 检查	3
2	平整度	σ(mm)	1.2	2.0	平整度仪:全线每车道连续按每 100 m 计算 *IRI* 和 σ	2
		IRI(m/km)	2.0	3.2		
		最大间隙(mm)	—	5	3 m 尺:每 200 m 测 2 处×10 尺	
3	纵、横缝顺直度(mm)		10		按 JTG F80/1—2004 附录 I 检查	2
4	相邻板高差(mm)		2	3	按 JTG F80/1—2004 检查	2
5	抗滑构造深度		符合设计要求		砂铺法:每 200 m 测 1 处	2
6	板厚度(mm)	代表值	-5		按 JTG F80/1—2004 附录 H 检查,每 200 m 每车道测 2 处	3
		合格值	-10			
7	中线偏位(mm)		20		每 200 m 测 4 点	1
8	纵面高程(mm)		±10	±15	每 200 m 测 4 个断面	1
9	宽度(mm)		±20		每 200 m 测 4 处	1
10	横向坡度(%)		±0.15	±0.25	每 200 m 测 4 处	1

此外,还应对混凝土原料的质量进行检验,对混凝土的工作性能进行测试,对混凝土的强度进行检测,对混凝土的配合比进行检查,对隐蔽构造及外观进行检查。

水泥混凝土路面面层的任何路段,在检查时,凡不符合规范要求的面板,均应遵照监理工程师的指示予以移除或更换。移除与更换区段的长度不得小于 3 m 或以板块为单位,宽度应为行车道的全宽;当移除与更换后,邻近接缝的面板,当其剩余部分不足 3 m 时,也应一并予以移除或更换。对需要移除与更换的混凝土板,应先打碎再拆除,且在拆除时不可损坏邻近的混凝土板和道路基层。因此,板的更换应由人工进行,更换后的面板质量、接缝间隙等均应符合有关规定,且应使监理工程师满意。

三、桥涵施工质量监理

本部分分桥梁总体、下部结构(基础、墩台)、上部结构(梁、板、拱、吊装运道、预应力)、桥面系工程等内容,下文讲述施工时桥涵的质量要求。

(一)桥涵工程质量要求

1. 桥涵工程总体质量控制的基本要求

1)桥梁总体质量控制的基本要求

桥梁工程为单位工程,其基础、下部构造及上部构造均为分部工程,每个分部工程又由若干分项工程(即计量单元)组成。桥梁总体的施工质量,应满足设计图纸、施工规范、有关技术操作规程的要求,并满足表2-10中各项实测项目的要求。

表2-10　桥梁总体实测项目

项次	检查项目		规定值或允许偏差	检查方法和频率	权值
1	桥面中线偏位(mm)		20	全站仪或经纬仪:检查3~8处	2
2	桥宽(mm)	车行道	±10	尺量:每孔3~5处	2
		人行道	±10		
3	桥长(mm)		+300,-100	检查中心线	1
4	引道中心线与桥梁中心线的衔接(mm)		20	分别将引道中心线与桥梁中心线延长到两岸桥长的端部,比较平面位置	2
5	桥头高程衔接(mm)		±3	在桥头搭板范围内顺延桥面纵坡每米1点测量标高	2

2)涵洞总体质量控制的基本要求

每道涵洞为一个分部工程,包括涵身各部分构件和洞口等分项工程,其总体的施工质量应满足设计图纸、施工规范、有关技术操作规程的要求,并满足表2-11中各项实测项目的要求。

表2-11　涵洞总体实测项目

项次	检查项目	规定值或允许偏差	检查方法和频率	权值
1	轴线偏位(mm)	明涵20,暗涵50	经纬仪:检查2处	2
2	流水面高程(mm)	±20	水准仪、尺量:检查洞口2处	3
3	涵底铺砌厚度(mm)	+40,-10	尺量:检查3~5处	1
4	长度(mm)	+100,-50	尺量:检查中心线处	1
5	孔径(mm)	±20	尺量:检查3~5处	3
6	净高(mm)	明涵±20,暗涵±50	尺量:检查3~5处	1

2.桥梁基础质量控制的基本要求

常用桥梁基础的形式有明挖基础、桩基础和沉井基础等。

1)明挖基础

基础开挖的断面尺寸、底面高程、顶面高程、轴线偏位等应符合有关要求;若为混凝土基础,混凝土的强度应满足规范要求;若为砌石基础,应满足砌体的有关标准,如表2-12所示。

2)桩基础

按施工方法的不同,桩基础又可分为钻孔桩基础、挖孔桩基础、沉入桩基础。现以钻孔桩为例,钻孔桩的施工质量应满足以下基本要求:孔径和孔深必须符合设计要求;成孔后必须立即清孔,并测量孔径、孔深、孔位的准确度和孔底沉淀层的厚度,确认满足设计要求后,即可灌注水下混凝土;灌注水下混凝土时应连续灌注,不准产生夹层和断桩;对有代表性的、对施工质量有怀疑的及因灌注故障处理过的桩,应按施工规范的要求,采用无破损法对其质量进行检验,对重要工程或重要部位的桩,还应按设计单位和业主的要求,抽取一定比例的桩进行无破损检验或钻取芯样;桩头混凝土凿除后,应无松散的混凝土残留。其质量的实测项目及内容如表 2-13 所示。

表 2-12　砌体基础实测项目

<table>
<tr><th>项次</th><th colspan="2">检查项目</th><th>规定值或允许偏差</th><th>检查方法和频率</th><th>权值</th></tr>
<tr><td>1</td><td colspan="2">砂浆强度</td><td>符合要求</td><td>按 JTG F80/1—2004 附录 F 检查</td><td>3</td></tr>
<tr><td>2</td><td colspan="2">轴线偏位(mm)</td><td>25</td><td>纵、横各测 2 点</td><td>2</td></tr>
<tr><td>3</td><td colspan="2">平面尺寸(mm)</td><td>±50</td><td>长、宽各测 3 处</td><td>2</td></tr>
<tr><td>4</td><td colspan="2">顶面高程(mm)</td><td>±30</td><td>测 5～8 点</td><td>1</td></tr>
<tr><td rowspan="2">5</td><td rowspan="2">基底高程(mm)</td><td>土质</td><td>±50</td><td rowspan="2">测 5～8 点</td><td rowspan="2">2</td></tr>
<tr><td>石质</td><td>+50,-30</td></tr>
</table>

表 2-13　钻孔灌注桩实测项目

<table>
<tr><th>项次</th><th colspan="3">检查项目</th><th>规定值或允许偏差</th><th>检查方法和频率</th><th>权值</th></tr>
<tr><td>1</td><td colspan="3">混凝土强度(MPa)</td><td>符合要求</td><td>按 JTG F80/1—2004 附录 D 检查</td><td>3</td></tr>
<tr><td rowspan="3">2</td><td rowspan="3">桩位(mm)</td><td colspan="2">群桩</td><td>100</td><td rowspan="3">每桩检查</td><td rowspan="3">2</td></tr>
<tr><td rowspan="2">排架桩</td><td>允许值</td><td>50</td></tr>
<tr><td>极值</td><td>100</td></tr>
<tr><td>3</td><td colspan="3">孔深</td><td>不小于设计值</td><td>每桩测量</td><td>3</td></tr>
<tr><td>4</td><td colspan="3">孔径</td><td>不小于设计值</td><td>每桩测量</td><td>3</td></tr>
<tr><td>5</td><td colspan="3">钻孔倾斜度(mm)</td><td>1%桩长,且不大于 500</td><td>每桩检查</td><td>1</td></tr>
<tr><td rowspan="2">6</td><td rowspan="2">沉淀厚度</td><td colspan="2">摩擦桩</td><td rowspan="2">符合要求</td><td rowspan="2">每桩检查</td><td rowspan="2">2</td></tr>
<tr><td colspan="2">支承桩</td></tr>
<tr><td>7</td><td colspan="3">钢筋骨架底面高程(mm)</td><td>±50</td><td>测每桩骨架底面高程反算</td><td>1</td></tr>
</table>

3)沉井基础

沉井基础的施工质量应满足如下基本要求:制造沉井的场地必须有足够的承载力,其支垫布置应满足设计要求及抽垫方便;第一节沉井下沉应在井壁混凝土强度达到规定强度后进行;对浮式沉井,应在其下水、浮运前进行水密性试验,并对水下基础进行检查,合格后方能就位落床;沉井在下沉过程中,应随时注意平面位置和垂直下沉,至少每下沉 1 m 检查一次,并认真作好记录,当发现偏位或倾斜时应及时加以纠正;沉井在接高时,各节沉井的竖向中轴线应与第一节的竖向中轴线相重合,若发现倾斜应及时加以纠正;沉井在下沉中若出现开裂,必须尽快查明原因,待处理后,方可继续下沉;当沉井下沉至设计高程后,应先检查基底,确认符合设计要求并填写记录后,方可封底;沉井施工的各项记录,尤其是下沉记录要填写正确,所有原始记录不得涂改。它的施工质量均应满足设计要求及有关规范规定。

3. 桥梁墩台质量控制的基本要求

桥梁墩台的轴线位置、长与宽、侧坡、顶面高程等施工放样必须满足设计和规范要求。当为圬工砌体时,应满足砌体施工的要求;当为混凝土时,其混凝土浇筑应满足有关施工规范的要求。其质量的实测项目及内容如表 2-14 所示。

表 2-14　桥梁墩台实测项目

项次	检查项目	规定值或允许偏差	检查方法和频率	权值
1	混凝土强度	符合要求	按 JTG F80/1—2004 附录 D 检查	3
2	断面尺寸(mm)	±20	检查 3 个断面	2
3	竖直度和倾斜度(mm)	0.3%H,且不大于 20	测量 2 点	2
4	顶面高程(mm)	±10	测量 3 处	2
5	轴线偏位(mm)	10	纵、横各测 2 点	2
6	节段间错台(mm)	5	每节检查 4 处	1
7	大面积平整度(mm)	5	每 20 m^2 竖直、水平方向各测 1 处	1
8	预埋件位置	符合要求	每件检查	1

注:H 为墩、台身高度。

4. 桥梁上部构造质量控制的基本要求

桥梁上部构造主要指梁、板、拱三种构造形式。无论采取现场浇筑(含圬工拱桥的砌筑)还是预制安装(含大跨径钢筋混凝土拱桥),其施工质量均应满足设计要求及有关规范规定。具体要求详见《公路工程质量检验评定标准》(JTG F80/1—2004)。

5. 桥面系质量控制的基本要求

桥面系包括桥面铺装、栏杆和扶手等,所用材料要符合设计要求,并经监理工程师批准,严格按照设计图纸和技术规范控制施工质量,使其符合《公路工程质量检验评定标准》(JTG F80/1—2004)的要求。

6. 涵洞(通道)质量控制的基本要求

涵洞常用的形式有管涵、盖板涵与拱涵。涵洞施工质量控制的基本要求:帽石及一字墙或八字墙应平直,无翘曲,其表面亦应平整,轮廓清晰,线条平直,且无阻水现象;钢筋混凝土圆管、盖板,无论是现浇、预制或外购,均应满足设计要求,施工安装时,要符合规范的要求;拱圈圬工的砌筑,应从两端拱脚向拱顶同时对称砌筑,在砌筑施工中,拱架或拱圈均不得产生变形,当拱圈强度达到设计强度的 70% 时,方可拆除拱架;沉降缝、防水层、回填土等,均应按设计要求和有关规定施工。

现以管涵为例,说明其施工控制的具体要求和质量标准。

钢筋混凝土圆管的预制或外购成品的质量,必须满足设计要求和施工规范的规定,并经工地验收后方可进行安装;若钢筋混凝土圆管为预制,其管壁蜂窝每处的面积不得超过 3 cm×3 cm,深度不得超过 1 cm,管壁蜂窝总面积不得超过管壁全面积的 1%(不符合要求时,蜂窝每处减 1 分,蜂窝总面积每超过 1% 减 5 分);管涵的地基承载力必须满足设计要求,当不能满足时,应采取换填等措施加以处理;管座混凝土材料必须符合设计要求和有关规范的规定;管节接缝宽度及堵塞材料应严格按照设计和规范的要求;从外观上看,涵洞应直顺，进出口应平顺，且无阻水现象（不符要求时，减 1～5 分）；帽石、一字墙或八字墙应平直，无翘曲现象（不符合要求时，减 1～5 分）。

7. 构造物回填工程质量控制的基本要求

构造物回填一般指桥台、桥台锥坡、涵洞（通道）、挡土墙、护坡等的填土。应注意，未经监理工程师同意，不得进行回填。回填应待结构物混凝土达到设计强度的 70% 方能开始，高于桥面支承横梁底的桥台回填，应在结构物拆模 3 d 之后进行。墩台周围的回填，应同时在两侧及基本相同的标高上进行，且特别应防止对结构物形成任何土楔的情况，必要时，挖方界内的坡度可修成台阶形。回填应采用透水性良好的土类，若有困难，高水位以下部分可用与路堤相同的土壤填筑，但应在透水性填土下面铺填一层胶泥，胶泥层顶面还应设置横坡，以利于排水。台背填土长度（顺路线方向）应自台身背算起，顶部不小于桥台高度加 2 m，底部亦不小于 2 m，锥坡填土应与台背填土同时进行，并按高度、宽度一次填足，以避免事后补填；拱桥台背的填土必须与拱圈施工配合进行，以便使拱推力与台背填土的压力保持平衡。回填料的压实，应在材料接近最佳含水量时进行，压实度达到设计规定，若设计未规定，压实度不得小于 95%；为保证回填料达到压实度，可分层填筑和压实，且每层的压实厚度不得超过 20 cm。

（二）桥涵工程施工准备阶段质量监理

在桥涵工程的施工准备阶段，监理工程师的主要工作内容有以下几个方面。

1. 校核桥涵放样

施工开始前，承包人应对设计图纸中的桥涵中线位置桩、三角网基点桩、水准点及其测量资料进行校核，并补充施工所需的桥涵中线桩、墩台位置、水准基点桩及增设必要的护桩等；当有地下电缆、管道或构造物靠近开挖的桥梁基础位置时，应对这些构造物设置标桩。

以上测量结果均应作详细记录，并呈报监理工程师审批。监理工程师应对承包人确定的桥涵位置进行检查，看其是否符合设计要求，若有疑问，应指令承包人复测（监理工程师旁站监督）或亲自到现场测量。

2. 施工机械设备的检查审批

承包人的施工机械设备进场后，应向监理工程师提交报告。监理工程师则根据承包人提交的报告，按合同规定逐项检查审核，看其数量和完好率及安全可靠性是否达到合同条款的规定，是否能保证工程的施工进度。当被检查审批的施工机械设备不符合要求时，承包人应按监理工程师的指示进行更换或到监理工程师指定的厂家重新购置。

3. 原材料、砂浆、混凝土配合比的试验确认

所有用于桥涵工程施工的钢材、水泥、石料、砂、拌和用水等，均应由监理试验室对承包人的试验结果进行复检，其结果应符合设计要求及有关规范的规定，对砂浆和混凝土的配合比，监理工程师亦应通过监理试验室对承包人提供的配合比进行复检后确认批准。审批的内容是：材料的品种及来源；水与水泥的质量比；混凝土的工作性；混凝土的浇筑与养护方法；外加剂的掺入量告示，尤其是混凝土外加剂的使用，必须获得监理工程师的批准，否则，不得在混凝土中掺用外加剂及水硬性或填充性混合物。

4. 审定承包人的施工方案

桥梁开工前，承包人应根据设计文件和合同工期，编制施工方案，并呈报监理工程师审批。对施工方案，应重点审查以下内容：

(1)主要设计数据。桥梁的里程、平面位置及纵断面、桥梁孔径、类型、高度、基础情况等。

(2)主要工程数量。基础开挖或桩基础、墩台圬工、上部构造及附属工程数量等。

(3)资料依据。编制施工方案所采用的设计文件、图纸、定额及施工中的依据。

(4)现场施工条件的说明是否正确。承包人应在施工方案中对施工现场的水文及地质资料,气候条件及当地交通、能源、通信、劳力资源等施工条件进行说明。监理工程师应对上述内容进行审查,看其是否正确。

(5)施工顺序与施工方法是否合理。监理工程师应审查承包人在施工方案中对施工顺序的安排及采用的施工方法是否合理。每分项工程能在最短期限内完成;对劳力安排要尽可能做到全年能持续地均衡施工,并尽量节省因临时设施和劳力调配时的窝工损失;同时,还应尽可能考虑桥头引道为路基、路面等主体工程施工的干扰,以及在各工期的配合。

对施工方法,应着重审查:承包人提供的快速施工方法及新技术的可能性与可靠性;对边疆地区采用新技术或特殊的施工方法,以及所采用的一些复杂的施工结构等,应要求承包人绘制设计图;在施工进度计划中,承包人将整个工程划分的分部、分项工程是否正确;其工程量的计算、工期的计算、劳动组织的确定是否正确,是否与所采用的定额、指标一致。

(三)桥涵工程施工阶段质量监理

在桥涵的施工阶段,各分项工程及施工程序如下:基坑开挖、基础施工、墩台砌筑、吊装索道架设、支架及模板安装、预应力张拉工艺、混凝土构件预制与砌筑、上部结构安装、桥面及附属设施施工等。在施工过程中,各分项工程质量控制要点及监理工作程序分述如下。

1. 基础施工质量控制

1)明挖基础

明挖基础施工工序及质量监控要点如下。

a. 基坑开挖与检验

基坑开挖由围堰、基坑开挖、基底处理等工序构成。开挖透水性大的土的基坑时,基底各边应比设计尺寸增宽0.5~1.0 m,以方便施工。在干燥地方或地下水位低于基底时,浅基坑的坑壁可不加固;当基坑深度大于5 m时,坑壁可按土壤种类和基础顶缘受荷载情况设置一定边坡或加设平台;基底不得超挖,一般土质基坑,当挖至接近基底标高时,应保留10~20 cm土层,待基础施工前以人工突击挖除,并迅速加以检验,随即进行基础施工。

基底处理主要是指对基底的处理,无论是对黏性土基底、碎石类土基底、砂类土基底还是对软基等,均应按《公路桥涵施工技术规范》(JTG/T F50—2011)推荐的方法或其他行之有效的并经监理工程师批准的方法进行处理。

基底土质及地层情况必须经监理工程师检验确认合格后,方可进行基础圬工的施工。小桥和涵洞的地基检验,一般采用直观或动力触探方法进行,确有必要时再进行土壤分析试验和钻探(钻探到4 m深)取土样试验,或者按设计中提出的特殊要求进行沉降等检验。

基底检查的内容包括:基底平面位置、尺寸大小、基底标高,基底均匀性、地基稳定性及承载力,承包人的施工日志及有关试验资料等。基底检验时承包人的质量检查员应将检验结果记录于基础检验记录表,经监理工程师签认作为技术档案资料。基底检验倘若不合格,承包人应及时处理,并经监理工程师重新检验合格后,方可进行基础施工。

桥涵基坑开挖的监理工作内容及施工工序流程如图2-10所示。

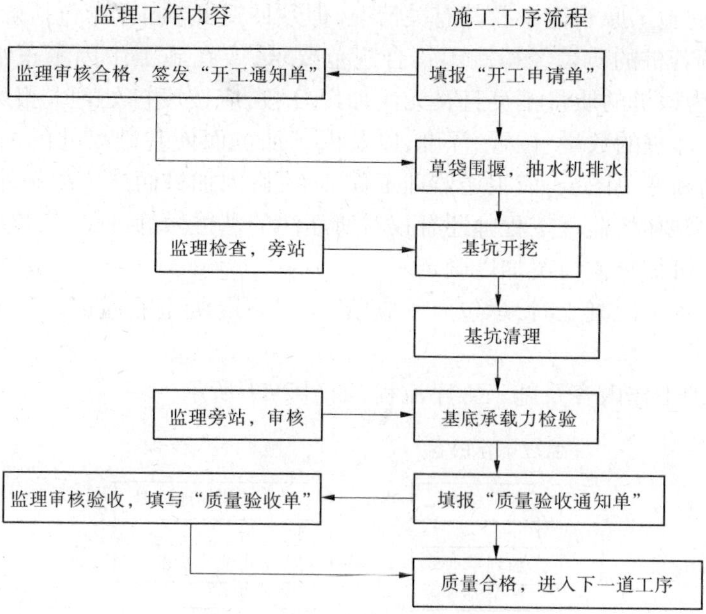

图 2-10　桥涵基坑开挖的监理工作内容及施工工序流程

b. 基础施工

基础混凝土浇筑时，首先应将基底加以处理。当基底为非黏性土或干土时，应将其润湿，以免混凝土中的水分被基底土壤所吸收；当基面为岩石时，应加以润湿，并铺一层厚 2 ~ 3 cm 的水泥砂浆，然后在水泥砂浆凝结前浇筑第一层混凝土。如基底实际情况与设计情况不相符合，应报请监理工程师处理，经批准后再进行施工。

基础混凝土应在整个平面范围内水平分层浇筑。混凝土从浇筑到养护均不得受水浸泡，当渗水水流较急，不能保证混凝土中的灰浆不被冲失时，应采用水下混凝土灌注法施工。

对于厚而无筋或少筋的基础，浇筑混凝土时，可在混凝土中埋放厚度不小于 15 cm 的石块（受拉区混凝土或气温低于 0 ℃时，不得埋放石块），将混凝土作为片石混凝土。施工时应选用无裂纹、无夹层、未被烧过、具有抗冻性、且抗压强度不低于 30 MPa 并经清洗干净的石块。石块的一半应埋入已捣实的混凝土中，石块间距（净距）不得小于 10 cm，距结构侧面和顶面的净距亦不得小于 15 cm，且应分布均匀，以方便混凝土的振捣。

2）桩基础

以钻孔桩基础为例，在钻孔桩基础施工前，承包人必须将施工方案报送监理工程师，经书面审批后方可正式开工。钻孔桩的施工工序由钻孔准备、护筒设置、护壁泥浆、钻孔、清孔、水下混凝土的配制、钢筋笼的制作、水下混凝土的灌注等组成。各工序的实施办法应按照《公路桥涵施工技术规范》（JTG/T F50—2011）的有关规定进行。

钻孔桩在钻孔、清孔、安放钢筋笼、灌注水下混凝土后，应进行质量检查。检查的内容包括：钻孔的质量和桩的质量。钻孔质量的实测项目和内容详见《公路工程质量检验评定标准》（JTG F80/1—2004）。桩的质量检查主要是指水下混凝土灌注质量的检验。桩身质量的检测工作应由具有相应资质的部门进行，检测内容为结构的完整性检测和单桩承载力检测；对大桥的钻孔桩，应钻取岩芯对钻孔进行钻探检查，或用水电效应法进行检查；桩的质量及其极限承载力，则可用机械阻抗法加以检测。对钻孔桩质量的检测，承包人应如实向检测部门提供受检桩的施工原始记录及其有关情况，但须回避此项工作（包括确定检测方法、选择受检桩等）。倘若桩的质量经检测不符合规范要求，或在施工中因不正常的现象使监理工程师有理由认为该桩的质量不良且又无法加以补救，应按废桩处理。报废桩可用一个或两个加桩代替，但加桩的数量、位置、深度，以及由于加桩而使基础尺寸的加大等，均应由承包人选择；计算书和变更图纸，应报送监理工程师审批；因加桩而产生的额外费用，完全由承包人自负。确有必要时，监理工程师还有权对所灌注的基桩做静载试验，检验单桩的允许承载力，其抽查数量可依具体情况加以确定。

此外，在灌注水下混凝土时，承包人还应填写"水下混凝土灌注记录"，并统一交监理工程师存查。

钻孔桩的监理工作内容及施工工序流程，如图 2-11 所示。

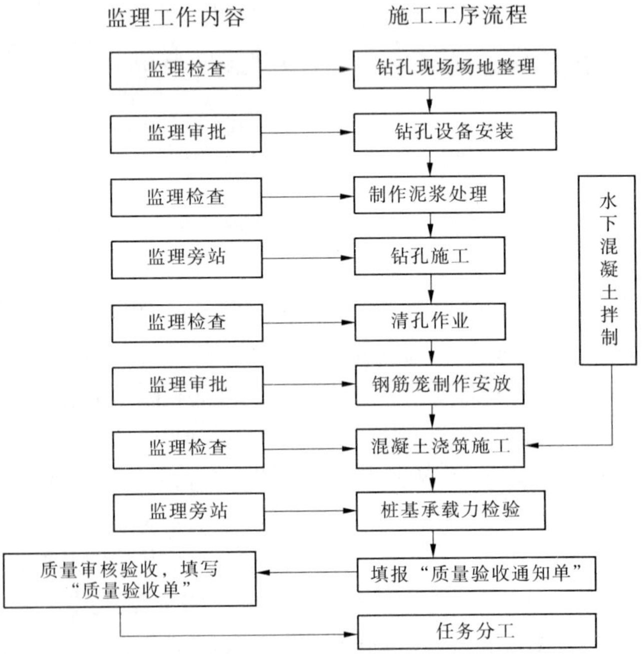

图 2-11　钻孔桩的监理工作内容及施工工序流程

2. 墩台施工质量控制

一般常用的桥梁墩台有重力式混凝土墩台、砌体圬工墩台和桩柱式混凝土墩台等，现以桥梁重力式混凝土墩台为例，对其施工质量的监控程序加以说明。

(1)浇筑墩台混凝土时，首先应检查基础施工情况，并报监理工程师批准后，方可进行施工。一般要求墩台混凝土在整个平面范围内水平分层进行浇筑。混凝土从浇筑到养护均不得受水浸泡，应选择好施工季节。

(2)在厚而无筋或少筋的墩、台混凝土浇筑时，可在混凝土中埋放符合规定要求的石块，将混凝土做成片石混凝土，改善分层混凝土界面条件，层间紧密结合。

(3)当采用较先进的滑升模板法浇筑混凝土墩台时，宜采用低流动度或半干硬性的混凝土。具体浇筑时应分层、分段、对称进行，各段应浇筑到距模板上缘不小于 10～15 cm 的位置为止,并应在同一时间内浇完同一层混凝土;混凝土的浇筑应连续进行,若因故中途停工,应按施工缝处理;为加速模板提升,可掺入一定数量的早强剂,并在滑升的过程中防止千斤顶或油管结冰而在混凝土或钢筋混凝土上漏油,如已漏油应立即将油污清除;混凝土的振捣宜采用插入式振捣器;混凝土脱模时的强度宜为0.2~0.5 MPa,脱模后墩台表面的缺陷,应在征得监理工程师同意后,及时予以修整。

混凝土桥梁墩台的监理工作内容及施工工序流程如图2-12所示。

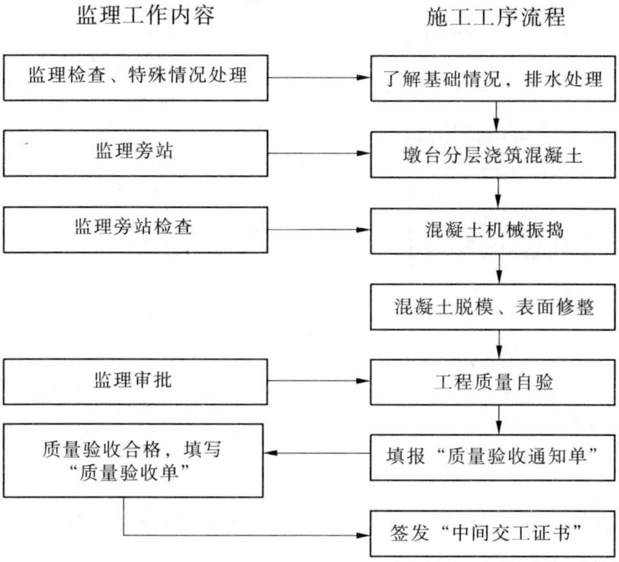

图2-12　混凝土桥梁墩台的监理工作内容及施工工序流程

3. 吊装索道的安装检验

吊装索道主要是供桥梁上部结构无支架吊装用的临时性结构。吊装索道的安装工序:索塔选位及安装、承重主索架设、试吊、空载运行试验、静载起动试验、动载运行试验及吊装等。

吊装索道的质量检查的主要内容是:安装质量检查、空载试运转检查、静载试运转检查、动载试运转检查。吊装索塔的中线位置应高于桥轴线,以使吊装方便,也可使墩台上的构件横移与吊装工序均衡进行。承重主索的架设以计算无荷载时的跨中最大垂度作为安装垂度控制值,且使主索下保持4~6 m最低工作净空高度。索道安装完毕后,首先应进行试吊、试运转,以检查各部位设备和准备工作的可靠性;其次进行空载试运转,以便确定索道的主要设施(地锚、绳索、塔架及各种运转机械设备)最低工作净空高度。索道安装完毕后,应进行试吊、试运转,以检查各部位设备和准备工作的可靠性;然后进行空载试运转,以便对索道的主要设施(地锚、绳索、塔架及各种运转机械设备)进行观测检查,当无异常情况时,方可进行静载起动试验,即先起吊60%设计荷载,离地50 cm,停留10 min;观测人员进行各项观测,并作好记录,按上述操作步骤起吊100%设计荷载;最后,仍按相同操作步骤起吊130%设计荷载。当静载试验无异常现象时,即可进行下一步的动载试验。动载试验的第一步是起吊60%的设计荷载,并将跑车牵引至跨中,此时,观测人员应观测主索垂度、塔架位移、风缆受力、各种机具的运转是否正常并作好记录;当无异常现象出现时,再将重物继续牵引至离对岸塔架约 10 m 的位置,继续观测并作好记录;当无异常后,遂将重物返回放下,然后按同样步骤分别试吊 100% 设计荷载、130% 设计荷载,当动载试运转正常,且各项检查、观测记录均报送监理工程师审批后,方可正式进行吊装作业。

吊装索道的监理工作内容及施工工序流程,如图 2-13 所示。

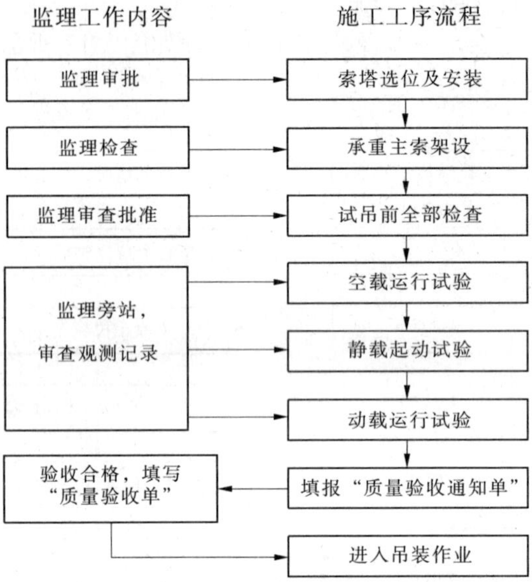

图 2-13　吊装索道的监理工作内容及施工工序流程

4. 支架、拱架、模板

支架、拱架、模板等必须根据要求所承受的荷载进行正式的设计后再施工。承包人若采用常备式构件拼装,当超出拼装图纸要求范围时,亦应进行强度、刚度和稳定性验算。承包人应将拟采用的支架、拱架、模板的全部设计图纸及计算书的复印件,于制作的 14 d 前提交监理工程师,以便监理工程师审批。

1)模板的制作与安装质量的检查

模板应用木材、金属材料或其他被监理工程师认可的材料制作。对模板的要求是:应具有足够的强度和稳定性;能可靠地承受施工过程中可能产生的、允许的各种荷载,并保证其不变形;应制作简单、拆装作业方便、不漏浆,且能多次周转使用。

(1)木模板。木模板宜选用厚 3 ~ 4 cm,平整光滑,没有节疤、环裂和表面翘曲,含水量不大于 23% 的优质木材,用于外露面的模板必须不定期刨光,且宽度不超过 20 cm;在模板的所有锐角处均应加设拉杆以方便拆模,模板采用的拉杆应用螺栓,螺栓应配垫圈,当拉杆需要抽出时,拉杆应加套,模板内的拉杆(或锚杆)应设置于表面下至少 50 mm 深度处,在拆除拉杆和螺母以后,套筒必须用水泥浆填孔。

(2)金属模板。金属模板及其配件应外购。当需自制时,必须在模架上制作。制作时要求下料尺寸准确,模板平直,转角光滑,接缝平顺,连接孔的位置准确;焊接时应采取必要的措施,以减少焊接变形;为避免漏浆,多数模板宜制作成搭接缝,或于拼接缝处嵌方木、软橡皮等;模板及其金属配件,还应涂防锈漆,与混凝土的接触表面应涂隔离剂。

(3)滑升模板。滑升模板是一种新工艺,适用于较高的墩台、吊桥、斜拉桥的索塔施工。

承包人应作好滑模方案设计,并在施工前报监理工程师审批;滑升模板的支承和滑升设备应能保证模板竖直均衡上升,提升设备的配备应由构件截面及滑升模板的全部重量决定。

滑升模板由顶架、模板、围圈、千斤顶(提升设备)、工作平台等部分组成。组装时,应使各部分尺寸的精度符合设计要求,其组装方式有就地组装和事先吊装两种,具体应根据工程情况和起吊设备能力加以确定;组装完毕后,须经全面检查试验,并经监理工程师批准后,才能进行混凝土灌注。

在混凝土浇筑前,承包人必须将模板清理干净,其底部应完全没有锯末、刨花、铁锈、污垢、泥土或其他杂物;与混凝土接触的表面应涂隔离剂;经监理工程师检查批准后,方可放置钢筋、预埋件,并浇筑混凝土。

2)支架、拱架的制作安装质量检查

支架、拱架应按设计要求进行制作安装。为保证构造物竣工时尺寸准确,支架、拱架在设计、制作、安装时应预留施工拱度,并应有调整高程的设施(如在底部设置千斤顶)。没有监理工程师的书面批准,支架、拱架、脚手架不准支承在除基础外的结构物的任何部位上。

支架、拱架基础的设计应防止过多的沉降和支承的转动,能满足承载能力和稳定性的要求,且基础的支承面应是水平的。支架、拱架的基础应在监理工程师的指导下做荷载试验,且试验荷载应与设计荷载相当,并在加载24 h内通过试验检查产生的挠度和沉降是否超过监理工程师所规定的数量(当小于监理工程师的规定值时,即为符合要求)。支架、拱架下面的地面应加以平整,必要时还应将地面填筑到适当的高度,并应有适当的排水设施,以防止支架、拱架脚附近积水。在混凝土的浇筑过程中,承包人应测量和记录支架、拱架的沉降,并按监理工程师的要求,使用预置的高程调节设施,对发生过大沉降的支架、拱架的高程进行调整。

3)模板、支架、拱架拆卸质量检查

承包人应在支架、拱架、模板拆除前3 d,将拟订的拆除方案提交监理工程师审批,未取得监理工程师的批准,不得进行拆除。

卸落支架和拱架应按事先拟订的并经监理工程师批准的详细程序进行,分几个循环卸完。开始的卸落量宜小,以后逐渐增大;在纵向应对称均衡卸落,在横向则应同时一起卸落;卸落拱架时,还应用仪器观测拱圈的挠度和墩台变位情况,承包人应作好记录,以便监理工程师核查。

简支梁、连续梁的支架,宜从跨中支座开始,依次循环卸落;悬臂梁则应先卸挂梁及悬臂的支架,再卸无铰跨内的支架。

拱架应在拱圈的自重和拱上建筑所产生的应力最小,且不产生拉应力时拆除。一般情况下,跨径10 m以下的小拱应在拱上建筑全部完成后卸架;中等跨径的实腹拱,宜在护拱砌完后卸架;大跨径空腹拱,宜在砌好拱上腹拱墙,而腹拱圈尚未砌筑时卸架;拱架的卸落顺序、操作方法应事先作技术交底,并在统一指挥下进行。为保证拱架均匀卸落,对多孔拱应先分组,每组内各孔的卸架宜同时进行,若桥墩为单向推力墩(或施工制动墩),亦可单孔卸落。拱架的卸落量开始宜小,以后逐渐增大。最后,所有临时基脚均应撤出,并将地面填平整。

模板拆除前3 d,承包人应报监理工程师并取得同意。模板的拆除,应保证混凝土结构不受损坏。当混凝土未达到足够的强度时,若承包人过早拆模而损坏了混凝土结构,则承包人应自费修复，并使监理工程师满意。一般情况下，不承重的垂直模板，可在混凝土强度超过2.5 MPa，或其强度能保证结构表面与棱角不因拆模而损坏时拆除；栏杆柱等的模板至少须在混凝土浇筑后3 d方可拆除；承重模板应待混凝土强度能承受逐级自重，即对跨径小于3 m的梁和板，应达到设计强度的50%，对跨径大于3 m的梁和板，应达到设计强度的70%时，方可将模板加以拆除。

4）钢筋加工及安装质量的检查

钢筋的加工及安装应满足以下基本要求：钢筋、焊条的品种规格和技术性能应符合国家现行标准和设计要求；钢筋（含冷拉钢筋）的机械性能必须满足规范要求，钢筋应平直，表面不应有裂皮和油污；配置在同一截面（30*D*）和长度范围内，且不小于50 cm的受拉钢筋接头，其截面不得超过钢筋总面积的50%，在受压区内可受限制；钢筋的焊接长度和焊接质量应符合规范要求。

从外观角度来看，钢筋的表面铁锈及焊渣要清除（不符合要求时，减1～5分），多层钢筋网应有足够的钢筋支撑，以保证骨架的施工刚度（不符合要求时，减1～5分）。

钢筋加工应严格按施工规范要求进行。钢筋的安装应按预定的顺序，严格按照设计图纸所示的位置准确地进行布设安装，并与支模工作相配合，经检查无误后，方可进行骨架的扎接或焊接。为了保证和固定钢筋相互间的间距，应用监理工程师批准的支承方式将钢筋牢靠地固定好，以使其在混凝土的浇筑过程中不致移位。

网格或钢筋网的钢筋，彼此间应有足够的搭接长度，以保持其强度均匀；同时，也便于端部和边缘能牢固地连接。其边缘的搭接宽度，不应小于一个网眼。

安装好的钢筋骨架，应具备足够的刚度和稳定性，并满足有关规范规定的质量要求。任何构件的钢筋安装完毕后，承包人均应如实填写质量检验记录，并须经监理工程师检查批准后，才能进行混凝土的浇筑施工。钢筋加工及安装质量检验实测项目见表2-15。

表2-15 钢筋加工及安装质量检验实测项目

项次	检查项目			规定值或允许偏差	检查方法和频率	权值
1	受力钢筋间距（mm）	两排以上排距		±5	尺量：每构件检查2个断面	3
		同排	梁、板、拱肋	±10		
			基础、墩台、柱、锚碇	±20		
		灌注桩		±20		
2	箍筋、横向水平钢筋、螺旋筋间距（mm）			±10	每构件检查5～10个间距	2
3	钢筋骨架尺寸（mm）	长		±10	按骨架总数的30%抽查	1
		宽、高或直径		±5		
4	弯起钢筋位置（mm）			±20	按骨架抽查30%	2
5	保护层厚度（mm）	柱、梁、拱肋		±5	每构件沿模板周边检查8处	3
		基础、墩台、锚碇		±10		
		板		±3		

5. 锚具、张拉设备及张拉作业的质量检查

1）预应力系统（张拉设备）

承包人应在预应力混凝土结构构件施工开始的28 d前，向监理工程师提交拟采用的预应力系统的全部细节，并说明材料的供应厂家，以便监理工程师审批。如果承包人拟采用的预应力系统与图纸所示的数量、型号、尺寸不一致，则应提交一份拟采用的预应力系统的全部细节资料和规范，以取得监理工程师审查批准。

承包人的张拉机具应与锚具配套使用，并由专人使用与管理。锚具和千斤顶在使用前均应进行校核，其性能和精度均应使监理工程师满意。锚具及其联结器的成品应在其工厂进行探伤检验，并在钢丝束张拉达到极限强度的95%时，锚具应无受损和钢丝束过量回缩、锚塞滑移等现象；千斤顶应适用于所采用的预应力系统，且在使用过程中，每半月进行一次检查和保养，并对其精度进行校核；所用的压力表、测力计及其他用于测量预应力荷载的机具的读数精度均不得超过±2%。为了保证预应力张拉的质量，承包人应提供一个监理工程师同意的校核装置，以便对千斤顶进行检验。

2）预应力材料

所有用于预应力混凝土工程的材料，如钢筋、钢丝、钢绞线、冷拉钢筋、冷拔低碳钢丝、混凝土、压浆材料等，均应满足技术规范和设计图纸的要求，并应获得监理工程师的批准后，方能使用。

3）预应力张拉作业

（1）一般规定。施加预应力的各种机具设备及仪表，应由专人管理和使用，并应经常维护，定期校核。长期搁置未用的张拉机具，使用前应进行全面校验，其检核结果应符合要求，并应获得监理工程师的认可。一般情况下，千斤顶使用超过6个月或200次以上，以及在使用过程中出现不正常现象时，应重新检校；弹簧测力计等检校期限，以不超过2个月为宜。所有检校结果都应符合规范要求，并取得监理工程师的认可。安装张拉设备时，对直线受力筋，应使张拉力的作用线与孔道的中心线在张拉过程中相互重合；对曲线受力筋，则应使张拉力的作用线与孔道末端中心点的切线相重合，且不得偏移。受力筋的张拉应采用“双控”，在张拉过程中，如发现滑丝、断线、锚具压坏等情况，应立即停止操作，查明原因，作好记录，并报监理工程师处理。若滑丝、断线数量超过设计图纸规定，报监理工程师同意后，可重新换束张拉。

在张拉作业中，承包人应按要求作好记录，并在每次张拉作业完成后24 h内送交监理工程师。如张拉不合格，承包人应立即返工。

（2）后张法。施加预应力前，承包人应对混凝土构件进行全面检查，其质量应符合要求。第一次张拉移梁时，混凝土的强度须达到设计规定值。检查结果经监理工程师审批后，且在场旁站监控时，方能进行张拉作业。

承包人应选派富有经验的合格的技术人员专职指导张拉作业，所有参加操作预应力设备的工作人员，均须通过正式培训，且考核合格后方能上岗。当预应力加至设计规定值并经监理工程师同意时，方可锚固钢丝束；千斤顶压力应以锚具和钢丝束不受振动的方式予以解除；当气温下降至-5 ℃以下且无保温措施时，张拉工作应立即停止进行。

（3）先张法。张拉工作开始前，承包人应将张拉方案及拟采用的张拉台、千斤顶、混凝土搅拌设备等全部细节资料提交监理工程师审批。具体张拉时，受力筋的张拉顺序应按设

计要求或监理工程师的指示进行；为了减少钢筋预应力的损失，可采用超张拉；为了施工安全，应在超张拉后放松至90%控制应力时，再装设预埋件、非预应力筋及模板等；张拉完毕后，应使受力筋的实际位置与设计位置的偏离误差不大于5 mm；当混凝土达到设计强度的75%时，方能放松预应力钢筋，然后用砂浆或防蚀材料封闭外露端头。

所有混凝土构件均应标出经监理工程师同意的永久性标志。标志上应标明构件编号、制造的生产线、浇筑混凝土和张拉的日期等，但其标志应在构件安装后不外露。

6. 混凝土预制块件和砌筑质量控制

在桥梁工程预制块件的预制与砌筑施工中，各工序的施工质量检查内容如下。

1）大型预制构件的质量检查

混凝土大型预制构件（如板、梁、拱等），所采用的水泥、砂、石、水及添加剂的质量规格必须符合有关规范的要求，并按规定的配合比施工。在混凝土的拌制、运输、浇筑、捣实、养生等各工序的施工中，承包人应严格按照《公路桥涵施工技术规范》（JTG/T F50—2011）的有关规定进行，监理工程师应加强旁站检查。混凝土预制构件的施工质量应达到以下标准：混凝土表面平整，颜色均匀一致，施工缝修饰光洁；梁、柱、盖梁、主拱圈混凝土不出现露筋和空洞，其蜂窝、麻面面积不超过总面积的0.5%，深度不超过10 mm（不符合要求时，每超过0.5%减5分）；混凝土构件表面不得出现非受力裂缝（不符合要求时，减1～5分），当裂缝宽超过规定值时，必须加以处理。预制梁（板）实测项目见《公路工程质量检验评定标准》（JTG F80/1—2004）。

2）装配式混凝土预制块件的质量检查

首先应将预制场地平整、压实，并应根据地基情况和气候条件采取必要的排水措施，以防场地沉陷，造成预制构件变形。在浇筑过程中，每一块预制构件的混凝土必须一次浇筑完成，中途不得间断；大型预制构件，当其结构复杂，钢筋稠密时，可在不同部位采用不同粒径集料和不同坍落度的混凝土。预制构件应采用机械捣实，当条件允许时，中小型构件宜采用附着式振捣器在振捣台上振捣；大型构件则宜采用附着式振捣器在侧模和底模上振捣，并用插入式振捣器辅助振捣；钢筋密集部位宜采用插入式振捣器或用钢钎人工辅助振捣。当采用平卧重叠法支模浇筑混凝土构件时，应在已浇好的下层构件顶面设置隔离层，且上层构件应待下层构件的混凝土强度达到设计强度的30%以上后，方可浇筑。当采用土模浇筑混凝土构件时，为了保证构件外形尺寸准确、整齐，应防止碰撞侧壁和底胎，其干硬度也不宜过大。构件浇筑完毕后，应标明构件型号、制作日期和上下的方向。

3）预制砌块砌筑质量的检查

砌块在使用前必须浇水湿润，并将其表面清洗干净。砌块的砌筑工艺与桥梁石砌墩台砌筑工艺相同，见《公路桥涵施工技术规范》（JTG/T F50—2011）。监理工程师在砌块预制和砌筑时，应加强旁站检查，以确保施工质量。

7. 桥梁上部结构安装质量控制

桥梁上部结构安装包括梁、板和拱等构件的移运、堆放及安装等施工工序。

1）梁、板安装

梁、板安装前，墩台支座垫板必须稳固，就位后，梁、板两端支座应对位，且梁、板与支座密贴，否则，应重新安装。两梁、板之间的接缝填充材料的规格和强度应符合设计图纸要求，且填缝应平整密实（不符合要求时，每条缝减2分）。梁、板安装质量的实测项目如表2-16

所示。

表 2-16　梁、板安装质量的实测项目

<table>
<tr><th>项次</th><th colspan="2">检查项目</th><th>规定值或允许偏差</th><th>检查方法和频率</th><th>权值</th></tr>
<tr><td rowspan="2">1</td><td rowspan="2">支承中心偏位
(mm)</td><td>梁</td><td>5</td><td rowspan="2">每孔抽查 4 ~9 个支座</td><td rowspan="2">3</td></tr>
<tr><td>板</td><td>10</td></tr>
<tr><td>2</td><td colspan="2">倾斜度(%)</td><td>1.2</td><td>每孔抽查 3 片</td><td>2</td></tr>
<tr><td>3</td><td colspan="2">梁(板)顶面纵向高程(mm)</td><td>+8，-5</td><td>每孔抽查 2 片，每片检查 3 点</td><td>2</td></tr>
<tr><td>4</td><td colspan="2">相邻梁(板)顶面高差(mm)</td><td>8</td><td>每相邻梁(板)</td><td>1</td></tr>
</table>

2)拱的安装

大、中跨径装配式拱安装(吊装)前，承包人必须对吊装机具设备、索塔、地锚等进行检查和试吊，检查合格并经监理工程师审批后，才能进行安装作业。多孔拱桥上部结构安装时，必须严格按加载程序，由桥台或制动墩逐孔吊装；如桥墩在设计上限制承受单孔上部结构推力，在吊装过程中应尽量使相邻两孔上部结构的施工进度不相差过大，以使施工荷载对桥墩产生的单向推力减小到图纸规定的允许范围内。当采用分段吊装，且拱段接头采用现浇混凝土时，必须确保其强度和质量，并在浇筑的混凝土强度达到设计强度的 70% 以上时，才可进行拱上建筑的施工。拱桥上部结构安装的允许偏差及检查方法如表 2-17 所示。

表 2-17　拱桥上部结构安装的允许偏差及检查方法

<table>
<tr><th>项次</th><th colspan="2">检查项目</th><th colspan="2">规定值或允许偏差</th><th>检查方法和频率</th><th>权值</th></tr>
<tr><td rowspan="2">1</td><td rowspan="2">轴线横向偏位
(mm)</td><td>$L \leq 60$ m</td><td colspan="2">10</td><td rowspan="2">经纬仪：检查 5 点</td><td rowspan="2">2</td></tr>
<tr><td>$L > 60$ m</td><td colspan="2">$L/6\ 000$</td></tr>
<tr><td rowspan="2">2</td><td rowspan="2">拱圈底面标高
(mm)</td><td>$L \leq 60$ m</td><td colspan="2">±20</td><td rowspan="2">水准仪：检查 5 ~7 点</td><td rowspan="2">3</td></tr>
<tr><td>$L > 60$ m</td><td colspan="2">$\pm L/3\ 000$</td></tr>
<tr><td rowspan="4">3</td><td rowspan="4">对称接头点相对高差
(mm)</td><td>$L \leq 60$ m</td><td rowspan="2">允许值</td><td>20</td><td rowspan="4">水准仪：检查每段</td><td rowspan="4">2</td></tr>
<tr><td>$L > 60$ m</td><td>$L/3\ 000$</td></tr>
<tr><td>$L \leq 60$ m</td><td rowspan="2">极值</td><td rowspan="2">允许偏差的
2 倍且反向</td></tr>
<tr><td>$L > 60$ m</td></tr>
<tr><td rowspan="2">4</td><td rowspan="2">同跨各拱肋相对高差
(mm)</td><td>$L \leq 60$ m</td><td colspan="2">20</td><td rowspan="2">水准仪：检查 5 点</td><td rowspan="2">1</td></tr>
<tr><td>$L > 60$ m</td><td colspan="2">$L/3\ 000$</td></tr>
<tr><td>5</td><td colspan="2">同跨各拱肋间距(mm)</td><td colspan="2">30</td><td>尺量：检查 5 处</td><td>1</td></tr>
</table>

注：L 为跨径。

8. 桥梁上部结构现浇质量控制

1)梁的浇筑

梁体混凝土浇筑前，承包人应向监理工程师提交拟采用方法的详细内容和说明，包括静力计算和图纸，经监理工程师的批准之后方可开始施工。在支架上浇筑的钢筋混凝土梁，一般宜按梁的全部横断面斜向分段、水平分层地连续浇筑，且应在下层混凝土初凝或能重塑前完成上层混凝土浇筑，每层浇筑厚度不宜超过 30 cm。若梁身较高，梁体不能一次浇筑完成，可分两次或三次浇筑，但前后两次浇筑的时间间隔至少为 24 h。

分段或分层浇筑时，必须确保其强度和质量，同时应控制好拆模的时间。梁（板）浇筑质量的实测项目见表 2-18。

表 2-18　梁（板）浇筑质量的实测项目

检查项目	规定值或允许偏差	检查项目	规定值或允许偏差
混凝土强度	符合要求	纵轴线偏位（mm）	10
断面尺寸（mm）	-5～8	平整度（mm）	8
长度（mm）	-10～8	支座板平面高程（mm）	2

2）拱的浇筑

拱桥的钢筋混凝土拱圈在支架上分段浇筑时，各段混凝土应一次性连续浇筑完成，如因故中断，应做垂直于拱轴线的施工缝。间隔槽混凝土，应在分段混凝土强度达到设计等级的 70% 后浇筑，接合面应按施工缝处理。

大跨度拱圈混凝土采用分环分段浇筑时，混凝土浇筑顺序应通过计算确定，并得到监理工程师的批准。

拱上建筑混凝土应在封拱间隔槽混凝土强度达到设计强度的 30% 方可浇筑，浇筑应按施工设计程序进行，一般由拱脚至拱顶对称、均衡地进行，以确保其强度和质量。拱的浇筑质量的实测项目及评分标准见《公路工程质量检验评定标准》（JTG F80/1—2004）。

9. 桥面附属工程质量控制

桥面附属工程包括桥面铺装、伸缩缝、桥面防水、排水及其他附属工程（人行道及安全带、沉降缝、缘石、栏杆、水电管道等）。

桥面附属工程监理工作内容及施工工序流程如图 2-14 所示。

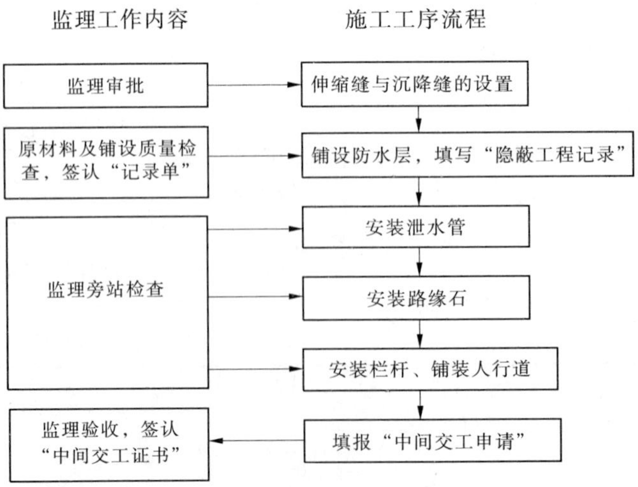

图 2-14　桥面附属工程监理工作内容及施工工序流程

现以桥面铺装为例，对桥面附属工程施工质量监理的内容加以具体说明。

桥面铺装所用的水泥、粗细集料、沥青等材料应符合设计要求，并经监理工程师批准。桥面铺装最小厚度不小于设计值，最大厚度应控制在设计允许值内。进行桥面铺装时，应按图纸所示的位置和尺寸预留好伸缩缝的工作槽，并注意使伸缩缝的伸缩性有效，缝面与桥面接合良好，并保持平整；而伸缩缝应无阻塞、渗漏、变形、开裂现象（不符要求时，减 1 ~ 5 分）；桥面铺装必须在主梁的横向联结钢板已焊接、上部构造构件的横向伸出钢筋已焊接或绑扎、预留的槽缝已经灌注水泥砂浆并按要求铺设纵向接缝钢筋网或桥面钢筋网后才能开始；为使桥面铺装与下面的混凝土结构构件紧密结合，其面板表面必须粗糙，并在浇注桥面铺装前用水冲洗干净。

为保证桥面排水良好（不符合要求时，减 1 ~5 分），桥面泄水孔的进水口应略低于桥面面层，泄水孔的数量不得少于设计要求的数量。

桥面铺装质量的实测项目及质量评分标准见《公路工程质量检验评定标准》（JTG F80/1—2004）。

四、隧道工程施工质量监理

公路隧道工程是地下建筑物，为保持岩体的稳定、保证行车安全，通常需修筑主体和附属建筑物。

隧道工程的主要项目包括隧道主体工程，路线接线工程，洞内排水系统、辅助坑道工程，管理设施、交通工程设施、环保绿化工程等。

隧道主体工程施工一般可分为以下五个分项工程：①隧道开挖工程；②隧道衬砌工程；③施工辅助坑道工程；④洞口及洞身砌筑工程；⑤隧道防水与排水、安全设施、通风及照明等。隧道工程质量的实测项目如表 2-19 所示。

表 2-19　隧道工程质量的实测项目

项次	检查项目	规定值或允许偏差	检查方法和频率	权值
1	车行道宽度（mm）	±10	尺量：每 20 m（曲线）或每 50 m（直线）检查 1 处	2
2	净总宽	不小于设计值	尺量：每 20 m（曲线）或每 50 m（直线）检查 1 处	2
3	隧道净高	不小于设计值	水准仪：每 20 m（曲线）或每 50 m（直线）测 1 个断面，每个断面测拱顶和两拱腰 3 点	3
4	隧道偏位（mm）	20	全站仪或经纬仪：每 20 m（曲线）或每 50 m（直线）检查 1 处	2
5	路线中线与隧道中线的衔接（mm）	20	分别将引道中线与隧道中线延长至两侧洞口，比较其平面位置	2
6	边坡、仰坡	不小于设计值	坡度板：检查 10 处	1

（一）隧道工程施工准备阶段质量监理

隧道工程施工准备阶段监理工作的主要内容包括：隧道工程所需材料的质量检验，隧道混凝土配合比的审查和确认，隧洞施工放样测量控制检查，施工设备及施工方案的审查等。

1. 材料的质量检验

隧道工程所需原材料主要指水泥、砂、碎石、片块石、外掺剂、钢材。对于外购材料的质量，主要是审查材料出厂质量合格证明，但必要时应抽样检查；对于自产材料的质量，主要是审查承包人提供的自检报告，必要时监理工程师应通过监理试验室复检。

水泥应优先选用普通硅酸盐水泥，其强度等级不低于 42.5 级，3 d 抗压强度不得低于 16 MPa，且一般为配制混凝土强度等级的 1.5 ~ 3.0 倍，用于 C20 混凝土时为 2.0 ~ 2.5 倍，用于 C30 混凝土时为 1.5 ~ 2.0 倍；当有抗冻要求时，在寒冷地区不得低于 42.5 级，在严寒地区不宜低于 42.5 级，否则需加入塑性外掺剂。

圬工用石料的石质应由均匀、不易风化、无裂纹和无表面剥落的坚硬岩石加工而成。其中片、块石的强度等级不得低于 30 MPa，粗料石不得低于 40 MPa，混凝土块件不低于 15 MPa，片石混凝土中的片石掺用量不应超过总体积的 20%，严寒地区有渗水或受冻害的部位不宜用石砌体，必须使用时，石料的吸水率应不大于 2.5%，砂岩的软化系数应在 0.8 以上。

混凝土粗集料应用坚硬的碎、卵石，亦可用经试验合格并筛分所得到的隧道弃渣。粗集料应具有适当的级配，其最大颗粒尺寸应为构件最小尺寸的 1/4。对有特殊要求（抗渗性、抗冻性）和强度等级大于 30 MPa 的混凝土，应采用通过试验确定的最佳级配。

混凝土细集料一般采用天然中粗砂，也可用经过试验和鉴定合格并通过监理工程师批准的炼铁高炉的水淬矿渣砂。

水可用饮用的自来水或洁净的自然水。混凝土中一般不允许有外掺剂。若需采用，除图纸中有要求外，必须取得监理工程师书面同意。常用的外掺剂有塑化剂、引气剂、早强剂、速凝剂和减水剂。其掺用量应视工程具体情况，通过试验加以确定。

2. 隧道工程混凝土配合比的审批

图纸上所示不同等级的混凝土配合比设计均应由承包人在混凝土浇筑前至少 35 d 完成，并提交监理工程师审批。其审批内容如下：确定水灰比和坍落度是否符合规定；用水量的确定；水泥用量的计算（水泥用量 = 选定用水量/水灰比），在隧道主体工程上，每立方米混凝土的水泥用量，采用机械拌和时不宜少于 200 kg，而且不应超过 450 kg；选择的含砂率是否恰当；对防水抗渗透要求较高的混凝土配合比的审查。

对防水抗渗透要求较高的混凝土配合比应经试验确定，一般防水混凝土的水灰比应小于 0.6，砂率应介于 35% ~ 40%，并需结合改善集料级配进行，必要时还可用防水水泥或外掺剂。

3. 隧道施工前测量放样的检查

承包人在隧道开挖前，应根据监理工程师提供的设计文件，对隧道洞顶轴线、水准基点、平面控制的三角网基点、洞口投点等进行复测校核，并将复核结果书面提交监理工程师审批。

（1）隧道洞顶轴线复测校核的检查要点。隧道工程的起讫中线桩，一般应设在洞外一个平曲线以外，如平曲线的转角点距洞口较远，则工程起讫点中线桩可设于洞口外不小于 200 m 处，且应在填挖交界以外；隧道群则以始端及终端隧道洞口为依据，按上述原则设置。

承包人在施工放线中应设置必要的加桩、排水沟沟心桩、辅助水准点桩及其他控制桩，隧道测桩在直线上最大间距不得超过 10 m，在曲线上不得超过 5 m，并应在洞中附近按地质、地形情况适当多设。

(2)隧道平面控制测量网复测检查要点。为了保证隧道工程在两个或多个开挖的掘进中,施工中线在贯通面上的横向水平及竖向高程能满足贯通精度要求,并能符合路面及路线纵断面的技术要求,必须进行控制测量网的校核,使其施工中线在贯通面上的极限误差符合规范的规定。

控制测量的精度应以中误差衡量,最大误差(极限误差)规定为中误差的两倍。为准确测定隧道各部位置和为施工准备条件,在复测中应作好洞外控制测量,补设或加固各开挖洞口的引测投点(各洞口投点应埋设混凝土金属标桩)。洞口投点的设置应尽量避免施工干扰,且便于引测进洞。各掘进洞口至少应设一个投点,并应尽量纳入控制网内,只有在条件不允许时,方可用插点形式与控制网联系。

当洞口位于曲线上时,应在曲线或曲线附近增设一个投点,以利于转角进洞;当洞口位于直线上时,也可于洞口前后各设一个投点,其间距不宜小于 200 m,以便使隧道中线延伸直线进洞。

4. 施工机械设备审查

施工前,承包人应将进场主要施工机械设备情况汇总上报监理工程师审查。隧道施工机械设备包括开挖掘进、出渣运输、隧道混凝土拌和、发电和供水、隧洞撑护等方面的机械设备。监理工程师应审核的主要内容有:各类机械设备的规格、型号、工作性能和数量等是否符合合同条款中的规定要求,各类机械设备之间的工作效率是否匹配,各类设备的完好状态以及维修保障系统是否具备连续施工能力。

5. 施工方案的审查

对施工方案主要审查:所安排的工期计划的可行性与可靠性;隧洞开挖、衬砌所采用的施工方法是否合理可行;当施工中地质情况发生较大变化时,是否有应变措施及计划;在整个施工过程中,控制计量手段和措施是否有效可靠;供水供电方案是否合理,是否能保证施工的需求;安全防护措施是否能在整个施工过程中得到保证。

(二)隧道工程施工阶段质量监理

1 隧洞开挖

施工中,应严格控制开挖断面,不宜欠挖,也应尽量减少超挖。

2. 隧道衬砌的监理要求

隧道衬砌有整体式衬砌和复合式衬砌两种类型。衬砌材料可选用混凝土、混凝土砌块石和粗料石等。

承包人应在衬砌前,按设计中线和高程对开挖断面进行复测与整修,确认无误并经监理工程师批准后,方可进行衬砌。

3. 隧道混凝土的施工监理

隧道混凝土施工工序包括配料、拌和、运送、灌注、衬砌及背隔回填、养护和拆模等。施工质量监理内容主要是:

(1)在混凝土配料前应对各种计量设备进行校核,对袋装水泥亦应过秤查对,并严格按配合比配料。

(2)混凝土拌制时,应采用强制式搅拌机。

(3)混凝土拌和物的途中运送持续时间应满足规范有关规定。

(4)混凝土拌和物在灌注时,其自由倾落高度应小于2 m,且在灌注左右两侧边墙和拱圈时,应两侧对称分层进行,并应满足允许灌注厚度,其振捣时间应符合有关规定,衬砌背隔空隙应回填密实。

(5)当超挖在允许限值内时,须用与衬砌同强度等级的混凝土填筑;当超挖已超过允许限值时,可用M5水泥砂浆(渗漏时用M7.5~M10水泥砂浆)或片石混凝土回填;当围岩稳定、干燥无水时,方可用干砌片石回填。

(6)除寒冷及严寒地区受冻害影响的圬工外,当环境温度在5 ℃以下时,可不洒水养护,但应按冬季施工有关规定做好防冻保温工作。

4.辅助坑道施工监理

辅助坑道的设置,应根据隧道长度、工期、地形、水文、设备,结合通风排水及出渣的需要,通过技术经济比较确定,且应获得监理工程师的批准。

5.洞口及洞门施工监理

隧道洞门应尽早修建,并尽可能安排在雨季前施工。隧道洞口开工前,应先施工洞口土方及挡护工程,洞口的边坡、仰坡必须保证稳定,避免大挖大刷,且应自上而下进行,严禁掏底取土,避免采用大量爆破,尽量做到少扰动原地层;位于悬崖峭壁下的洞口,一般不宜切削原山坡,当坡面及岩顶稳定,且无落石或坍塌可能时,可贴壁进洞,否则应延伸洞口设置明洞,或采取其他措施,以保证安全;洞口仰坡坡脚至洞口墙背的水平距离不应小于1.0 m,洞门墙基础必须设置于稳固的地基上,并有足够的埋置深度。

6.隧道防水与排水系统施工监理

施工前,承包人应提出可能出现的地下水分布情况,并预计涌水量,提出防、排水方案及机具配置意见,并获得监理工程师批准。施工中,应对出水部位、水量大小、补给情况、变化规律和水质成分等做好观察、试验和记录,供监理工程师核查,并作为竣工资料的一部分。

7.隧道通风与防尘

在公路隧道施工期间,承包商应根据其选择的施工方法、设备条件、道坑掘进长度及其他影响人体健康的因素,并通过计算所需风量,选择合适的通风系统为施工提供通风。其目的是保证正常的空气成分和控制温度上升值,以保护工人的身体健康和不影响正常的生产效率。通风设备应由经过专门培训的技术工人修理和保养,并在安全监理工程师的领导下进行工作。

施工中,监理工程师一定要提醒承包人:通风设备应具有100%的能力作为备用;当采用湿式凿岩法施工时,应注意其游离粉尘,工作面供水在形成泥浆之前,应积极采取防尘措施,如喷雾、洒水、使用装石运输车上的集尘器除尘等;任何汽油动力设备都不允许停在隧道内或在隧道内使用,在任何情况下都不允许将汽油运入洞内。

8.隧道给水排水

(1)隧道给水。隧道给水主要指隧道交付运营后的生产、生活、消防等各种用水。对给水工程的水源、水量、水压、水质以及供水设备、贮水构筑物及输水设施等,监理工程师应要求承包人按图纸要求提出实施性施工组织设计以供审批。实施性施工组织设计应包括:施工方案、施工进度、必要的施工详图,以及机具、材料供应等内容。给水工程应先施工水源部分,并在施工过程中随时记录和分析实际的水文地质资料,进行抽水试验、水质化验等。具体检验项目,则应按不同用水对象根据规范或由监理工程师指定。

（2）排水。在施工过程中监理工程师应监督承包商按国家现行排放标准进行废（污）水的排放。供水系统废（污）水的排放，应符合《工业企业设计卫生标准》（GB 21—2010）排放标准的要求；洞内废（污）水，应通过隧道侧沟导入洞口路堑边沟排除，即应充分利用洞口有关工程的排水系统将废（污）水顺利排除；当排放的废（污）水可能影响水源或饮用水的水质时，监理工程师应要求承包商提出处理措施。

9. 消防设备

隧道内的消防设备包括化学灭火器、消火栓及报警装置等消防设施。同一隧道内应采用统一规格的消火栓、水枪和水龙头，并应按照设计图纸要求放置于明显易于取用的地点。值得注意的是，消防设施及其附件、材料等，均应有批准采用的厂商提供的产品合格证或产品质量检验证，隧道外输水管道及其与消防水源的连接、管道的敷设及自动控制装置的连接等技术要求，应满足图纸要求及有关规范的规定。

10. 隧道洞口运营管理设施工程

隧道洞口运营管理设施工程包括通风工程、遮光栅工程、变电工程及房屋工程等。

（1）通风工程。隧道通风工程包括为隧道运营通风而设的通风机房、通风洞、通风值班室等与通风有关的土建工程。通风机房及机房内的附属设施（如吊运风机的天车、检修台等）应在机房施工中按设计图纸的要求一次完成，应符合国家和部颁标准的有关规定。

（2）遮光栅工程。隧道洞口的遮光栅工程包括钢筋混凝土遮光框架、遮光墙、预制遮光板及其吊装等。遮光栅的施工应与洞口装修工程一并安排，当不能一并安排时，可于规定的位置预留装修工程安装时所需的孔洞。当遮光栅框架、立柱及基础位于路堤填方路段内时，应要求承包商施工前提交施工方案与施工方法报监理工程师审批；施工中，监理工程师要严格监督承包商的路基施工质量，不能因遮光栅框架、立柱、下纵撑和下横撑的设备而影响路基压实的质量。

11. 隧道附属设施安装工程

隧道附属设施包括隧道外面的交叉道路、中心控制楼和收费广场（含风雨棚下道路）的照明，隧道监控、通信、收费系统等。关于隧道监控、通信、收费系统请读者参阅本节交通工程施工质量监理的有关叙述。

五、交通安全设施质量监理

（一）交通工程质量监理的主要内容

交通工程质量监理主要是对交通工程设施及附属工程的监理。交通工程设施主要由道路安全设施、监控系统、通信系统、收费系统及支持上述系统的土建工程、管理中心、收费站、养护站、验票站、服务区的房建工程及绿化工程等组成。

交通工程质量监理的工作内容大致有以下四个部分：

（1）道路交通标志、标线、防撞护栏、视线诱导设施、防眩设施等交通安全设施工程质量监理。

（2）监控、通信、收费系统、高杆灯、网架照明、中央空调等机电工程质量监理。

（3）服务区、监控中心、收费站、养护站等房建工程和土建结构工程质量监理。

（4）环保与绿化工程质量监理。

（二）交通安全设施施工质量的基本要求

（1）护栏、隔离设施的立柱应有足够的强度，安装必须牢固可靠。

（2）交通标志、路面标线及视线诱导设施应当清晰与醒目，反光膜效果良好。

（3）金属材料必须作防锈处理或采取相应的防锈措施。

（4）各种构件的安装应满足设计和规范要求。

（三）交通工程施工阶段的质量监理

在公路交通工程中，重点介绍交通安全设施施工阶段的质量监理。交通安全设施包括防撞护栏、交通标志、道路标线、视线诱导设施、防眩设施、隔离栅等。各种交通安全设施施工监理的步骤及工作要点如下。

1.防撞护栏的质量监理要点

防撞护栏是高速公路安全设施的重要组成部分，且对防止行车事故起着极其重要的作用。防撞护栏按其设置位置可分为路侧护栏、中央分隔带护栏、路桥过渡段护栏和活动护栏。护栏的形式按刚度的不同可分为柔性护栏、半刚性护栏和刚性护栏三种。从国内外实际应用情况来看，半刚性的波形梁护栏的应用最为广泛。本书以此为例，讲述护栏施工质量监理的要点。

波形梁护栏产品质量的检测内容可分为以下四个部分：表面质量、外形尺寸、钢板原材料性能及镀锌层质量。具体检测时，其抽样组批规则是将同一基底材料、同一规格尺寸、采用同一表面处理方法处理的产品作为一批。每一批的数量不超过50 t，且以不大于1 000件作为一批。若产品超过1 000件，则应以每1 000件作为一批，并分批抽样。

所有产品的检测应遵循以下规定：首先对样品进行目测，合格者作为正式样品，目测不合格者，直接按废品处理。当首次测量超差，经对仪器校正并确认无误，且样品抽检亦符合有关技术规范和法定程序时，一般应进行复测，如经确认不是仪器故障、环境干扰、操作方法或操作误差，则应如实填报检测报告。当检测过程中发生非人力可避免的意外事故或自然灾害时，当时所检测的结果及样品应一律作废，待意外事故或自然灾害处理完毕后再重新检测。

波形梁护栏安装完毕后，以500 m长为验收单位，并连续取10跨护栏进行检验。其具体的检测项目包括：立柱外边缘距路肩边线距离、立柱中距、立柱竖直度、护栏顺直度、横梁中心高度，用量具进行测试，且以设计文件的要求为合格的判断依据。

监理工程师应注意的是：波形梁护栏不得在现场焊接和钻孔；波形梁护栏不得有剥落、气泡、裂纹、疤痕、擦伤等表面缺陷；波形梁护栏的线形应顺适，且色泽应一致。

2.交通标志施工质量的监理要点

根据《道路交通标志和标线》（GB 5768—2009）的规定，交通标志可分为主标志和辅助标志两大类。其中，主标志包括：警告标志（警告车辆、行人注意危险地点的标志）、禁令标志（禁止或限制车辆、行人交通行为的标志）、指示标志（指示车辆、行人行进的标志）、指路标志（指示道路方向、地点、距离等信息的标志），辅助标志是附设在主标志下，起辅助说明的标志。

交通标志的设置应以完全不熟悉路况环境的驾驶员为对象，使其通过交通标志的引导，顺利、快捷、安全地抵达目的地。为避免产生错误行驶，交通标志的总体设置应注意动、静结合，并与其他系统协调配合，尽量做到完善、适用、美观。交通标志由标志底板、支柱、基础紧固件和标志板组成。由于交通标志设置于道路上，完全暴露在自然环境之中，其材料、结构均需满足自然环境的侵蚀。标志的制作应符合现行国标《道路交通标志和标线》(GB 5768—2009)和部标《公路交通标志板》(JT/T 279—2004)的有关规定。

应当注意的是，承包商在取得监理工程师的批准前，不得进行标志牌的安装施工。交通标志施工完成后，监理工程师应按《公路工程质量检验评定标准》(JTG F80/1—2004)进行质量检验。一般应对以下项目进行检测：立柱竖直度、标志安装角度、标志板下缘至路面净空、标志板内侧距路肩边线距离、基础尺寸、混凝土强度等，各项目均应符合《公路工程质量检验评定标准》(JTG F80/1—2004)。

3. 交通标线的质量监理要点

由路面标线、箭头、文字、立面标记、突起路标和路边线轮廓标等构成的道路标线，是管制和引导交通的重要安全设施。标线可以和标志配合使用，也可以单独使用。

道路交通标线按其功能可分为：指示标线、禁止标线、警告标线；按其形态可以分为：线条(标于路面、缘石或立面上的实线和虚线)，字符标记(标于路面上的文字和数字及各种图形符号)，突起路标(安装于路面上用于标示车道路分界、边缘、分合流、弯道、危险路段、路宽变化、路面障碍物位置的反光或不反光体)，路边线轮廓标(安装于道路两侧，用以指示道路的方向、车行道边界轮廓的反光柱或反光片，高速公路的轮廓可安置于防撞护栏上)。

道路交通标线一般采用白色，因为白色比较醒目，尤其在沥青道路上，黑白分明，视认效果较好。近年来，国内外在交通标线中采用了黄色标线，用作分隔路幅及限制道路上对向车流的相互跨越与干扰的分界线。

一般在高速公路上需设计主线标线、匝道标线、相通立交区出入口斑马线、车距确认标线、减速标线及立面标线等标线。

道路标线工程的施工质量检测内容主要包括外观检测和实测项目检测两个方面，分述如下：

(1)外观检测：标线以外的道路被标线材料污染的面积不超过 10 cm^2。喷涂后的标线边缘无明显毛边，且标线顺滑平直。反光标线玻璃珠和标线的厚度应均匀。

(2)实测项目检测：标线实测项目检测要求见《公路工程质量检验评定标准》(JTG F80/1—2004)。

4. 视线诱导设施施工质量监理要点

按诱导功能可将视线诱导设施分为：以指示道路线形轮廓为主要目的的轮廓标，以指示交通分流、合流为主要目的的分流、合流诱导标，以指示或警告改变行驶方向为主要目的的指示和警告性线形诱导标，以辅助和加强标线作用、保证行车安全、提高道路服务质量为主要目的的突起路标四类。上述四类视线诱导设施从不同侧重点诱导驾驶员视线，使行车更安全、舒适。

设置于道路边缘的视线诱导设施是一种指示和诱导标志，对驾驶员起视线诱导作用。因此，视线诱导设施的反射器必须具备优良的反射性能。

施工时应注意：当不同材质的金属构件互相接触时，为防止静电腐蚀，在其相互接触的部位应使用非金属套、垫或保护层，使两者隔离。

视线诱导设施是公路的最后装饰设施，一般需在路面施工完毕后着手安装，尤其是附着于护栏或其他构造物上的视线诱导设施，均在最后安装。若安装过早，因高速公路还未封闭，这种设施极易破坏。对此，监理工程师应给予足够的重视。

视线诱导设施的产品质量及施工质量应按照《公路工程质量检验评定标准》(JTG F80/1—2004)进行检测，以保证其工作质量。

5. 公路防眩设施施工质量监理要点

公路防眩设施应布设地点为：夜间交通量较大，大型车辆混入车流的混入率较高的路段；平曲线半径小于一般最小半径的路段；设置有竖曲线并对驾驶人员有严重眩目影响的路段；无照明设施的大桥和高架桥上；长直线路段及地形起伏变化较大的路段；应于道路的中央分隔带上设置用于消除汽车前照灯夜间眩光影响的路段。

按构造物种类，防眩设施可分为防眩板、防眩网、植树(间距型、密集型)三类。工程实践证明，防眩板的防眩效果最佳，且大多数高速公路或一级公路设置的防眩设施均以此为主，故本节仅讲述防眩板这一形式。

检测结果判定如下：只有当材料性能和镀层质量的所有检测指标同时合格后，该两项性能指标才可判为合格；对外观质量、镀层厚度和外形尺寸三项性能指标，当不合格样品数不大于要求数据时，可判定其合格；若检测不合格，且该项又是非现场检测项目，当供货商又提出申诉时，则可从同一批产品中再取双倍数量的试样进行复检，复检结果要求所有试样的全部指标完全合格；若该项目是现场检测项目，则按规定抽取比此抽样样品数大的下一批样品数进行复检，其复检结果要求该项目的所有指标完全合格，否则该批产品的质量仍判定为不合格。

6. 隔离防护设施施工质量监理要点

(1)对高速公路、一级公路进行隔离封闭的人工构造物称为隔离防护设施。隔离防护设施主要指设置于公路路基两侧用地边界，即沿用公路用地界线以内 20 ~ 50 cm 设置的隔离栅，以及设置于上跨公路主线的分离式立交桥或人行天桥两侧的防护网。其作用是：阻止人员及动物进入，减少横向干扰和减少延误，避免由此产生的交通延误或交通事故，从而保证通行车辆快速、舒适、安全、经济的运行；防止非法侵占公路用地，保障公路产权不受侵犯。

(2)施工中碰及的测量标桩和永久边界标志，未经监理工程师批准，均不得随便移动。当需在标桩和边界标志附近竖立栅栏桩时，应尽量靠公路一侧加以设置。

(3)隔离设施主要由立柱、斜撑、隔离网、连接件、门(门柱)等构件组成。隔离设施的各种材料均为标准化产品，一般可分为网片材料、立柱和斜撑材料及连接材料三大类。以上三类材料的技术条件及性能均应满足设计要求，符合其相应标准的规定，且需具有产品合格证并经工地检验合格及监理工程师批准后，方可使用。

(4)基于隔离栅的材料性能要求，对隔离栅网片、立柱(包括斜撑、门柱)等应成批检查。每批应由厂家同时交货的或同时生产的同一基底材料、同一规格尺寸、同一方法进行表面防腐处理的产品组成。一批样本网片数，按面积计不大于 2 000 m^2；一批钢管、型钢及混凝土立柱的数量不大于 500 根，其质量检测的内容包括外观质量、几何尺寸、镀层，质量检测则采用三氯化锑法、锤击法、硫酸铜试验法等进行拉伸、弯曲及化学试验。具体检测方法请读者参阅波形梁护栏的材料检测的有关叙述。

(5)隔离栅立柱的埋设应符合设计要求，立柱与基础、立柱与隔离栅网片之间的连接应稳固，且立柱和基础混凝土的强度均不得小于设计要求及《公路工程质量检验评定标准》(JTG F80/1—2004)中对立柱竖直度、柱顶高度、立柱中距、顺直度和混凝土强度的质量评定要求。

7. 机电工程施工质量监理要点

交通工程设施中的机电工程，是一项总承包工程（交钥匙工程），包括监控系统、通信系统、收费系统及照明设施等施工内容。一般情况下，业主均要求承包商提供设计、供货、运输、安装测试、开通、试运行、技术培训和售后服务等全套服务。

电子监控、收费、通信及照明涉及电子技术、现代通信技术、自动测控技术、供电、照明等高新技术领域，是多学科的综合技术在公路交通工程中的应用。工程实践证明，各类设备的工程原理、应用范围差异甚大，而这些方面的技术规范及相应的行业标准还正在研究与制定之中。现场施工质量应经监理工程师签认，并符合有关质量评定要求。

第六节　交工验收与缺陷责任期监理

交工验收是检查施工合同的执行情况，评价工程质量是否符合技术标准及设计要求，是否可以移交下一阶段施工或是否满足通车要求，对各参建单位进行初步评价。

当工程按合同完成，圆满地通过了规定的各项检验，且符合要求，由监理工程师签发交工证书后，仍需在规定时间内继续完成工程剩余的工作，并检验该工程的使用质量，这个规定的期限称为缺陷责任期。缺陷责任期是从监理工程师签发工程交工证书之日算起，期限一般为两年。对于有多个交工日期的单项工程，缺陷责任期应分别从各自不同的交工日期算起。

设置缺陷责任期的主要目的，是要工程在使用条件下，证明合同的各项规定已得到遵守。在此，承包人除必须完成工程交工证书中所列的尚未完成的工作项目外，还必须修补在使用条件下因施工质量而出现的任何缺陷。

一、交工验收的监理工作内容

若整个工程或工程的任一区段或一部分实质上按合同要求已经完工，承包人可向监理工程师提交交工的申请，请求进行交工验收。监理工程师在接到上述申请后，应及时给予明确答复，组织交工验收。经监理工程师检验合格后，即可签发工程交工证书。

当交工验收不合格而存在质量缺陷时，应进行质量缺陷的调查、处理与责任划分。当工程质量缺陷因所用材料、设备或施工工艺不符合合同要求，或由承包人负责设计的部分永久性工程在设计上失误，或因承包人一方疏忽时，所有费用应由承包人负担。而对非承包人原因造成的工程质量缺陷，由承包人进行修复时，监理工程师应对其进行费用估价，并向业主签发为承包人追加费用的证明。

二、交工验收的必要条件和监理程序

（一）交工验收的必要条件与主要内容

（1）承包人的工程系统自检合格，提交书面交工申请报告，并附有完整、真实的自检资料。

（2）监理工程师收到承包人递交的交工申请后，确认其合同段范围内的工程已实质性完成：①合同范围内的全部工程已完成；②承包人已将各水准点、控制点和路线整桩全部恢复；③施工现场已全面清理和恢复完毕；④交工资料齐备，已按公路工程竣工验收方法的要求编制施工文件、施工资料及施工总结；⑤验收所需资料已准备齐全，然后派验收小组进行专门的竣工验收检查。

(3)现场竣工验收检查。主要检查申请交工工程外观质量、外形尺寸、各类构造物，并应对检查中发现的所有工程缺陷作详细记录和描述。

(4)竣工资料验收检查。主要检查申请交工工程及工序的原始施工记录及自我评分等所有质量保证资料的真实性、完整性、系统性和规范性。

工程资料是工程项目竣工验收的重要依据之一，施工单位应按合同要求提供全套竣工验收所必需的工程资料，经监理工程师审核，确认合格后，方能同意竣工验收。

①竣工验收资料的内容。工程项目竣工验收的资料主要有：工程项目开工报告、竣工报告，分项、分部工程和单位工程技术人员名单，图纸会审记录，设计变更通知单，水准点位置、定位测量记录、沉降及位移记录，材料、设备、构配件的质量合格证明资料和试验检验报告，隐蔽工程验收记录、施工日志，工程质量事故调查及处理报告，竣工图，质量检验评定资料等。

②竣工验收资料的审核。监理工程师对竣工验收资料应进行以下几个方面的重点审核：材料、设备、构配件的质量合格证明资料，试验检验报告，核查隐蔽工程验收记录及施工日志，审查竣工图。

③竣工验收资料的签认。监理工程师审查完承包单位提交的竣工资料之后，认为符合工程合同及有关规定，且准确、完整、真实，便可签认同意竣工验收的意见。

(5)监理工程师在各种场合以不同形式向承包人指出的各种质量问题，验收小组要检查是否均已得到妥善解决。

(二)交工验收监理程序

合同段或整个项目范围内的工程完工后，承包人先进行自检，并向监理工程师提交完整施工资料和竣工验收报表；成立由监理工程师、业主(必要时建议业主邀请监督部门参加、承包人列席)参加的工程竣工交工验收检查小组；检查小组审查承包人竣工交工的申请，并提出具体审查和审核意见，提请业主组织验收；检查小组经过对工程全面检查和评价，写出检查验收报告，符合合同文件要求时，报送业主，同时抄送给承包人；由业主、监理工程师、设计代表及承包人各方代表协商签认“交工证书”的事宜，最后由监理工程师签发“工程交工证书”。

竣工交工验收的具体监理程序如下：

(1)成立交工验收检查小组：由参与三方(业主、监理工程师、承包人)、设计方、质监方代表组成。

(2)审查交工申请报告。

(3)组织现场检查验收与评价。

(4)确认剩余工程和缺陷工程，审查剩余工程完成计划和缺陷工程处理方案。

(5)检查小组提交交工检查报告。

(6)签发竣工交工证书。

三、签发工程交工证书

(一)工程交工证书的内容

工程交工证书包括以下内容：获得交工证书的工程范围、获得交工证书的日期、审查交工工程的单位、交工证书的签认人(三方代表)。

(二)签发工程交工证书的必要条件

工程交工证书签发的必要条件是:工程按合同要求确认已基本完工,即全部主体工程已经完成,且已经监理试验室检验合格;虽有剩余部分未完成,但并不影响业主对该工程的有效使用和管理;承包人已向监理工程师提交了签发竣工交工证书的申请;承包人必须书面保证在缺陷责任期内完成剩余工程;承包商已将竣工文件编制完成,且向监理工程师和业主呈交签发竣工交工证书的报告。

四、工程竣工文件的编制

工程竣工文件的编制是工程质量监理的一项重要内容。在工程交工验收前,监理工程师应尽早制订编制办法和统一规定,对竣工图质量提出统一的标准要求,并及时掌握和处理竣工文件编制的进度情况与出现的问题。竣工文件编制的监理工作内容主要包括以下几个方面:

(1)制订有关竣工文件编制的规定和要求。

(2)督促承包人及早开始竣工图的绘制工作。

(3)确定竣工文件编制的分工和职责范围。

(4)汇总、反映、研究、解决编制过程中遇到的问题。

(5)审查编制成果。

(6)强调印刷装订工作。

(7)验收竣工文件。

(8)完成工程监理部分竣工文件的编制。

五、缺陷责任期的监理

(一)缺陷责任期的监理工作任务

在缺陷责任期内,监理工程师的主要工作任务是督促设计单位和承包人进行质量回访,检查工程在运行中的质量情况并发现质量问题;鉴定质量问题的责任;督促承包人进行保修,并参与保修质量鉴定;督促和监督承包人"剩余工程计划"的执行;监督承包人继续进行竣工图和竣工资料的编制与整理;继续解决合同管理中的支付、最终结账单、工程变更、延期和索赔等方面的问题;应做好签发"工程缺陷责任终止证书"的各项准备工作。

(二)缺陷责任期的监理工作内容

监理工程师应根据剩余工程量配置缺陷责任期的监理人员,包括:现场巡视、检查的监理人员,负责质量检验的试验人员,处理合同事宜(索赔、变更)、办理计量支付、督促交工资料的合同管理人员。

在缺陷责任期,监理工程师应定期检验承包人剩余工程计划的实施情况;经常检查已完工程的质量缺陷情况,并对工程质量缺陷发生的原因及其责任者进行调查,同时对修复工作作出费用估价;督促承包人按合同规定完成交工资料的编制。

在缺陷责任期终止前,如果工程出现了任何缺陷、变形或不合格,监理工程师应及时通知承包人组织进行调查。调查应在监理工程师指导下进行,并向业主呈交一份调查报告副本。工程产生的任何缺陷、变形、不合格,经调查后证明确属施工质量所致,则上述调查费用应由承包人承担;如调查证明属于其他原因,则监理工程师应在和业主与承包人协商后,确定上述调查费用总额,然后增列于合同总额之中。

承包人应在缺陷责任期内或在其终止后14 d内,按照监理工程师指出的工作项目和检查的结果,对工程尚存在的质量缺陷进行修补、修复或重建,以使工程质量满足合同要求。如果承包人在合理的期限内未执行监理工程师的指令,则业主有权雇用其他施工单位完成上述各项修复工作,并付给报酬,由此而发生或伴随产生的全部费用,将从承包人的保留金内,或从业主付给承包人的其他款项中扣除。

(三)缺陷责任终止证书的签发

1.缺陷责任终止证书签发的必要条件

缺陷责任终止证书签发的必要条件是:工程范围内恢复原地面和施工现场的清理工作已经完成,并获得监理工程师认可;交工证书签发后剩余的工程项目已全部完成,并达到合同规定的检验标准;新的质量缺陷修补、修复或重建完毕。

2.缺陷责任终止证书签发的程序

工程缺陷责任终止证书签发程序如下:由承包人提交签发缺陷责任终止证书的申请报告;监理工程师确认已具备签发工程缺陷责任终止证书的必要条件后,成立由监理工程师、业主(必要时建议业主邀请监督部门参加、承包人列席)参加的缺陷责任期工程检查小组;检查小组审查承包人终止缺陷责任的申请;在最终检查和评价的基础上,检查小组写出检查报告,报送业主,同时抄送给承包人;如承包人修复质量不合要求,应再行整修,直到合格;最后,由监理工程师签发工程缺陷责任终止证书。

3.缺陷责任终止证书签发的内容

监理工程师收到检查小组的报告,并确认承包人缺陷责任期的工作达到合同规定的标准,即可向承包人签发工程缺陷责任终止证书,签发日期以工程通过最终检验的日期为准。工程缺陷责任终止证书应包括以下主要内容:①获得证书的工程范围;②审查缺陷责任期工作的单位;③工程交工日期及合同缺陷责任期终止日期;④工程缺陷责任终止证书的签字人员(业主、监理工程师、承包人各方代表)。

尽管签发了缺陷责任终止证书,但承包人和业主仍应负责在缺陷责任终止证书签发之前按合同规定应予履行的,而缺陷责任终止证书签发之时尚未完成的义务。

本章小结

施工项目的质量是工程建设过程的核心,是决定工程建设成败的关键。本章从工程质量的概念出发,重点介绍了路基、路面、桥梁、隧道及交通工程等监理方法、程序及要点。具体和主要从如下几个部分进行论述。

第一部分:质量监理概述

本部分主要介绍质量监理的依据、特点、任务、控制程序、监理准备阶段的工作、监理试验室和承包人试验室的职责,质量缺陷或质量事故处理程序和措施,工程交工、竣工验收条件和程序,缺陷责任期的质量监理内容和要点等。

第二部分:路基工程质量监理

路基是按照路线位置和一定的技术要求修筑的作为路面基础的带状构造物。本部分主要介绍路基施工的工序,主要从目前路基施工的分项来进行质量控制,即从表土清理与压实、挖方路基的施工、路堤填筑施工三个方面来叙述。

第三部分:路面工程质量监理

本部分首先从路面的功能和构造出发,叙述了路面工程在施工过程中监理工程师进行质量监理的要点。具体体现在以下几个方面。

(1)路面基层(底基层)施工质量监理。介绍了路面基层(底基层)的主要类型,以及混合料配合比设计原则和方法,突出了基层(底基层)施工中质量控制要点,即对混合料拌和与运输、摊铺与整形、碾压、养生的质量监理内容与方法。

(2)沥青面层施工质量监理。针对沥青路面的不同类型,介绍了沥青混合料组成设计,目前公路工程中常采用的路面类型及其质量控制要点,即热拌沥青混合料、沥青、沥青表面处治、沥青贯入式路面的质量监理内容和方法。

(3)水泥混凝土面层施工质量监理。从水泥混凝土面层的基本分类出发,介绍了水泥混凝土配合比设计的基本原理与方法,针对在目前公路工程中水泥混凝土路面施工中所采用的两种方法(摊铺机施工、人工及小型机械化施工)的施工工艺和质量控制要点进行论述。

第四部分:桥梁工程质量监理

本部分首先从桥梁的基本组成及分类入手,介绍了桥梁施工的一般要求和质量标准,再分节从桥梁的基本组成方面来介绍质量监理控制要点,主要从以下几个方面来论述。

(1)基础工程的施工质量监理。针对桥梁基础的形式(明挖基础、桩基础、沉井基础)的质量控制要点逐一论述,重点突出钻孔灌注桩基础施工过程中各工序,即水下混凝土的拌制、钻孔、固孔、清孔、钢筋笼的吊放、灌注混凝土、质量检查等的质量控制要点。

(2)桥梁下部构造的施工质量监理。主要论述了桥梁混凝土墩台的施工要求和质量标准。

(3)桥梁上部构造的施工质量监理。主要对模板、支架和拱架、现浇施工、预制构件、钢构件、预应力混凝土及拱圈施工的一般要求和质量标准进行论述。

(4)桥面系施工质量监理。对桥面系的各组成部分,即桥面铺装、防水和排水设备、伸缩缝、人行道、缘石、栏杆和灯柱的一般要求和质量标准进行论述。

复习思考题

2-1　质量监理的依据、特点、任务是什么?简述质量监理的程序和方法。

2-2　对工程质量的缺陷,监理工程师如何进行处理?

2-3　什么叫缺陷责任期?其起止日期如何确定?为什么要规定缺陷责任期?

2-4　简述路基填方压实质量监理的要点及挖方路基施工监理的程序与要点。

2-5　为什么路基施工前要修建试验路段?试验路段应如何修建?

2-6　在混凝土路面施工过程中,质量监理的要点及内容有哪些?

2-7　混凝土路面竣工检验的主要项目有哪些?

2-8　桥涵工程施工准备阶段监理工作的主要内容有哪些?监理工程师如何审查承包商的施工方案?

第三章　公路工程施工进度监理

【知识要点介绍】

本章主要讲工程进度监理的作用和任务及施工进度计划的编制与审批。施工进度的控制和检查,施工进度计划的调整。

第一节　进度监理的作用和任务

一、进度监理

为了加强公路工程基本建设项目管理,合理控制工程质量、工期和费用,提高投资效益与工程管理水平,必须进行工程承包合同条件下的项目建设监理,即实施合同管理中的质量、工期、费用三大控制。工程进度是工程承包合同规定工期中施工活动的时间安排,因此进度监理是履行工程承包合同的重要内容,工程进度涉及建设单位和施工单位的重大利益,是合同能否顺利执行的关键。为此,在工程进度监理中,一定要把计划进度与实际进度之间的差距作为进度控制的关键环节;除满足工期要求外,还应满足合同规定的工程质量及费用要求,从而达到高效、经济的工程施工目的。

二、工期、质量、费用三者的关系

工期是由工程项目从开工到竣工的一系列施工活动所需的持续时间之和,工程质量是施工过程中生产出来的产品结果,工程费用则是施工过程中所产生的消耗。所以,在工程项目施工过程中,工期、质量、费用三者构成了相互联系、互相制约的密切关系,一般情况下,其关系曲线如图 3-1 所示。

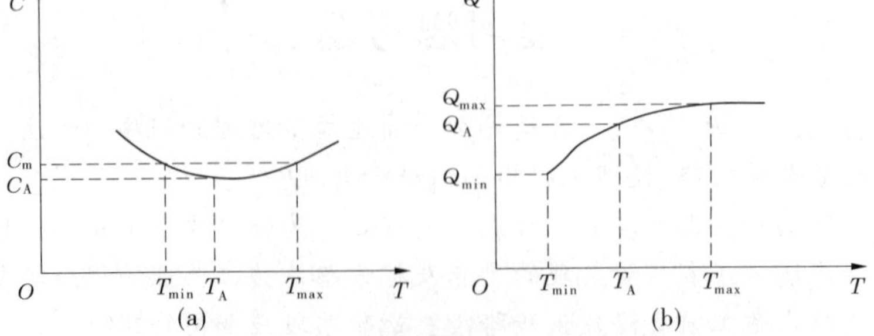

图 3-1　工期、质量、费用关系曲线

由图 3-1 知,工程进度的加快与减慢对工程质量及费用都产生直接影响。设 T 为正常工期,其质量 Q 也正常,此时费用 C 最低;当放慢施工进度时,费用上升,而质量有可能提高;当加快进度时,费用增加,而质量有可能下降。因此,工程进度监理不仅仅是单纯进度计划管理和时间控制问题，而且还要同时考虑工程质量的好坏及工程费用消耗的高低问题。

三、进度监理的目的与作用

目前，我国要求对被列入基本建设计划的公路工程项目必须实行监理制度。这些公路工程项目的特点是投资大和建设周期长。大型公路工程项目投资常常为十几亿元到上百亿元，建设周期往往长达几年，因而很有必要实施项目进度监理，使其尽可能按预定工期完成，力争早日通车而获取较大的投资效益。因此，可以说进度监理的作用就是在考虑了工程施工管理的三个因素（工期、施工质量和经济性）的同时，针对工程施工的全过程，通过计划、组织、协调、检查与调整等手段，调动一切积极因素，努力实现施工过程中的各个阶段目标，从而确保总的工期目标的实现。

（一）工程项目进度管理与控制的目的

工程项目进度控制的目的是：通过对进度计划的管理，实现对项目总进度的控制，使公路项目按规定的时间目标竣工投产。

公路项目的进度计划，是表达项目建设各工序开展的顺序、开始和完成时间以及工序间衔接关系的计划；是基于对公路项目任务的科学分解，在逻辑顺序、相互接口和资源条件等诸多因素的基础上作出的最优化的进度安排；是对公路项目的实施作出的科学安排。但是，任何考虑周全的计划都不可能全部预见到实施过程中发生的一切问题，而且公路项目是在动态条件下进行的，因此进度管理和控制也必定是一个动态的过程，这个过程包括对进度目标的分析和论证、对进度计划的跟踪与检查和调整，时刻对建设进度进行监督，对出现的偏差采取针对性措施，纠正偏差、消除原因，使公路项目的实施能在一个动态和变化的过程中实现预定的进度目标。

（二）实行工程进度监理的作用

（1）合理控制工期、质量和费用，使项目管理达到综合优化。

（2）通过审查施工进度计划及控制实际进度与计划进度的差异情况，从而完善施工进度计划管理。

（3）除充分考虑时间控制问题外，同时还考虑劳动力、材料、施工机具设备等所必需的施工资源问题，使其最有效、合理、经济地配置与利用。

（4）通过计划、组织、协调、检查与调整等手段，调动施工活动中的一切积极因素，努力实现施工过程中各个阶段的进度目标，以确保工程施工全过程的总工期目标的实现。

四、进度监理的任务与控制目标

（一）进度监理的主要任务

与进度有关的单位很多，主要影响单位是施工单位、监理单位及建设单位，所以参与项目管理的三方只有积极配合，才能确保对工程进度的合理控制，保证总工期目标的实现。

（1）施工单位的任务是编制施工进度计划，并在计划执行过程中，通过实际进度与计划进度的比较，定期地、经常地检查和调整施工进度计划。

（2）监理工程师的任务是审批施工单位编制的施工进度计划，并对批准的施工进度计划执行情况进行监督，当实际进度与计划进度产生差距时，根据差距情况及时要求施工单位对计划进行调整。

(3)建设单位则应按工程承包合同要求及时提供施工场地和图纸，并尽可能地改善施工环境，为工程施工顺利进行开创条件。

编制进度计划是对工程进度进行监理的前提，没有计划，就谈不上监理。对进度计划的监理就是将实际值与计划值进行比较，找出其间的偏差，然后进行调整。编制施工进度计划，就是确定一个控制工期的计划值，因此编制施工进度计划就是工程进度监理的第一任务。

(二)公路项目实施各阶段的进度控制任务

公路项目的实施大致可分为工程设计阶段、招标投标阶段、实施准备阶段、实施阶段、投产竣工阶段。这几个阶段尽管工作内容不同，但它们是密切相关的，任何一个阶段的失误或延误，都会影响后续阶段的实施进度。因此，建设项目业主必须以总体进度计划为目标或者以总体进度计划下的里程碑进度为目标，全面控制项目各阶段的进度。

1. 工程设计阶段的进度控制任务

依照公路项目出资人对建设项目的建设意图和确定的建设项目三大控制目标，根据控制总进度的要求，控制工程设计进度：

(1)了解和掌握地质勘探、水文气象调查、测量、有关试验和科研等设计资料的设计依据的收集工作的进度，此项任务往往会延误进度。

(2)编制设计阶段进度计划，明确提出工程设计成果、图纸和设计审查的时间。

(3)编制施工详图的供图计划，以满足施工的需要。

(4)按照设计进度计划和建设项目总进度计划，编制提供设备清单及预埋件计划。

2. 招标投标阶段的进度控制任务

(1)按总进度计划要求，制订招标工作进度计划。

(2)按进度要求完成招标准备工作，完成完善的招标文件的编制并通过审定。

(3)按照招标进度计划，招标通告、发售标书、标前会、投标、开标、评标、决标和授标、合同文件准备、合同谈判和授予合同等关键性阶段都必须依据总进度计划和招标文件的承诺，按期完成。

3. 实施准备阶段的进度控制任务

(1)确定项目工期总目标，确定建设项目各阶段的任务和计划。

(2)初步编制建设项目的总进度计划。

(3)调研、分析和判断施工现场的条件与环境。

4. 实施阶段的进度控制任务

(1)按合同要求，适时发布开工令，确保按时开工，以此计算施工工期。

(2)审查和批准所有承包商及供货商按合同要求提交的各自的总进度计划及年、季、月实施进度计划，此计划必须符合项目总进度计划和里程碑计划的要求。

(3)将承包商、供货商提交的总进度计划合成为项目实施总进度计划，这个实施总进度计划必须与项目总进度计划和里程碑计划相一致，同时，又是在计划上经过细致的协调和调整的，所以应该是在工序上紧密衔接，在实施中相互干扰最少的。在施工建设阶段进度控制的最重要的任务，就是在动态中进行跟踪、管理和控制其执行。

(4)严格控制关键线路上的关键工序、关键的分部分项工程和单项工程的工期。

(5)定期检查施工单位的实时进度是否与原定计划相符，尤其要检查工程建设的实时进度能够保障里程碑计划的实现，当发现有较大偏离时，就要采取果断措施，消除产生偏离的各种因素，做好进度计划的协调和调整。

(6)协调建设项目各参与方的计划安排，尽可能减少相互间的干扰，努力实现各方的均衡生产。

(7)协调和控制材料、设备按计划供货，使其与总进度计划相吻合。

(8)控制并及时处理设计变更，适时调整进度计划，严格控制和处理工期延误，督促和优化投入资源，保障里程碑计划的实现。

(9)及时组织单项工程验收，督促下个工序及时进行。

5. 投产竣工阶段的进度控制任务

(1)根据项目总进度计划和里程碑计划，编制按项目实施阶段分解的投产准备阶段的总网络计划和详细的工作大纲。

(2)按计划落实人员招聘和技术培训工作，使其与项目建设进度同步进行。

(3)按计划做好生产技术准备工作，以适应投产要求的进度，在全面收集设计、设备、安装、调试等详细资料的基础上，编制各项操作规程、设备手册、质量标准和管理制度。

(三)施工过程中各阶段的进度控制目标

施工过程一般包括三个阶段，即编制计划、执行检查、调整计划。

编制施工进度计划阶段，进度控制的目标是确定一个合理的计划工期。在施工单位编制及监理工程师审批施工进度计划时，计划工期的确定应依据以下资料：

(1)本工程项目的工程承包合同中有关工期的规定，是确定计划工期的基本依据；合同规定的工程开工、竣工日期，必须通过进度计划落到实处。

(2)如果已经编制了材料和设备的供应计划，那么施工进度计划必须与其相协调。

(3)已建成的同类工程或相似项目的实际工程进度情况是编制本项目施工进度计划的重要参考资料。

(4)投标书中确定的项目施工方案及工程进度计划。

(5)施工单位的施工人员技术素质及其机具设备能力。

(6)施工现场的特殊环境及其气候条件等。

具体制订施工进度计划时，应根据上述资料编制，并对其进度优化后，方可予以实施。

(四)影响公路项目进度目标实现的主要因素

在实施施工进度计划的过程中，总是希望实际进度与计划进度一致，直到工程项目按计划工期完成。但在工程实施中，计划的不变是相对的，实际进度的改变是绝对的。这是因为在拟订施工进度计划时，不可能把施工中所有可能出现的情况都考虑进去，而且施工过程中由于各种因素的影响，打破原有施工进度计划是司空见惯的事情，尤其是公路工程项目施工在露天进行，受气候影响较大。因此，在公路工程施工过程中，进度计划不可能完全按原计划执行，其实际进度与计划进度经常出现差距。监理工程师在实施进度监理时，就要随时掌握实际值与计划值的偏差情况，并作出合理的施工进度计划调整。

影响项目进度目标实现的因素纷繁复杂，有项目管理方面的原因，也有人力无法预测和控制的自然原因，还有相互间配合上的原因。正是这些因素的影响，使得任何一个项目的施工进度计划，在执行过程中都不可避免地会显现出可变性和不均衡性等特点。影响进度目标实现的主要因素有以下几种。

(1)施工条件不利。施工中遇到比工程设计所预计的更为严重和不利的地质条件,而这些地质条件是有经验的技术人员和技术手段所不能预测的。这种地质条件所造成的不利的施工条件,将会严重影响进度目标的实现,甚至可能需要重新编制进度计划。因此,建设项目的前期工作必须细致可靠,尽可能不出现不利的施工条件。

(2)设计变更的影响。设计变更因素是对进度控制的最大影响因素,主要是工程设计与现场条件不符,或施工条件与工程设计要求不符,造成设计变更,将会使项目进展受阻或延缓施工进度。

(3)主要材料和主体设备供货进度与供货质量的影响。①交货进度延期;②运输进度未达到计划进度要求;③主要材料和主体设备的质量不满足合同规定的技术标准;④主体设备的制造、运输、验收未达到合同要求。

(4)资金保障不能满足进度计划要求。

(5)建设项目参与方的组织不当。任何一个参与方的组织不当,不仅会造成其本身的进度延误,而且往往会影响整个建设项目的进度计划,有时这种影响可能是相当严重的。

在施工进度计划开始实施以后,监理工程师必须经常评估和监督进度计划的实际执行情况,如果出现工期延误及实际进度的其他变化,则应将执行中的进度计划予以部分或全部的修改与调整。调整的工作内容及其调整期限应依据工程项目实际情况确定。调整进度计划的目的是使其符合变化了的实际情况,以保证施工进度计划的顺利实现。

第二节　施工进度计划的编制

一、施工进度计划的表示方法

建设工程进度计划的表示方法有多种,常用的有横道图和网络图两种表示方法。

(一)横道图

横道图也称甘特图、条线图,是美国人甘特在 20 世纪 20 年代提出来的。由于其形象、直观,易于编制和理解,因而长期以来被广泛应用于公路工程进度控制中。

用横道图表示的建设工程进度计划,一般包括两个部分,即左侧的工作名称及工作的持续时间等基本数据部分和右侧的横道线部分。图 3-2 即为用横道图表示的某桥梁工程施工进度计划。该计划明确地表示出各项工作的划分、工作的开始时间和完成时间、工作的持续时间、工作之间的相互搭接关系,以及整个工程项目的开工时间、完工时间和总工期。

利用横道图表示工程进度计划,存在下列缺点:

(1)不能明确地反映出各项工作之间错综复杂的相互关系,因而在计划执行过程中,当某些工作的进度由于某种原因提前或拖延时,不便于分析其对其他工作及总工期的影响程度,不利于建设工程进度的动态控制。

(2)不能明确地反映出影响工期的关键工作和关键线路,无法反映出整个工程项目的关键所在,因而不便于进度控制人员抓住主要矛盾。

(3)不能反映出工作所具有的机动时间,看不到计划的潜力所在,无法进行最合理的组织和指挥。

(4)不能反映工程费用与工期之间的关系,因而不便于缩短工期和降低工程成本。

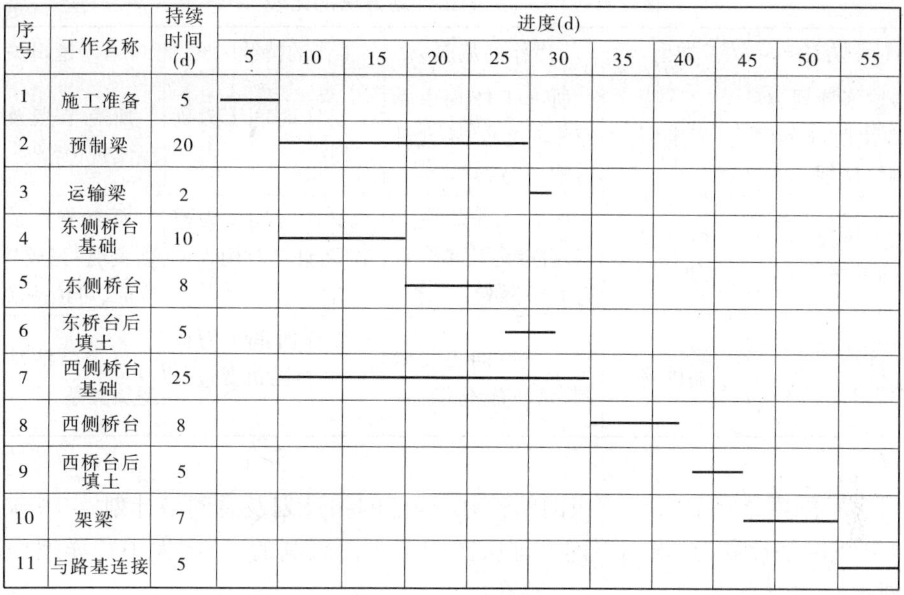

图 3-2　某桥梁工程施工进度横道计划

由于横道计划存在上述不足,因此给公路工程进度控制工作带来很大不便。即使进度控制人员在编制计划时已充分考虑了各方面的问题,在横道图上也不能全面地反映出来,特别是当工程项目规模大、工艺关系复杂时,横道图就很难充分暴露矛盾,而且在横道计划的执行过程中,对其进行调整也是十分烦琐和费时的。由此可见,利用横道计划控制公路工程进度有较大的局限性。

(二)网络图

公路工程进度计划用网络图来表示,可以使公路工程进度得到有效控制。国内外实践证明,网络计划技术是用于控制公路工程进度的最有效工具。无论是公路工程设计阶段的进度控制,还是施工阶段的进度控制,均可使用网络计划技术。

1. 网络计划的种类

网络计划技术自 20 世纪 50 年代末诞生以来,已得到迅速发展和广泛应用,其种类也越来越多。

按性质不同网络计划可分为肯定型和非肯定型两类。

(1)肯定型网络计划,是工作、工作之间的逻辑关系以及工作持续时间都是肯定的网络计划。《工程网络计划技术规程》(JGJ/T 121—99)只适用于这类肯定型网络计划。

(2)非肯定型网络计划,是工作、工作之间的逻辑关系和工作持续时间这三者间的任何一项或多项不肯定的网络计划。如计划评审技术(PERT)、图示评审技术(GERT)、风险评审技术(VERT)、决策关键线路图(DN)等均属于非肯定型网络计划。在一般情况下,公路工程进度控制主要应用肯定型网络计划。

我国《工程网络计划技术规程》(JGJ/T 121—99)推荐的常用工程网络计划类型包括双代号网络计划、单代号网络计划、双代号时标网络计划、单代号搭接网络计划。

表 3-1 是各类网络计划方法的比较。

表 3-1 各类网络计划方法的比较

网络计划方法	类型	工作的流向	工作的持续时间	逻辑关系
单代号网络计划、双代号网络计划和单代号搭接网络计划	肯定型	所有工作均由始点流向终点,不允许有圈(环路)	工作时间 t 为确定型	所有节点及活动都必须实现(完成)
计划评审技术(PERT)	概率型(非肯定型)	所有工作均由始点流向终点,不允许有圈(环路)	工作时间 t 为概率型,计算时用其期望值	所有节点及活动都必须实现(完成),但条件改变时,可预测实现概率
图示评审技术(GERT)	随机型	工作流向不受限制,允许有环路存在	工作时间 t 为概率型,按随机变量分析	节点与活动有不同的逻辑关系,不一定都实现

按层次不同网络计划分为分级网路计划、局部网络计划及总网络计划。

(1)分级网络计划,是根据不同管理层次的需要而编制的、范围大小和详细程度不同的网络计划。

(2)局部网络计划,是以计划任务的某一部分为对象的网络计划。

(3)总网络计划,是以整个计划任务为对象的网络计划。

2. 网络计划的特点

利用网络计划控制建设工程进度,可以弥补横道计划的许多不足之处。图 3-3 和图 3-4 分别为双代号网络计划和单代号网络计划表示的某桥梁工程施工进度计划。与横道计划相比,网络计划具有以下主要特点:

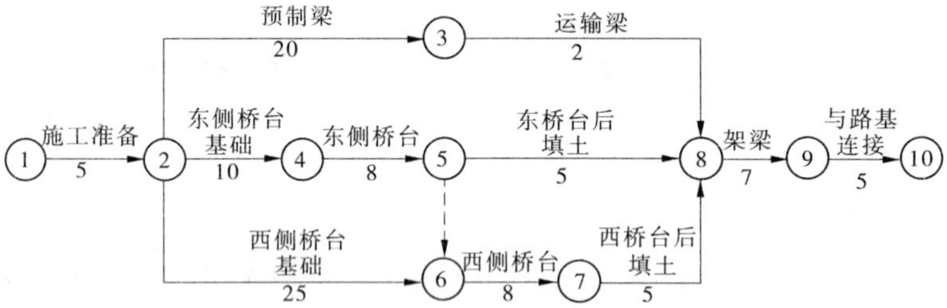

图 3-3 某桥梁工程施工进度双代号网络计划

(1)网络计划能够明确表达各项工作之间的逻辑关系。

所谓逻辑关系,是指各项工作之间的先后顺序关系。网络计划能够明确地表达各项工作之间的逻辑关系,对于分析各项工作之间的相互影响及处理它们之间的协作关系具有非常重要的意义,同时也是网络计划比横道计划先进的主要表现。

(2)通过网络计划时间参数的计算,可以找出关键线路和关键工作。

在关键线路法(CPM)中,关键线路是指在网络计划中从起点节点开始,沿箭线方向通过一系列箭线与节点,最后到达终点节点所形成的通路上所有工作持续时间总和最大的线路。关键线路上各项工作持续时间总和即为网络计划的工期。通过时间参数的计算,能够明确网络计划中的关键线路和关键工作,也就明确了工程进度控制中的工作重点,这对提高建设工程进度控制的效果具有非常重要的意义。

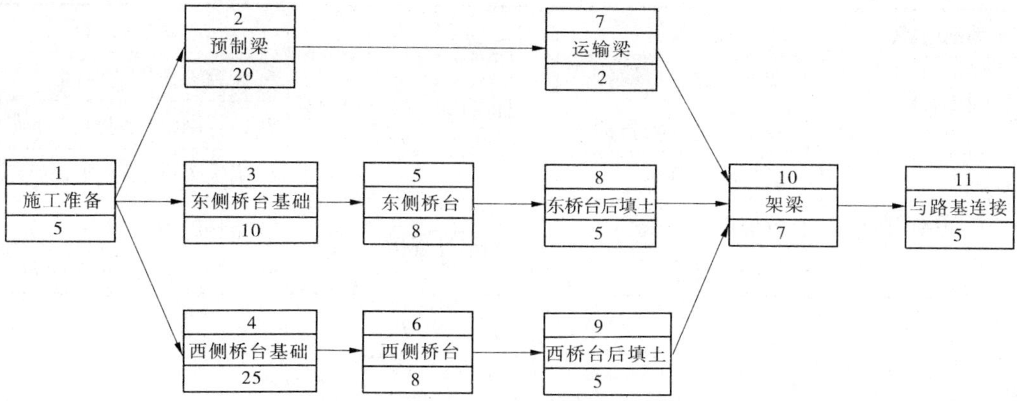

图3-4　某桥梁工程施工进度单代号网络计划

(3)通过网络计划时间参数的计算可以明确各项工作的机动时间。

所谓工作的机动时间，是指在执行进度计划时除完成任务所必需的时间外尚剩余的、可供利用的富余时间，亦称“时差”。在一般情况下，除关键工作外其他各项工作(非关键工作)均有富余时间。这种富余时间可视为一种“潜力”，既可以用来支援关键工作，也可以用来优化网络计划，降低单位时间资源需求量。

(4)网络计划可以利用电子计算机进行计算、优化和调整。

对进度计划进行优化和调整是工程进度控制工作中的一项重要内容。如果仅靠手工进行计算、优化和调整是非常困难的，必须借助于电子计算机，而且由于影响建设工程进度的因素有很多，只有利用电子计算机进行进度计划的优化和调整，才能适应实际变化的要求。网络计划就是这样一种模型，它能使进度控制人员利用电子计算机对工程进度计划进行计算、优化和调整。正是由于网络计划的这一特点，其成为最有效的进度控制方法，从而受到普遍重视。

当然，网络计划也有其不足之处，比如不像横道计划那么直观明了等，但这可以通过绘制时标网络计划得到弥补。

二、施工进度计划的编制程序

当应用网络计划技术编制工程进度计划时，其编制程序一般包括四个阶段十个步骤，如表3-2所示。

(一)计划准备阶段

1. 调查研究

调查研究的目的是掌握足够充分、准确的资料，从而为确定合理的进度目标、编制科学的进度计划提供可靠依据。调查研究的内容包括：①工程任务情况、实施条件、设计资源；②有关标准、定额、规程、制度；③资源需求与供应情况；④资金需求与供应情况；⑤有关统计资料、经验总结及历史资料等。

调查研究的方法有：①实际观察、测算、询问；②会议调查；③资料检索；④分析预测等。

表 3-2　工程进度计划编制程序

编制阶段	编制步骤	编制阶段	编制步骤
Ⅰ.计划准备阶段	1.调查研究	Ⅲ.计算时间参数及确定关键线路阶段	6.计算工作持续时间
	2.确定网络计划目标		7.计算网络计划时间参数
Ⅱ.绘制网络图阶段	3.进行项目分解		8.确定关键线路和关键工作
	4.分析逻辑关系	Ⅳ.网络计划优化阶段	9.优化网络计划
	5.绘制网络图		10.编制优化后网络计划

2.确定网络计划目标

网络计划的目标由工程项目的目标所决定,一般可分为以下三类。

1)时间目标

时间目标也即工期目标,是指建设工程合同中规定的工期或有关主管部门要求的工期。工期目标的确定应以建筑设计周期定额和建筑安装工程工期定额为依据,同时充分考虑类似工程实际进展情况、气候条件以及工程难易程度和建设条件的落实情况等因素。建设工程设计和施工进度安排必须以建筑设计周期定额和建筑安装工程工期定额为最高时限。

2)时间－资源目标

所谓资源,是指在工程建设过程中所需要投入的劳动力、原材料及施工机具等。在一般情况下,时间－资源目标分为两类:

(1)资源有限,工期最短。即在一种或几种资源供应能力有限的情况下,寻求工期最短的计划安排。

(2)工期固定,资源均衡。即在工期固定的前提下,寻求资源需用量尽可能均衡的计划安排。

3)时间－成本目标

时间－成本目标是指以限定的工期寻求最低成本或寻求最低成本时的工期安排。

(二)绘制网络图阶段

1.进行项目分解

将工程项目由粗到细进行分解,是编制网络计划的前提。如何进行工程项目的分解,工作划分的粗细程度如何,将直接影响到网络图的结构。对于控制性网络计划,其工作应划分得粗一些,而对于实施性网络计划,其工作应划分得细一些。工作划分的粗细程度,应根据实际需要来确定。

2.分析逻辑关系

分析各项工作之间的逻辑关系时,既要考虑施工程序或工艺技术过程,又要考虑组织安排或资源调配需要。对施工进度计划而言,分析其工作之间的逻辑关系时,应考虑:①施工工艺的要求;②施工方法和施工机械的要求;③施工组织的要求;④施工质量的要求;⑤当地的气候条件;⑥安全技术的要求。分析逻辑关系的主要依据是施工方案、有关资源供应情况和施工经验等。

3.绘制网络图

根据已确定的逻辑关系,即可按绘图规则绘制网络图。既可以绘制单代号网络图,也可以绘制双代号网络图,还可根据需要绘制双代号时标网络计划。

(三)计算时间参数及确定关键线路阶段

1. 计算工作持续时间

工作持续时间是指完成该工作所花费的时间。其计算方法有多种,既可以凭以往的经验进行估算,也可以通过试验推算。当有定额可用时,还可利用时间定额或产量定额并考虑工作面及合理的劳动组织进行计算。

1)时间定额

时间定额是指某种专业的工人班组或个人,在合理的劳动组织与合理使用材料的条件下,完成符合质量要求的单位产品所必需的工作时间,包括准备与结束时间、基本生产时间、辅助生产时间、不可避免的中断时间及工人必需的休息时间。时间定额通常以工日为单位,每一工日按 8 h 计算。

2)产量定额

产量定额是指在合理的劳动组织与合理使用材料的条件下,某种专业、某种技术等级的工人班组或个人在单位工日中所应完成的质量合格的产品数量。产量定额与时间定额成反比,两者互为倒数。

对于搭接网络计划,还需要按最优施工顺序及施工需要,确定出各项工作之间的搭接时间。如果有些工作有时间要求,则应确定其时限。

3)工作持续时间的估算

在网络计划图中,工作是指一项需要消耗一定资源(人力、物力、财力)、经过一定时间才能完成的具体工作。因此,每个计划任务的子项目或子任务的网络计划都必须计算作业时间,它是完成一项工作所需的时间,也就是工作的持续时间。工作持续时间是计算其他网络参数和正确确定项目工期的基础。

a. 工作持续时间估计的依据

(1)详细的建设项目工作列表。

(2)建设项目的约束和限制条件。建设项目的工作持续时间受到该工作有效使用资源情况的制约。

(3)历史信息。即有助于对项目工作时间估计的类似项目的工作资料。

b. 估计工作持续时间的主要方法

(1)定量计算法。当工作的工程量、施工条件、可能的工作效率等都能比较准确地确定时,就可以采用定量计算法。其估算公式为

$$D_i(D_{i-j}) = \frac{Q}{R \times S}$$

式中 $D_i(D_{i-j})$——工作持续时间,用月、旬、周、日、时等表示;

Q——工程量;

R——人数;

S——产量定额。

(2)经验估算法。在上述条件不具备时,可以根据类似项目的工作历史资料和有经验的专家分析估算工作持续时间,这种分析和判断的结果具有一定的不确定性和风险。

(3)单一时间估计法。当缺少项目的工作详细信息时,可以采用单一时间估计法。这

种方法是估计各项工作的持续时间,仅估计一个最有可能的工作持续时间,对应于关键线路法(CPM)估计时,应以完成该工作可能性最大的作业时间为准。

(4)三时估算法。对于非肯定型的网络计划,对应于计划评审技术(PERT),当含有高度的不确定性工作项目时,可采用三时估算法估算各项工作的持续时间。其理论依据是将时间 t 视为一个连续型的随机变量。所谓三时估算法,就是对于高度不确定性、较大的工作项目,可以预先估计三个时间值,然后应用概率理论和方法计算,确定工作的持续时间。这三种时间是:①以 a 表示工作的最乐观(最短)持续时间估计值;②以 b 表示工作的最悲观(最长)持续时间估计值;③以 c 表示工作的可能持续时间估计值,即在一般正常情况下的最大可能完成时间。

作业工作时间的平均值也是期望工时,计算如下

$$m = \frac{a + 4c + b}{6}$$

此时平均时间 m 值是一个考虑了工作持续时间不确定性因素的随机变量,可用方差表示工作时间概率分布的离散程度。

其方差的计算公式为

$$\delta^2 = \frac{b - a^2}{6}$$

其均方差的计算公式为

$$\delta = \frac{b - a}{6}$$

式中 δ 的数值越大,表明工作时间概率分布的离散程度就越大,期望值 m 的可靠性就越小;反之,若 δ 值越小,则 m 的可靠性就越大。

2. 计算网络计划时间参数

网络计划是指在网络图上加注各项工作的时间参数而成的工作进度计划。网络计划时间参数一般包括:工作最早开始时间、工作最早完成时间、工作最迟开始时间、工作最迟完成时间、工作总时差、工作自由时差、节点最早时间、节点最迟时间、相邻两项工作之间的时间间隔、计算工期等。应根据网络计划的类型及其使用要求选算上述时间参数。网络计划时间参数的计算方法有图上计算法、表上计算法、公式法等。

3. 确定关键线路和关键工作

在计算网络计划时间参数的基础上,便可根据有关时间参数确定网络计划中的关键线路和关键工作。

(四)网络计划优化阶段

1. 优化网络计划

当初始网络计划的工期满足所要求的工期及资源需用量能得到满足而无须进行网络优化时,初始网络计划即可作为正式的网络计划;否则,需要对初始网络计划进行优化。

根据所追求的目标不同,网络计划的优化包括工期优化、费用优化和资源优化三种,应根据工程的实际需要选择不同的优化方法。

2. 编制优化后网络计划

根据网络计划的优化结果,便可绘制优化后的网络计划,同时编制网络计划说明书。网

络计划说明书的内容应包括:编制原则和依据,主要计划指标一览表,执行计划的关键问题,需要解决的主要问题及其主要措施,以及其他需要说明的主要问题。

三、施工进度计划的编制

(一)横道图进度计划的编制方法

1. 横道图进度计划的编制

横道图是一种传统的进度计划方法。横道图是一个二维的平面图,横向表示进度并与时间相对应,纵向表示工作名称,如图 3-5 所示。

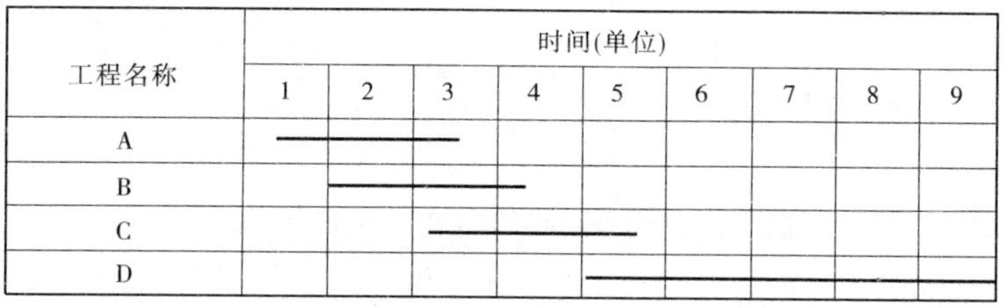

图 3-5　横道图

在图 3-5 中每一水平横道线显示每项工作的开始时间和结束时间,每一个横道的长度表示该项工作的持续时间。在表示时间的横向方向上,根据项目计划的需要,度量项目进度的时间单位可以用月、旬、周或天表示。

2. 横道图的适用范围

横道图计划直观、简单、容易操作、便于理解,其适用范围如下:

(1)在大型建设项目中,可广泛用于建设项目高层管理人员了解项目建设的各有关部位的进展情况,便于研究和决策。

(2)在建设项目前期的工作报告中,用横道图计划可向建设项目的决策者提供以相对独立的工作环节为分块的进度计划,对于建设项目的决策有一定的参考作用。

(3)在建设项目实施过程中,横道图计划可以用于 WBS 的任何层次的进度控制,即将实际进度以同样的条形在同一个横道图的工作内容的横道上表示出来,可以十分直观地对比实际进度与计划进度间的偏离。

(4)可用于资源的优化和编制资源及费用计划。

(二)工程网络计划的绘制

1. 基本概念

1)网络图和工作

网络图是由箭线和节点组成,用来表示工作流程的有向、有序网状图形。一个网络图表示一项计划任务。网络图中的工作是计划任务按需要粗细程度划分而成的,工作可以是单位工程,也可以是分部工程、分项工程,一个施工过程也可以作为一项工作。在一般情况下,完成一项工作既需要消耗时间,又需要消耗劳动力、原材料、施工机具等资源。但也有一些工作只消耗时间而不消耗资源,如混凝土浇筑后的养护过程和墙面抹灰后的干燥过程等。

网络图有双代号网络图和单代号网络图两种。双代号网络图又称箭线式网络图,它是以箭线及其两端节点的编号表示工作的;同时,节点表示工作的开始或结束以及工作之间的连接状态。单代号网络图又称节点式网络图,它是以节点及其编号表示工作的,箭线表示工作之间的逻辑关系。网络图中工作的表示方法如图 3-6 和图 3-7 所示。

图 3-6　双代号网络图中工作的表示方法

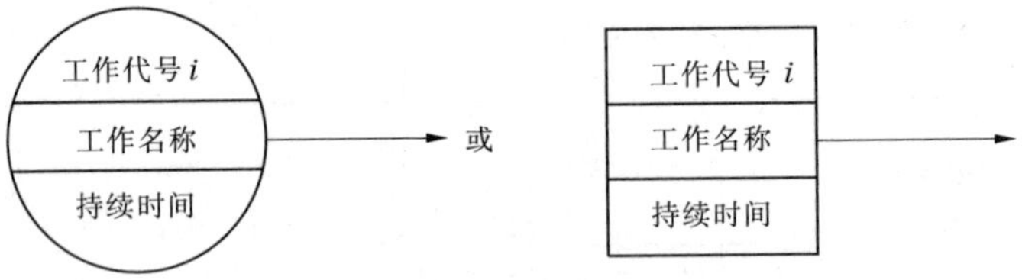

图 3-7　单代号网络图中工作的表示方法

网络图中的节点都必须有编号，其编号严禁重复，并应使每一条箭线上箭尾节点编号小于箭头节点编号。

在双代号网络图中，一项工作必须有唯一的箭线和相应的一对箭尾、箭头节点编号。因此，一项工作的名称可以用其箭尾和箭头节点编号来表示。而在单代号网络图中，一项工作必须有唯一的节点及相应的代号，该工作的名称可以用其节点编号来表示。

在双代号网络图中，有时存在虚箭线，虚箭线不代表实际工作，我们称之为虚工作。虚工作既不消耗时间，也不消耗资源。虚工作主要用来表示相邻两项工作之间的逻辑关系。有时为了避免两项同时开始、同时进行的工作具有相同的开始节点和完成节点，也需要用虚工作加以区分。

在单代号网络图中，虚工作只能出现在网络图的起点节点或终点节点处。

2) 工艺关系和组织关系

工艺关系和组织关系是工作之间先后顺序关系——逻辑关系的组成部分。

(1) 工艺关系。

生产性工作之间由工艺过程决定、非生产性工作之间由工作程序决定的先后顺序关系称为工艺关系。如图 3-8 所示，支模 1→扎筋 1→混凝土 1 为工艺关系。

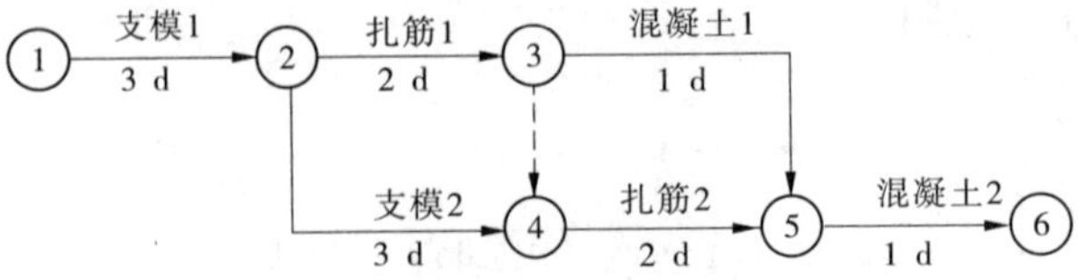

图 3-8　某混凝土工程双代号网络计划

(2) 组织关系。

工作之间由于组织安排需要或资源(劳动力、原材料、施工机具等)调配需要而规定的先后顺序关系称为组织关系。如图 3-8 所示，支模 1→支模 2、扎筋 1→扎筋 2 等为组织关系。

3）紧前工作、紧后工作和平行工作

（1）紧前工作。

在网络图中，相对于某工作而言，紧排在该工作之前的工作称为该工作的紧前工作。在双代号网络图中，工作与其紧前工作之间可能有虚工作存在。如图 3-8 所示，支模 1 是支模 2 在组织关系上的紧前工作；扎筋 1 和扎筋 2 之间虽然存在虚工作，但扎筋 1 仍然是扎筋 2 在组织关系上的紧前工作。支模 1 则是扎筋 1 在工艺关系上的紧前工作。

（2）紧后工作。

在网络图中，相对于某工作而言，紧排在该工作之后的工作称为该工作的紧后工作。在双代号网络图中，工作与其紧后工作之间也可能有虚工作存在。如图 3-8 所示，扎筋 2 是扎筋 1 在组织关系上的紧后工作；混凝土 1 是扎筋 1 在工艺关系上的紧后工作。

（3）平行工作。

在网络图中，相对于某工作而言，可以与该工作同时进行的工作即为该工作的平行工作。如图 3-8 所示，扎筋 1 和支模 2 互为平行工作。

紧前工作、紧后工作及平行工作是工作之间逻辑关系的具体表现，只要能根据工作之间的工艺关系和组织关系明确其紧前关系或紧后关系，即可据此绘出网络图。它是正确绘制网络图的前提条件。

4）先行工作和后续工作

（1）先行工作。

相对于某工作而言，从网络图的第一个节点（起点节点）开始，顺箭头方向经过一系列箭线与节点到达该工作为止的各条通路上的所有工作，都称为该工作的先行工作。如图 3-8所示，支模 1、扎筋 1，混凝土 1、支模 2、扎筋 2 均为混凝土 2 的先行工作。

（2）后续工作。

相对于某工作而言，从该工作之后开始，顺箭头方向经过一系列箭线与节点到网络图最后一个节点（终点节点）的各条通路上的所有工作，都称为该工作的后续工作。如图 3-8 所示，扎筋 1 的后续工作有混凝土 1、扎筋 2 和混凝土 2。

在建设工程进度控制中，后续工作是一个非常重要的概念。因为在工程网络计划的实施过程中，如果发现某项工作进度出现拖延，则受到影响的工作必然是该工作的后续工作。

5）线路、关键线路和关键工作

（1）线路。

网络图中从起点节点开始，沿箭头方向顺序通过一系列箭线与节点，最后到达终点节点的通路称为线路。线路既可依次用该线路上的节点编号来表示，也可依次用该线路上的工作名称来表示。如图 3-8 所示，该网络图中有三条线路，这三条线路既可表示为①—②—③—⑤—⑥、①—②—③—④—⑤—⑥和①—②—④—⑤—⑥，也可表示为支模 1→扎筋 1→混凝土 1→混凝土 2、支模 1→扎筋 1→扎筋 2→混凝土 2 和支模 1→支模 2→扎筋 2→混凝土 2。

（2）关键线路和关键工作。

在关键线路法（CPM）中，线路上所有工作的持续时间总和称为该线路的总持续时间。总持续时间最长的线路称为关键线路，关键线路的长度就是网络计划的总工期。如图 3-8 所示，线路①—②—④—⑤—⑥或支模 1→支模 2→扎筋 2→混凝土 2 为关键线路。

在网络计划中，关键线路可能不止一条，而且在网络计划执行过程中，关键线路还会发生转移。

关键线路上的工作称为关键工作。在网络计划的实施过程中，关键工作的实际进度提前或拖后，均会对总工期产生影响。因此，关键工作的实际进度是建设工程进度控制工作中的重点。

2. 网络图的绘制

1）双代号网络图的绘制

a. 绘图规则

在绘制双代号网络图时，一般应遵循以下基本规则：

（1）网络图必须按照已确定的逻辑关系绘制。由于网络图是有向、有序网状图形，所以其必须严格按照工作之间的逻辑关系绘制，这同时也是为保证工程质量和资源优化配置及合理使用所必需的。例如，已知工作之间的逻辑关系如表 3-3 所示，绘出网络图 3-9（a）则是错误的，因为工作 A 不是工作 D 的紧前工作。此时，可用虚箭线将工作 A 和工作 D 的联系断开，如图 3-9（b）所示。

表 3-3　逻辑关系表

工作	A	B	C	D
紧前工作	—	—	A、B	B

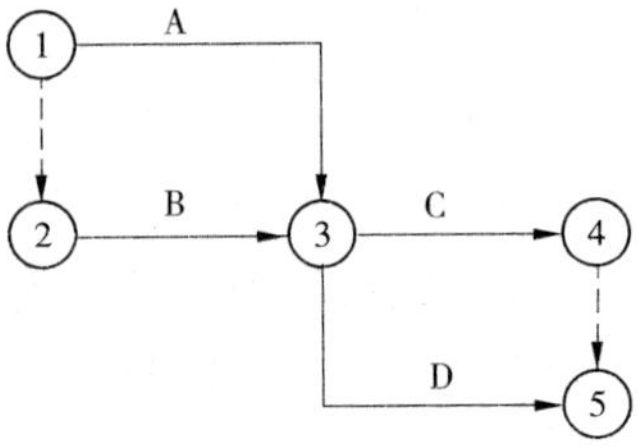

(a)错误画法

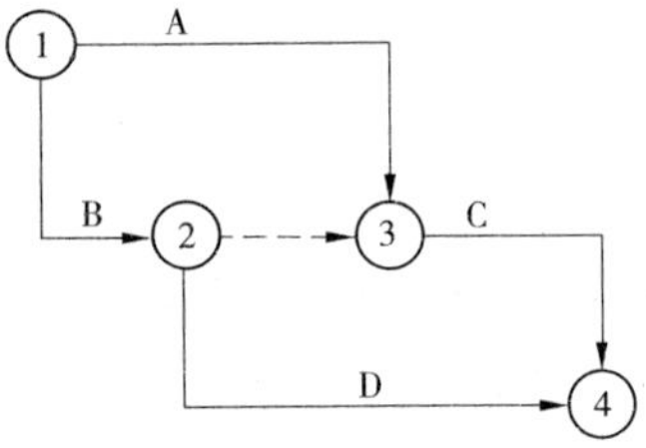

(b)正确画法

图 3-9　按表 3-3 绘制的网络图

（2）网络图中严禁出现从一个节点出发，顺箭头方向又回到原出发节点的循环回路。如果出现循环回路，会造成逻辑关系混乱，使工作无法按顺序进行。如图 3-10 所示，网络图中存在不允许出现的循环回路 BCGF。当然，此时节点编号也发生错误。

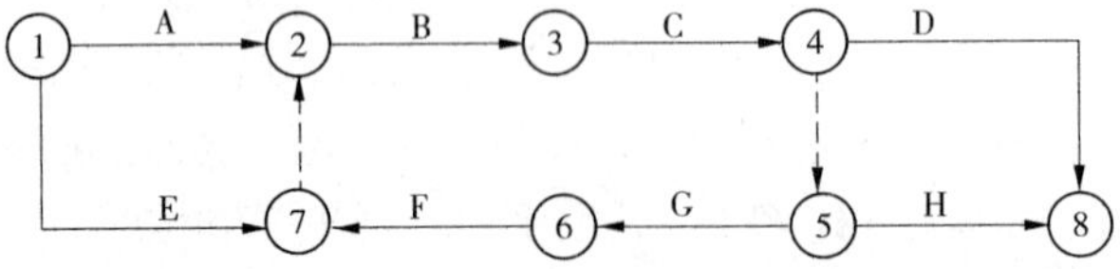

图 3-10　存在循环回路的错误网络图

（3）网络图中的箭线（包括虚箭线，以下同）应保持自左向右的方向，不应出现箭头指向左方的水平箭线和箭头偏向左方的斜向箭线。若遵循该规则绘制网络图，就不会出现循环回路。

(4)网络图中严禁出现双向箭头和无箭头的连线。图 3-11 所示即为错误的工作箭线画法,因为工作进行的方向不明确,因而不能达到网络图有向的要求。

(a)双向箭头　　(b)无箭头

图 3-11　错误的工作箭线画法

(5)网络图中严禁出现没有箭尾节点的箭线和没有箭头节点的箭线。图 3-12 即为错误的画法。

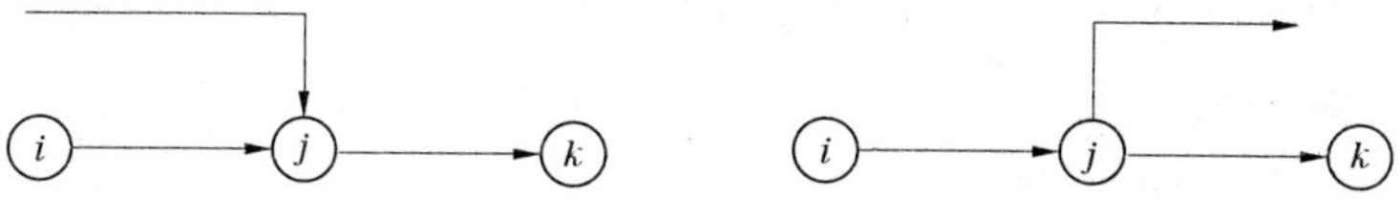

(a)存在没有箭尾节点的箭线　　(b)存在没有箭头节点的箭线

图 3-12　错误的画法(一)

(6)严禁在箭线上引入或引出箭线,图 3-13 即为错误的画法。

(a)在箭线上引入箭线　　(b)在箭线上引出箭线

图 3-13　错误的画法(二)

但当网络图的起点节点有多条箭线引出(外向箭线)或终点节点有多条箭线引入(内向箭线)时,为使图形简洁,可用母线法绘图。即将多条箭线经一条共用的垂直线段从起点节点引出,或将多条箭线经一条共用的垂直线段引入终点节点,如图 3-14 所示。对于特殊线型的箭线,如粗箭线、双箭线、虚箭线、彩色箭线等,可在从母线上引出的支线上标出。

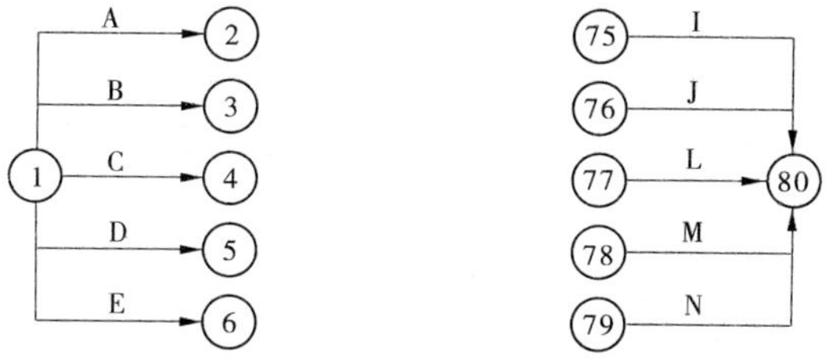

图 3-14　母线法

(7)应尽量避免网络图中工作箭线的交叉。当交叉不可避免时,可以采用过桥法或指向法处理,如图 3-15 所示。

(8)网络图中应只有一个起点节点和一个终点节点(任务中部分工作需要分期完成的网络计划除外)。除网络图的起点节点和终点节点外,不允许出现没有外向箭线的节点和没有内向箭线的节点。图 3-16 所示网络图中有两个起点节点①和②,两个终点节点⑦和

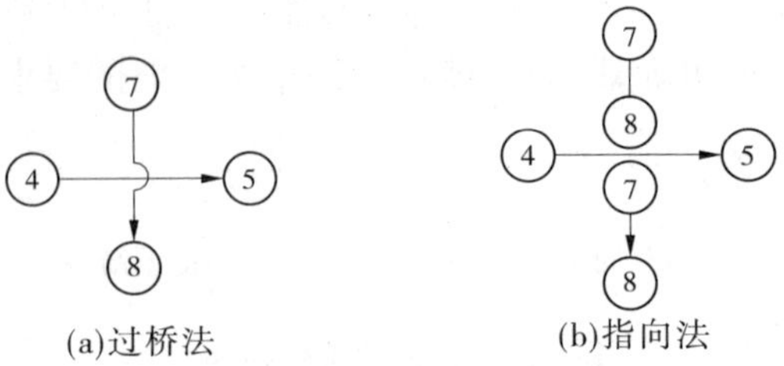

图 3-15　箭线交叉的表示方法

⑧,因此是错误的。

该网络图的正确画法如图 3-17 所示,即将节点①和②合并为一个起点节点,将节点⑦和⑧合并为一个终点节点。

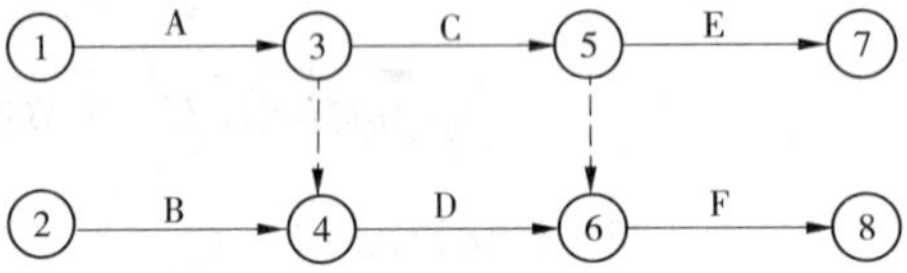

图 3-16　存在多个起点节点和多个终点节点的错误网络图

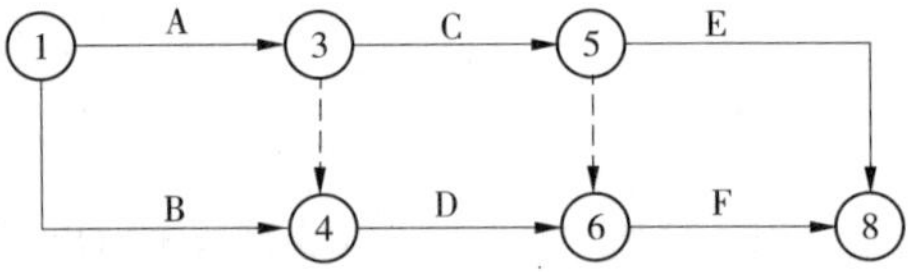

图 3-17　正确的网络图

b. 绘图方法

当已知每一项工作的紧前工作时,可按下述步骤绘制双代号网络图:

(1)绘制没有紧前工作的工作箭线,使它们具有相同的开始节点,以保证网络图只有一个起点节点。

(2)依次绘制其他工作箭线。这些工作箭线的绘制条件是其所有紧前工作箭线都已经绘制出来。在绘制这些工作箭线时,应按下列原则进行:

①当所要绘制的工作只有一项紧前工作时,则将该工作箭线直接画在其紧前工作箭线之后即可。

②当所要绘制的工作有多项紧前工作时,应按以下四种情况分别予以考虑:

ⅰ. 对于所要绘制的工作(本工作)而言,如果在其紧前工作之中存在一项只作为本工作紧前工作的工作(即在紧前工作栏目中,该紧前工作只出现一次),则应将本工作箭线直接画在该紧前工作箭线之后,然后用虚箭线将其他紧前工作箭线的箭头节点与本工作箭线的箭尾节点分别相连,以表达它们之间的逻辑关系。

ⅱ. 对于所要绘制的工作(本工作)而言,如果在其紧前工作之中存在多项工作为本工作紧前工作的工作,应先将这些紧前工作箭线的箭头节点合并,再从合并后的节点开始,画出本工作箭线,最后用虚箭线将其他紧前工作箭线的箭头节点与本工作箭线的箭尾节点分别相连,以表达它们之间的逻辑关系。

ⅲ. 对于所要绘制的工作(本工作)而言,如果不存在情况ⅰ和情况ⅱ,应判断本工作的所有紧前工作是否都同时作为其他工作的紧前工作(即在紧前工作栏目中,这几项紧前工作是否均同时出现若干次)。如果上述条件成立,应先将这些紧前工作箭线的箭头节点合并,再从合并后的节点开始画出本工作箭线。

ⅳ. 对于所要绘制的工作(本工作)而言,如果不存在情况ⅰ、ⅱ、ⅲ,则应将本工作箭线单独画在其紧前工作箭线之后的中部,然后用虚箭线将其各紧前工作箭线的箭头节点与本工作箭线的箭尾节点分别相连,以表达它们之间的逻辑关系。

(3)当各项工作箭线都绘制出来之后,应合并那些没有紧后工作的工作箭线的箭头节点,以保证网络图只有一个终点节点(多目标网络计划除外)。

(4)当确认所绘制的网络图正确后,即可进行节点编号。网络图的节点编号在满足前述要求的前提下,既可采用连续的编号方法,也可采用不连续的编号方法,如1、3、5、…或5、10、15、…,以避免以后增加工作时而改动整个网络图的节点编号。

以上所述是已知每一项工作的紧前工作时的绘图方法,当已知每一项工作的紧后工作时,也可按类似的方法进行网络图的绘制,只是其绘图顺序由前述的从左向右改为从右向左。

2)单代号网络图的绘制

单代号网络图以节点表示工作,而箭线及其上面的时距符号表示相邻工作间的逻辑关系,如图3-18所示。单代号网络图的绘图规则与双代号网络图的绘图规则基本相同,主要区别在于:

当网络图中有多项开始工作时,应增设一项虚拟的工作(S),作为该网络图的起点节点;当网络图中有多项结束工作时,应增设一项虚拟的工作(F),作为该网络图的终点节点。如图3-18所示,其中工作S和工作F为虚拟工作。

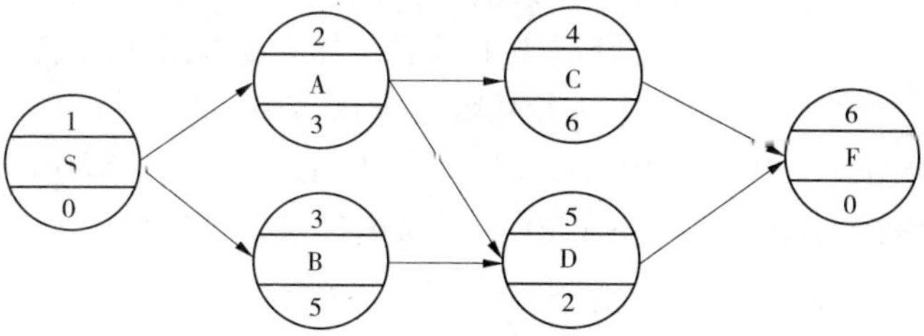

图3-18 具有虚拟起点节点和终点节点的单代号网络图

(1)单代号网络图中每一节点表示一项工作,宜用圆圈或矩形表示。节点所表示的工作名称、持续时间和工作代号等应标注在节点内。如图3-7所示,一项工作必须有唯一的节点及相应的编号。由于工作代号只有一个,所以称为"单代号"。

(2)单代号网络图中的箭线表示工作之间的逻辑关系。箭线可以是直线、折线,箭线的水平投影方向应自左向右,表示工作的进展方向。单代号网络图中不设虚箭线。

(3)单代号网络计划技术无须用到虚活动,所以相对比较易画易读,具有便于检查修改等优点,所以在有些项目管理中也有采用。

3)双代号时标网络图的绘制

(1)双代号时标网络计划的全称为双代号时间坐标网络计划,是以时间坐标为尺度编制的网络计划。这种网络计划图可简称为时标图,如图 3-19 所示。

①时标图兼有横道图的直观性和网络图的逻辑性,在工程实践中应用比较普遍,在实施网络计划时,其应用面甚至大于无时标网络计划。

②时标图中的工作以实箭线表示,节点中心必须对准相应的时标位置。虚工作以虚箭线表示,有自由时差时加波形线表示。

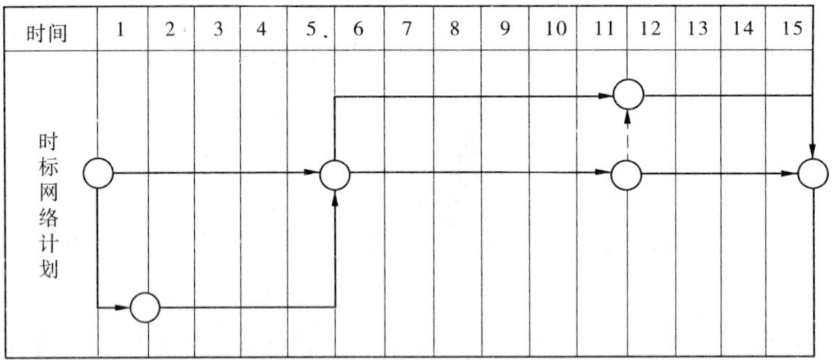

图 3-19 双代号时标网络计划图

(2)双代号时标网络计划的编制。

①在编制时标图之前,应先按已确定的时间单位绘出时间坐标。

②时标图宜按最早时间编制。

③无论采用何种方法编制时标图,均应首先绘制无时标网络计划草图。

4)单代号搭接网络图的绘制

上述三种网络计划,其工作之间的逻辑关系都是一种衔接关系,即紧前工作完成之后紧后工作就可以开始,紧前工作的完成为紧后工作的开始创造条件。但实际上,可能会出现另外一种情况,即紧后工作的开始并不以紧前工作的完成为前提,只要紧前工作开始一段时间以后,紧前工作虽然尚未完成但已经提供了紧后工作开始工作的条件,紧后工作就可以在这种条件下与紧前工作平行进行。这种关系就称为搭接关系。

(1)在搭接网络计划中,工作间的逻辑关系是由相邻两工作之间的不同时距决定的。时距就是相邻工作的时间差距。图 3-20 所示为单代号搭接网络计划。

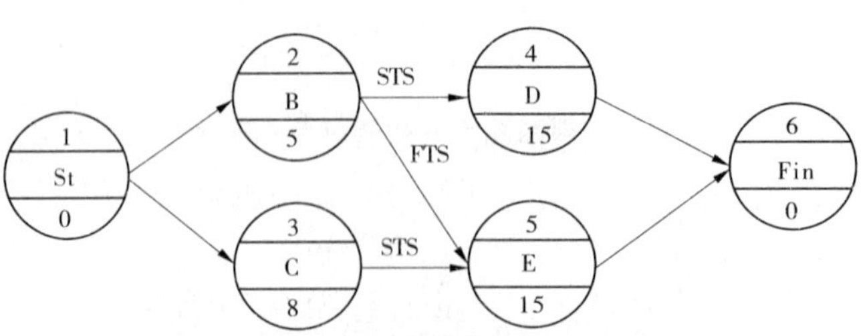

图 3-20 单代号搭接网络计划

(2)在单代号搭接网络计划中,箭线上面的符号仅表示相关工作之间的时距。其中,起点节点 St 和终点节点 Fin 为虚拟节点。节点的标注应与单代号网络图相同。

(三)网络计划时间参数的计算

所谓网络计划,是指在网络图上加注时间参数而编制的进度计划。网络计划时间参数的计算应在各项工作的持续时间确定之后进行。

1. 网络计划时间参数的概念

所谓时间参数,是指网络计划、工作及节点所具有的各种时间值。

1)工作持续时间和工期

a. 工作持续时间

工作持续时间是指一项工作从开始到完成的时间。在双代号网络计划中,工作 $i—j$ 的持续时间用 D_{i-j} 表示;在单代号网络计划中,工作 i 的持续时间用 D_i 表示。

b. 工期

工期泛指完成一项任务所需要的时间。在网络计划中,工期一般有以下三种:

(1)计算工期。计算工期是根据网络计划时间参数计算而得到的工期,用 T_c 表示。

(2)要求工期。要求工期是任务委托人所指出的指令性工期,用 T_r 表示。

(3)计划工期。计划工期是指根据要求工期和计算工期所确定的作为实施目标的工期,用 T_p 表示。

①若已规定了要求工期,计划工期不应超过要求工期,即

$$T_p < T_r \tag{3-1}$$

②若未规定要求工期,可令计划工期等于计算工期,即

$$T_p = T_c \tag{3-2}$$

2)工作的六个时间参数

除工作持续时间外,网络计划中工作的六个时间参数是:最早开始时间、最早完成时间、最迟完成时间、最迟开始时间、总时差和自由时差。

a. 最早开始时间和最早完成时间

工作的最早开始时间是指在其所有紧前工作全部完成后,本工作有可能开始的最早时刻。工作的最早完成时间是指在其所有紧前工作全部完成后,本工作有可能完成的最早时刻。工作的最早完成时间等于本工作的最早开始时间与其持续时间之和。

在双代号网络计划中,工作 $i—j$ 的最早开始时间和最早完成时间分别用 ES_{i-j} 和 EF_{i-j} 表示;在单代号网络计划中,工作 i 的最早开始时间和最早完成时间分别用 ES_i 和 EF_i 表示。

b. 最迟完成时间和最迟开始时间

工作的最迟完成时间是指在不影响整个任务按期完成的前提下,本工作必须完成的最迟时刻。工作的最迟开始时间是指在不影响整个任务按期完成的前提下,本工作必须开始的最迟时刻。工作的最迟开始时间等于本工作的最迟完成时间与其持续时间之差。

在双代号网络计划中,工作 $i—j$ 的最迟完成时间和最迟开始时间分别用 LF_{i-j} 和 LS_{i-j} 表示;在单代号网络计划中,工作 i 的最迟完成时间和最迟开始时间分别用 LF_i 和 LS_i 表示。

c. 总时差和自由时差

工作的总时差是指在不影响总工期的前提下,本工作可以利用的机动时间。但是在网络计划的执行过程中,如果利用某项工作的总时差,则有可能使该工作后续工作的总时差减小。在双代号网络计划中,工作 $i—j$ 的总时差用 TF_{i-j} 表示;在单代号网络计划中,工作 i 的总时差用 TF_i 表示。

工作的自由时差是指在不影响总工期的前提下,本工作可以利用的机动时间。但是在

网络计划的执行过程中，工作的自由时差是该工作可以自由使用的时间。在双代号网络计划中，工作 i—j 的自由时差用 FF_{i-j} 表示；在单代号网络计划中，工作 i 的自由时差用 FF_i 表示。

从总时差和自由时差的定义可知，对于同一项工作而言，自由时差不会超过总时差。当工作的总时差为零时，其自由时差必然为零。

3）节点最早时间和节点最迟时间

a. 节点最早时间

节点最早时间是指在双代号网络计划中，以该节点为开始节点的各项工作的最早开始时间。节点 i 的最早时间用 ET_i 表示。

b. 节点最迟时间

节点最迟时间是指在双代号网络计划中，以该节点为完成节点的各项工作的最迟完成时间。节点 j 的最迟时间用 LT_j 表示。

4）相邻两项工作之间的时间间隔

相邻两项工作之间的时间间隔是指本工作的最早完成时间与其紧后工作最早开始时间之间可能存在的差值。工作 i 与工作 j 之间的时间间隔用 $LAG_{i,j}$ 表示。

2. 双代号网络计划时间参数的计算

双代号网络计划的时间参数既可以按工作计算，也可以按节点计算，下面分别以简例说明。

1）按工作计算法

所谓按工作计算法，就是以网络计划中的工作为对象，直接计算各项工作的时间参数。这些时间参数包括最早开始时间、最早完成时间、最迟完成时间、最迟开始时间、总时差和自由时差。此外，还应计算网络计划的计算工期。

为了简化计算，网络计划时间参数中的开始时间和完成时间都应以时间单位的终了时刻为标准。如第 3 天开始即是指第 3 天终了（下班）时刻开始，实际上是第 4 天上班时刻才开始；第 5 天完成即是指第 5 天终了（下班）时刻完成。

下面以图 3-21 所示双代号网络计划为例，说明按工作计算法计算时间参数的过程，其计算结果如图 3-22 所示。

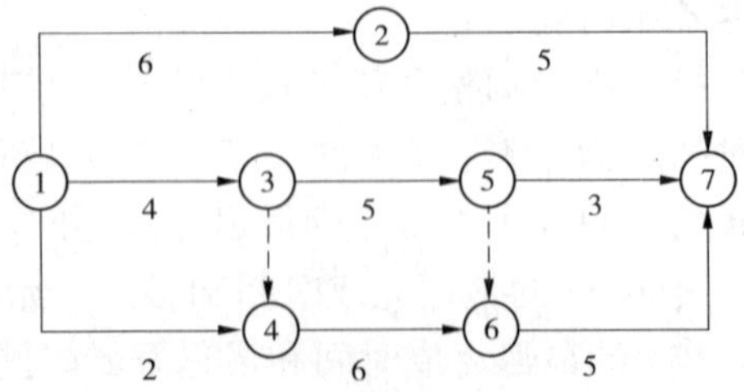

图 3-21　双代号网络计划

a. 计算工作的最早开始时间和最早完成时间

工作最早开始时间和最早完成时间的计算应从网络计划的起点节点开始，顺着箭线方向依次进行。其计算步骤如下：

（1）以网络计划起点节点为开始节点的工作，当未规定其最早开始时间时，其最早开始

时间为零。例如在本例中，工作1—2、工作1—3和工作1—4的最早开始时间都为零，即

$$ES_{1-2} = ES_{1-3} = ES_{1-4} = 0$$

(2)工作的最早完成时间可利用式(3-3)进行计算

$$EF_{i-j} = ES_{i-j} + D_{i-j} \tag{3-3}$$

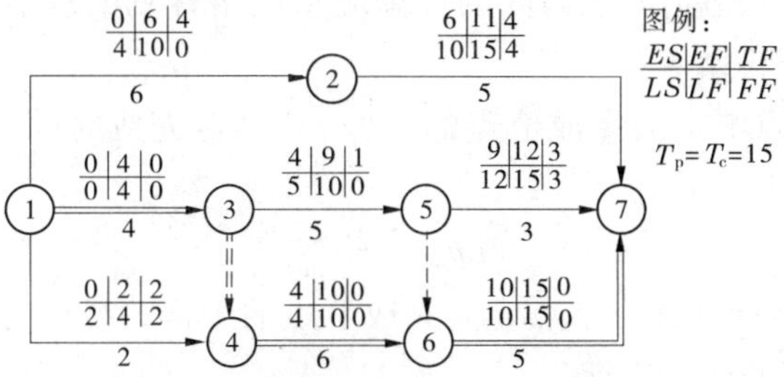

图3-22　双代号网络计划(六时标注法)

式中　EF_{i-j}——工作i—j的最早完成时间；

ES_{i-j}——工作i—j的最早开始时间；

D_{i-j}——工作i—j的持续时间。

例如在本例中，工作1—2、工作1—3和工作1—4的最早完成时间分别为

$$EF_{1-2} = ES_{1-2} + D_{1-2} = 0 + 6 = 6$$

$$EF_{1-3} = ES_{1-3} + D_{1-3} = 0 + 4 = 4$$

$$EF_{1-4} = ES_{1-4} + D_{1-4} = 0 + 2 = 2$$

(3)其他工作的最早开始时间应等于其紧前工作最早完成时间的最大值，即

$$EF_{i-j} = \max\{EF_{h-i}\} = \max\{ES_{h-i} + D_{h-i}\} \tag{3-4}$$

式中　EF_{h-i}——工作i—j的紧前工作h—i(非虚工作)的最早完成时间；

ES_{h-i}——工作i—j的紧前工作h—i(非虚工作)的最早开始时间；

D_{h-i}——工作i—j的紧前工作h—i(非虚工作)的持续时间。

例如在本例中，工作3—5和工作4—6的最早开始时间分别为

$$ES_{3-5} = EF_{1-3} = 4$$

$$ES_{4-6} = \max\{EF_{1-3}, EF_{1-4}\} = \max\{4,2\} = 4$$

(4)网络计划的计算工期应等于以网络计划终点节点为完成节点的工作的最早完成时间的最大值，即

$$T_c = \max\{EF_{i-n}\} = \max\{ES_{i-n} + D_{i-n}\} \tag{3-5}$$

式中　T_c——网络计划的计算工期；

EF_{i-n}——以网络计划终点节点n为完成节点的工作的最早完成时间；

ES_{i-n}——以网络计划终点节点n为完成节点的工作的最早开始时间；

D_{i-n}——以网络计划终点节点n为完成节点的工作的持续时间。

在本例中，网络计划的计算工期为

$$T_c = \max\{EF_{2-7}, EF_{5-7}, EF_{6-7}\} = \max\{11,12,15\} = 15$$

b.确定网络计划的计划工期

网络计划的计划工期应按式(3-1)或式(3-2)确定。在本例中，假设未规定要求工期，则

其计划工期就等于计算工期,即

$$T_p = T_c = 15$$

计划工期应标注在网络计划终点节点的右上方,如图3-22所示。

c.计算工作的最迟完成时间和最迟开始时间

工作最迟完成时间和最迟开始时间的计算应从网络计划的终点节点开始,逆着箭线方向依次进行。其计算步骤如下:

(1)以网络计划终点节点为完成节点的工作,其最迟完成时间等于网络计划的计划工期,即

$$LF_{i-n} = T_p \tag{3-6}$$

式中 LF_{i-n}——以网络计划终点节点 n 为完成节点的工作的最迟完成时间;

T_p——网络计划的计划工期。

例如在本例中,工作2—7、工作5—7和工作6—7的最迟完成时间为

$$LF_{2-7} = LF_{5-7} = LF_{6-7} = 15$$

(2)工作的最早开始时间可利用式(3-7)进行计算

$$LS_{i-j} = LF_{i-j} - D_{i-j} \tag{3-7}$$

式中 LS_{i-j}——工作 $i—j$ 的最迟开始时间;

LF_{i-j}——工作 $i—j$ 的最迟完成时间;

D_{i-j}——工作 $i—j$ 的持续时间。

例如在本例中,工作2—7、工作5—7和工作6—7的最迟开始时间分别为

$$LS_{2-7} = LF_{2-7} - D_{2-7} = 15 - 5 = 10$$
$$LS_{5-7} = LF_{5-7} - D_{5-7} = 15 - 3 = 12$$
$$LS_{6-7} = LF_{6-7} - D_{6-7} = 15 - 5 = 10$$

(3)其他工作的最迟完成时间应等于其紧后工作最迟开始时间的最小值,即

$$LF_{i-j} = \min\{LS_{j-k}\} = \min\{LF_{j-k} - D_{j-k}\} \tag{3-8}$$

式中 LF_{i-j}——工作 $i—j$ 的最迟完成时间;

LS_{j-k}——工作 $i—j$ 的紧后工作 $j—k$(非虚工作)的最迟开始时间;

LF_{j-k}——工作 $i—j$ 的紧后工作 $j—k$(非虚工作)的最迟完成时间;

D_{j-k}——工作 $i—j$ 的紧后工作 $j—k$(非虚工作)的持续时间。

例如在本例中,工作3—5和工作4—6的最迟完成时间分别为

$$LF_{3-5} = \min\{LS_{5-7}, LS_{6-7}\} = \min\{12, 10\} = 10$$
$$LF_{4-6} = LS_{6-7} = 10$$

d.计算工作的总时差

工作的总时差等于该工作最迟完成时间与最早完成时间之差,或该工作最迟开始时间与最早开始时间之差,即

$$TF_{i-j} = LF_{i-j} - EF_{i-j} = LS_{i-j} - ES_{i-j} \tag{3-9}$$

式中 TF_{i-j}——工作 $i—j$ 的总时差;

其余符号意义同前。

例如在本例中,工作3—5的总时差为

$$TF_{3-5} = LF_{3-5} - EF_{3-5} = 10 - 9 = 1 \quad 或 \quad TF_{3-5} = LS_{3-5} - ES_{3-5} = 5 - 4 = 1$$

e. 计算工作的自由时差

工作自由时差的计算应按以下两种情况分别考虑：

（1）对于有紧后工作的工作，其自由时差等于本工作的紧后工作最早开始时间减本工作最早完成时间所得之差的最小值，即

$$\begin{aligned} FF_{i-j} &= \min\{ES_{j-k} - EF_{i-j}\} \\ &= \min\{ES_{j-k} - ES_{i-j} - D_{i-j}\} \end{aligned} \tag{3-10}$$

式中 FF_{i-j}——工作 i—j 的自由时差；

ES_{j-k}——工作 i—j 的紧后工作 j—k（非虚工作）的最早开始时间；

EF_{i-j}——工作 i—j 的最早完成时间；

ES_{i-j}——工作 i—j 的最早开始时间；

D_{i-j}——工作 i—j 的持续时间。

例如在本例中，工作 1—4 和工作 3—5 的自由时差分别为

$$FF_{1-4} = ES_{1-4} - EF_{1-4} = 4 - 2 = 2$$

$$\begin{aligned} FF_{3-5} &= \min\{ES_{5-7} - EF_{5-7}, ES_{6-7} - EF_{6-7}\} \\ &= \min\{9 - 9, 10 - 9\} \\ &= 0 \end{aligned}$$

（2）对于无紧后工作的工作，也就是以网络计划终点节点为完成节点的工作，其自由时差等于计划工期与本工作最早完成时间之差，即

$$FF_{i-n} = T_p - EF_{i-n} = T_p - ES_{i-n} - D_{i-n} \tag{3-11}$$

式中 FF_{i-n}——以网络计划终点节点 n 为完成节点的工作 i—n 的自由时差；

T_p——网络计划的计划工期；

EF_{i-n}——以网络计划终点节点 n 为完成节点的工作 i—n 的最早完成时间；

ES_{i-n}——以网络计划终点节点 n 为完成节点的工作 i—n 的最早开始时间；

D_{i-n}——以网络计划终点节点 n 为完成节点的工作 i—n 的持续时间。

例如在本例中，工作 2—7、工作 5—7 和工作 6—7 的自由时差分别为

$$FF_{2-7} = T_p - EF_{2-7} = 15 - 11 = 4$$

$$FF_{5-7} = T_p - EF_{5-7} = 15 - 12 = 3$$

$$FF_{6-7} = T_p - EF_{6-7} = 15 - 15 = 0$$

需要指出的是，对于网络计划中以终点节点为完成节点的工作，其自由时差与总时差相等。此外，由于工作的自由时差是其总时差的构成部分，所以当工作的总时差为零时，其自由时差必然为零，可不必进行专门计算。例如在本例中，工作 1—3、工作 4—6 和工作 6—7 的总时差全部为零，故其自由时差也全部为零。

f. 确定关键工作和关键线路

在网络计划中，总时差最小的工作为关键工作。当网络计划的计划工期等于计算工期时，总时差为零的工作就是关键工作。例如在本例中，工作 1—3、工作 4—6 和工作 6—7 的总时差均为零，故它们都是关键工作。

找出关键工作之后，将这些关键工作首尾相连，便至少构成一条从起点节点到终点节点

的通路，通路上各项工作的持续时间总和最大的就是关键线路。在关键线路上可能有虚工作存在。

关键线路一般用粗线或双线箭线标出，也可以用彩色箭线标出。例如在本例中，线路①—③—④—⑥—⑦即为关键线路。关键线路上各项工作的持续时间总和应等于网络计划的计算工期，这一特点也是判别关键线路是否正确的准则。

在上述计算过程中，是将每项工作的六个时间参数均标注在图中，故称为六时标注法，如图 3-22 所示。为使网络计划的图面更加简洁，在双代号网络计划中，除各项工作的持续时间外，通常只需标注各项工作的最早开始时间和最迟开始时间两个最基本的时间参数即可，而工作的其他四个时间参数（最早完成时间、最迟完成时间、总时差和自由时差）均可根据工作的最早开始时间、最迟开始时间及持续时间导出。这种方法称为二时标注法，如图 3-23所示。

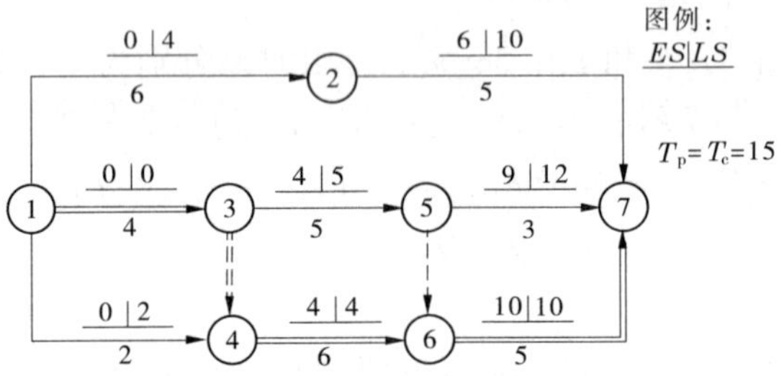

图 3-23　双代号网络计划（二时标注法）

2)按节点计算法

所谓按节点计算法，就是先计算网络计划中各个节点的最早时间和最迟时间，然后据此计算各项工作的时间参数和网络计划的计算工期。

下面仍以图 3-22 所示双代号网络计划为例，说明按节点计算法计算时间参数的过程。其计算结果如图 3-24 所示。

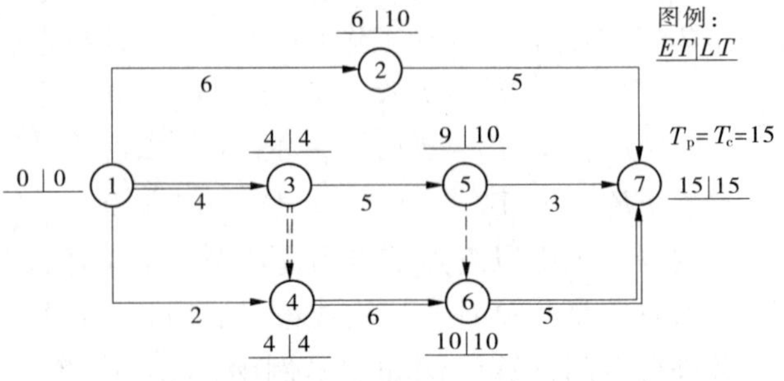

图 3-24　双代号网络计划（按节点计算法）

a. 计算节点的最早时间和最迟时间

(1)计算节点的最早时间。

节点最早时间的计算应从网络计划的起点节点开始，顺着箭线方向依次进行。其计算步骤如下：

①网络计划起点节点，如未规定最早开始时间，其值等于零。例如在本例中，起点节点

①的最早时间为零，即

$$ET_1 = 0$$

②其他节点的最早时间应按式(3-12)进行计算

$$ET_j = \max\{ET_i + D_{i-j}\} \tag{3-12}$$

式中 ET_j——工作 i—j 的完成节点 j 的最早时间；

ET_i——工作 i—j 的完成节点 i 的最早时间；

D_{i-j}——工作 i—j 的持续时间。

例如在本例中，节点③和节点④的最早时间分别为

$$ET_3 = ET_1 + D_{1-3} = 0 + 4 = 4$$

$$\begin{aligned} ET_4 &= \max\{ET_1 + D_{1-4}, ET_3 + D_{3-4}\} \\ &= \max\{0 + 2, 4 + 0\} \\ &= 4 \end{aligned}$$

③网络计划的计算工期等于网络计划终点节点的最早时间，即

$$T_c = ET_n \tag{3-13}$$

式中 T_c——网络计划的计算工期；

ET_n——网络计划终点节点 n 的最早时间。

例如在本例中，其计算工期为

$$T_c = ET_7 = 15$$

(2)确定网络计划的计划工期。

网络计划的计划工期应按式(3-1)或式(3-2)确定。在本例中，假设未规定要求工期，则其计划工期就等于计算工期，即

$$T_p = T_c = 15$$

计划工期应标注在终点节点的右上方，如图 3-24 所示。

(3)计算节点的最迟时间。

节点最迟时间的计算应从网络计划的终点节点开始，逆着箭线方向依次进行。其计算步骤如下：

①网络计划终点节点的最迟时间等于网络计划的计划工期，即

$$LT_n = T_p \tag{3-14}$$

式中 LT_n——网络计划终点节点 n 的最迟时间；

T_p——网络计划的计划工期。

例如在本例中，终点节点⑦的最迟时间为

$$LT_7 = T_p = 15$$

②其他节点的最迟时间应按式(3-15)进行计算

$$LT_i = \min\{LT_j - D_{i-j}\} \tag{3-15}$$

式中 LT_i——工作 i—j 的完成节点 i 的最迟时间；

LT_j——工作 i—j 的完成节点 j 的最迟时间；

D_{i-j}——工作 i—j 的持续时间。

例如在本例中，节点⑥和节点⑤的最迟时间分别为

$$LT_6 = LT_7 - D_{6-7} = 15 - 5 = 10$$

$$LT_5 = \min\{LT_6 - D_{5-6}, LT_7 - D_{5-7}\} = \min\{10 - 0, 15 - 3\} = 10$$

b. 根据节点的最早时间和最迟时间判定工作的六个时间参数

(1)工作的最早开始时间等于该工作开始节点的最早时间,即

$$ES_{i-j} = ET_i \tag{3-16}$$

例如在本例中,工作 1—2 和工作 2—7 的最早开始时间分别为

$$ES_{1-2} = ET_1 = 0$$

$$ES_{2-7} = ET_2 = 6$$

(2)工作的最早完成时间等于该工作开始节点的最早时间与其持续时间之和,即

$$EF_{i-j} = ET_i + D_{i-j} \tag{3-17}$$

例如在本例中,工作 1—2 和工作 2—7 的最早完成时间分别为

$$EF_{1-2} = ET_1 + D_{1-2} = 0 + 6 = 6$$

$$EF_{2-7} = ET_2 + D_{2-7} = 6 + 5 = 11$$

(3)工作的最迟完成时间等于该工作完成节点的最迟时间,即

$$LF_{i-j} = LT_j \tag{3-18}$$

例如在本例中,工作 1—2 和工作 2—7 的最迟完成时间分别为

$$LF_{1-2} = LT_2 = 10$$

$$LF_{2-7} = LT_7 = 15$$

(4)工作的最迟开始时间等于该工作完成节点的最迟时间与其持续时间之差,即

$$LS_{i-j} = LT_j - D_{i-j} \tag{3-19}$$

例如在本例中,工作 1—2 和工作 2—7 的最迟开始时间分别为

$$LS_{1-2} = LT_2 - D_{1-2} = 10 - 6 = 4$$

$$LS_{2-7} = LT_7 - D_{2-7} = 15 - 5 = 10$$

(5)工作的总时差可根据式(3-17)和式(3-18)得到

$$TF_{i-j} = LF_{i-j} - EF_{i-j} = LT_j - ET_i - D_{i-j} \tag{3-20}$$

由式(3-20)可知,工作的总时差等于该工作完成节点的最迟时间减去该工作开始节点的最早时间所得差值再减其持续时间。例如在本例中,工作 1—2 和工作 3—5 的总时差分别为

$$TF_{1-2} = LT_2 - ET_1 - D_{1-2} = 10 - 0 - 6 = 4$$

$$TF_{3-5} = LT_5 - ET_3 - D_{3-5} = 10 - 4 - 5 = 1$$

(6)工作的自由时差可根据式(3-10)和式(3-16)得到

$$\begin{aligned} FF_{i-j} &= ES_{j-k} - EF_{i-j} \\ &= ET_j - ET_i - D_{i-j} \end{aligned} \tag{3-21}$$

由式(3-21)可知,工作的自由时差等于该工作完成节点的最早时间减去该工作开始节点的最早时间所得差值再减其持续时间。例如在本例中,工作 1—2 和工作 3—5 的自由时差分别为

$$FF_{1-2} = ET_2 - ET_1 - D_{1-2} = 6 - 0 - 6 = 0$$

$$FF_{3-5} = ET_5 - ET_3 - D_{3-5} = 9 - 4 - 5 = 0$$

需要特别注意的是，如果本工作与其各紧后工作之间存在虚工作，其中的 ET_j 应为本工作紧后工作开始节点的最早时间，而不是本工作完成节点的最早时间。

c. 确定关键线路和关键工作

在双代号网络计划中，关键线路上的节点称为关键节点。关键工作两端的节点必为关键节点，但两端为关键节点的工作不一定是关键工作。关键节点的最迟时间与最早时间的差值最小。特别地，当网络计划的计划工期等于计算工期时，关键节点的最早时间与最迟时间必然相等。例如在本例中，节点①、③、④、⑥、⑦就是关键节点。关键节点必然处在关键线路上，但由关键节点组成的线路不一定是关键线路。例如在本例中，由关键节点①、④、⑥、⑦组成的线路就不是关键线路。

当利用关键节点判别关键线路和关键工作时，还要满足下列判别式

$$ET_i + D_{i-j} = ET_j \tag{3-22}$$

或

$$LT_i + D_{i-j} = LT_j \tag{3-23}$$

式中 ET_i——工作 i—j 的开始节点（关键节点）i 的最早时间；

D_{i-j}——工作 i—j 的持续时间；

ET_j——工作 i—j 的结束节点（关键节点）j 的最早时间；

LT_i——工作 i—j 的开始节点（关键节点）i 的最迟时间；

LT_j——工作 i—j 的结束节点（关键节点）j 的最迟时间。

如果两个关键节点之间的工作符合上述判别式，则该工作必然为关键工作，它应该在关键线路上；否则，该工作就不是关键工作，关键线路也就不会从此处通过。例如在本例中，工作 1—3、虚工作 3—4、工作 4—6 和工作 6—7 均符合上述判别式，故线路①—③—④—⑥—⑦为关键线路。

d. 关键节点的特性

在双代号网络计划中，当计划工期等于计算工期时，关键节点具有以下一些特征，掌握好这些特征，有助于确定工作的时间参数。

（1）开始节点和完成节点均为关键节点的工作，不一定是关键工作。例如在图 3-22 所示的网络计划中，节点①和节点④为关键节点，但工作 1—4 为非关键工作。由于其两端为关键节点，机动时间不可能为其他工作所利用，故其总时差和自由时差均为 2。

（2）以关键节点为完成节点的工作，其总时差和自由时差必然相等。例如在图 3-22 所示的网络计划中，工作 1—4 的总时差和自由时差均为 2，工作 2—7 的总时差和自由时差均为 4，工作 5—7 的总时差和自由时差均为 3。

（3）当两个关键节点间有多项工作，且工作间的非关键节点无其他内向箭线和外向箭线时，则两个关键节点间各项工作的总时差均相等。在这些工作中，除关键节点为完成节点的工作自由时差等于总时差外，其余工作的自由时差均为零。例如在图 3-22 所示的网络计划中，工作 1—2 和工作 2—7 的总时差均为 4。工作 2—7 的自由时差等于总时差，而工作 1—2 的自由时差为零。

（4）当两个关键节点间有多项工作，且工作间的非关键节点有外向箭线而无内向箭线时，则两个关键节点间各项工作的总时差不一定相等。在这些工作中，除关键节点为完成节点的工作自由时差等于总时差外，其余工作的自由时差均为零。例如在图 3-22 所示的网络

计划中,工作3—5 和工作5—7 的总时差分别为1 和3。工作5—7 的自由时差等于总时差,而工作3—5 的自由时差为零。

第三节　施工进度计划的控制与审批

一、公路项目进度控制和检查

(一)公路项目进度控制的基本措施

公路项目进度控制的措施包括组织措施、管理措施、经济措施、技术措施和信息管理。

1. 进度控制的组织措施

(1)健全组织体系。组织是公路项目的目标能否实现的决定性因素,在公路项目的起始阶段就应该建立并逐渐健全项目管理的组织体系。

(2)设置专职部门。在项目的组织机构中必须有专门的工作部门,并要非常明确地规定其具体职责,有相应的严格的管理制度。

(3)明确管理职能。这个机构的管理职能应该包括:分析和论证进度目标,编制各种适应需要的进度计划,定期跟踪和收集进度计划的执行情况及其他相关信息,发现偏离情况并寻求纠偏措施,调整进度计划,分析有关风险。

(4)确定工作流程和相应的工作制度。例如关于项目进度控制和协调会议制度的组织设计。

2. 进度控制的管理措施

(1)公路项目进度计划管理,必须体现计划系统的观念,树立动态控制的观念,建立科学比较和选优的观念,实现对项目进度的科学管理和控制。

(2)对公路项目招标和承发包模式的选择,分析和选择合理的合同结构等都要有科学的论证和相应的比较分析。

(3)在进行进度管理和控制的同时,应该建立风险管理制度,对影响公路项目进度的干扰和其他风险因素进行分析,根据积累的统计资料,对各种因素影响进度的概率以及进度拖延造成的损失进行预测,以减小建设项目在进度控制上的风险。

3. 进度控制的经济措施

(1)公路项目进度控制的经济措施,包括为实现进度计划所需要的资金保障计划、资金供应条件、在合同中需要明确的对建设项目参与方的激励措施等。

(2)为实现公路项目的总进度计划,应该编制与总进度计划相适应的各类资源需求和供应计划。通过对各类资源计划的分析,掌握和实现与总进度计划相适应的资源物资条件,这是实现项目总进度目标的基本条件。在分析、控制和协调项目总进度计划的执行情况时,同样要分析、协调和控制这类条件和信息。

4. 进度控制的技术措施

(1)公路项目进度控制的技术措施,包括对实现项目公路总进度目标有利的工程设计技术、工程施工技术和招标方案的选用。

(2)充分重视设计方案和工程设计技术与项目建设总进度的关系的分析比较。在工程受阻时,应该首先检查工程设计技术对总进度计划的可能影响。

(3)招标文件的设计和选择。要有合理的优化的分析方案,要明确与将投标商对投标项目的主要技术要求的理解程度作为重要的评标条件,这是承包商与公路项目业主在项目进度控制上合作的基础,也是实现项目建设投标总进度目标的基础。只有在深刻理解建设项目的主要技术要求的基础上形成的施工方案和采用的施工技术,才可能满足进度计划要求,并且使工程实施中的风险较小。

5. 进度控制的信息管理

(1)公路项目信息是指报告、数据、计划、安排、会议等与项目实施有直接或间接关系的各种信息。

(2)公路项目信息及其管理在整个项目实施过程中起着非常重要的作用,能否准确及时地收集建设项目信息,有关信息能否及时传递给建设项目的决策层,将关系到项目的成败。所以,一个项目要顺利地进行下去,就需要对建设项目信息进行系统科学的管理。

(3)有关公路项目进度的全部有效信息经过专业人员收集和分析后,将形成项目建设进度报告,供项目管理有关部门和决策层使用,从而实现对项目建设进度的有效控制。

(二)公路项目进度动态监测的各类报告和检查

公路项目进度控制的最终成果是按规定的时间、内容和格式提出进度控制报告。对这些报告分析研究后做出的决策就是进度控制的结果,这种结果包括更新后的项目建设进度计划、要采取的纠偏措施、应该吸取的经验教训。

1. 项目建设进度报告的概念

项目建设进度报告是将对项目建设进度的监测、检查和比较分析后的结果以书面的形式向项目管理决策层及主管部门提交的报告,是按工作职责规定提出的定期进度报告,其篇幅根据周期的长短而定。进度报告的内容主要包括:项目建设实施概况、进度概要;项目建设实际进度及其说明;项目建设进度的近期趋势;进度的偏离程度,产生这种偏离的原因分析以及相应的措施和建议等。

2. 项目建设进度报告的用途、表示及检查方法

项目建设进度报告用以向建设项目管理决策层报告项目建设进度情况,并作相应的分析和比较。其显示手段和方法有多种,最常用的是横道图、里程碑进度表、“S”形曲线、“香蕉”形曲线、关键线路图、挣值法等。

(1)横道图进度检查。利用横道图进行进度控制和报告进度时,应使用与原横道图进度相同的时间单位将实际进度情况记录在横道图上,这样可以很直观地比较计划进度和实际进度。

(2)里程碑进度检查。里程碑进度最大的特点就在于,把各个预先设定的关键工作完成时间截止在里程碑的关键工程计划进度时间内。这个关键的工程形象进度也是整个工程建设过程的重大事件,不允许有任何推迟,也就是说,必须采取所有有效措施,在里程碑进度所标定的时间之前完成任务,否则就会严重影响整个建设项目的进度,甚至会影响建设项目出资人的战略。所以,在检查里程碑进度时,要在里程碑的时段内将要求的关键工程形象进度与实际进度相比较,然后作出判断,预测实际的工程面貌能否达到里程碑的要求。

(3)“S”形曲线图比较法。“S”形曲线也能直观地反映工程的实际进展情况。根据合

同及总进度，事先由进度计划控制部门作出工程的"S"形曲线，在项目的实施过程中，在规定的时段内，将实际进展情况绘制在原计划的"S"形曲线上，就能进行直观的比较。通过预测，还能了解和估计工程可能延误或提前的时间，如图 3-25 所示。

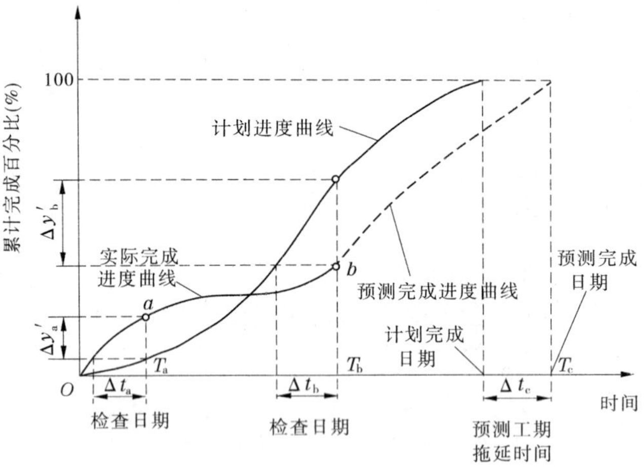

Δt_a—T_a 时点实际进度超前的时间；Δt_b—T_b 时点实际进度推迟的时间；Δt_c—T_c 时点预测工期拖延时间；$\Delta y'_a$—T_a 时点超额完成的工程量；$\Delta y'_b$—T_b 时点拖欠的工程量

图 3-25 "S"形曲线比较图

(4)"香蕉"形曲线比较法。"香蕉"形曲线实际上由两条"S"形曲线组合而成，即由两条具有相同的开始时间和相同的结束时间的曲线组成，其中一条是按各工作活动均以最早开始时间安排进度绘制的"S"形曲线，简称 ES 曲线；另一条是按各工作活动均以最迟开始时间安排进度绘制的曲线，简称 LS 曲线。利用"香蕉"形曲线除可以进行进度计划的合理安排、实际进度与计划进度的比较外，还能对后期工程进行预测。也就是说，在确定的现实状态下，后期工程仍按最早和最迟开始时间实施，分析 ES 曲线和 LS 曲线的发展状况，了解工程后期的进度趋势，预测进度状态，如图 3-26 所示。

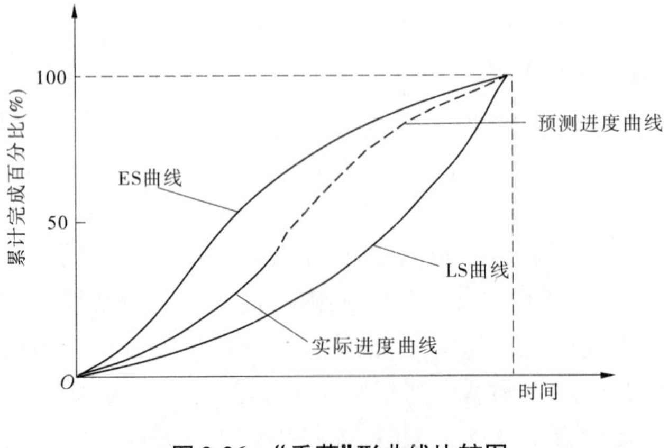

图 3-26 "香蕉"形曲线比较图

(5)关键线路检查法。当采用网络计划时，可以直接在图上用文字或符号作出标记，可以在箭线上作出标记,也可以在网络节点上作出标记。按照相关要求和规定,对网络图中的关键线路进行定期的检查和监测其变化情况,同时要以同样的要求观测、检查非关键工作的进度,以便更好地发现潜力,用以调整或优化资源。在对关键线路检查时还要认真检查各工作之间的逻辑关系的变化情况,了解各工作时间的估计与实际情况的变化,这些都能为适时进行进度计划调整提供非常必要的条件和依据。

(6)挣值法在进度控制中的使用。挣值法是一种测量项目费用实施情况的方法。这种方法将计划工作同已完成工作相比较,确定项目进度是否符合计划要求。

挣值法需要确定三个关键的参数值:

①计划工作的预算工时(*BCWS*),是指建设项目实施过程中某个阶段内计划要求完成的工作量所需的预算工时,它主要反映进度计划应该完成的工作量。

②已经完成工作量的实际费用(*ACWP*),是指建设项目实施过程中某个阶段实际完成量所消耗的工时(或费用),主要反映建设项目执行的实际消耗指标。

③已经完成工作量的预算成本(*BCWP*),是指建设项目实施过程中某个阶段实际完成工作量按预算定额计算出来的工时,即挣得值。

判断建设项目工作是否按照计划进行,主要考虑以下三个指标:

①费用偏差 CV。$CV = BCWP - ACWP$。当 $CV > 0$ 时,表示实际费用低于预算值;当 $CV < 0$时,表示实际费用超过预算值。

②进度偏差 SV。$SV = BCWP - BCWS$。当 $SV > 0$ 时,表示项目进度提前;当 $SV < 0$ 时,表示项目进度延误。

③进度执行指标 SPI。$SPI = BCWP/BCWS$。当 $SPI > 1$ 时,表示实际进度比计划进度快,即进度提前;当 $SPI < 1$ 时,表示实际进度比计划进度慢,即进度延误;当 $SPI = 1$ 时,表示实际进度等于计划进度。

二、施工进度计划的审批

承包人在接到中标通知书之日后,应在合同要求的时间内向监理工程师提交一份格式和细节符合合同要求的工程总体进度计划,以取得监理工程师的批准。如果监理工程师提出要求,承包人还应以书面形式提交一份有关承包人为完成工程而建议采用的施工方案和施工方法的总说明,供监理工程师查阅。

(一)提交进度计划

承包人应在签订合同协议书 28 d 内,向监理工程师提交 2 份格式和内容符合监理工程师规定的工程进度计划,以及为完成该计划而建议采用的实施性的施工安排和施工方案的说明。监理工程师应在收到该计划后的 14 d 内审查同意或提出修改意见。工程进度计划应按照关键线路网络图和主要工作横道图两种形式分别编绘,并应包括每月预计完成的工作量和形象进度。

在中标通知书发出后合同规定的时间内,监理工程师应要求承包人书面提交以下文件(即总体进度计划):

(1)一份详细和格式符合要求的工程总体进度计划及必要的各项关键工程的进度计划。

(2)一份有关全部支付的现金流动估算。

(3)一份有关施工方案和施工方法的总说明(即通过施工组织设计提出)。

承包人应在每年11月底前,根据已同意的工程进度计划或其修订的计划,向监理工程师提交2份格式和内容符合监理工程师合理规定的下一年度的施工计划,以供审查。该计划应包括本年度估计完成的和下一年度预计完成的分项工程数量与工作量,以及为实施此计划将采取的措施。

在开工以前或在开工以后合理的时间内,监理工程师应要求承包人提交以下文件(阶段性进度计划文件):

(1)年度进度计划及现金流动估算。

(2)月进度计划及现金流动估算。

(3)分项(或分部)工程的进度计划。

承包人应在确保合同工期的前提下,每3个月对进度计划进行一次修订,并应在前1个进度计划的最后1个月的25日前提交给监理工程师。在施工过程中,如果监理工程师认为有必要或者工程的实际进度不符合已同意的进度计划,监理工程师可要求承包人每1个月提交1次工程进度修订计划,以确保工程在预定工期内竣工。在这种情况下,承包人应在接到监理工程师指令后的14 d内将修订后的进度计划提交给监理工程师。修订后的工程进度计划,仍应保证本合同工程在合同规定的工期内完成。

(二)审批进度计划

监理工程师在接到承包人提交的工程进度计划之后,应对进度计划进行认真的审核,其目的是检查承包人所制订的工程进度计划是否合理,有无可能实现,是否适合工程的实际条件和现场情况,避免以空洞的、不切实际的工程进度计划来指导施工,造成工期延误。

1.进度计划的审查步骤

监理工程师应在合同规定的期限内审批承包人提交的进度计划。总进度计划应由总监理工程师审查,月进度计划等应由驻地监理工程师审核并报总监办。经批准的进度计划应作为进度监理的依据。

审查工作应按以下程序进行:

(1)阅读文件、列出问题、进行调查了解。

(2)提出问题,与承包人进行讨论或澄清。

(3)对有问题的部分进行分析,向承包人提出修改意见。

(4)审查批准承包人修改后的进度计划。

2.监理工程师审查计划的内容

监理工程师在审查承包人的工程进度计划时应注意下列事项:

(1)工期和时间安排的合理性。

①承包人提交的工程总进度计划的总工期必须符合工程项目的合同工期,即计划总工期应少于或等于合同工期。

②各施工阶段或单位工程(包括分部、分项工程)的施工顺序和时间安排与材料及设备的进场计划相协调;施工的开始时间和结束时间应合理,尽可能使施工对资源的要求趋于均衡。

③易受冰冻、低温、炎热、雨季等气候影响的工程应安排在适宜的时间，并应采取有效的预防和保护措施。

④对动员、清场、假日及天气影响的时间，应有充分的考虑并留有余地。

(2)施工准备的可靠性。

①所需主要材料和设备的运送日期是否已有保证。

②主要骨干人员及施工队伍的进场日期是否已经落实。

③施工测量、材料检查及标准试验的工作是否已经安排。

④驻地建设、进场道路及供电、供水等是否已经解决或已有可靠的解决方案。

(3)计划目标与施工能力的适应性。

①各阶段或单位工程计划完成的工程量及投资额应与承包人的设备和人力实际状况相适应。

②各项施工方案和施工方法应与承包人的施工经验和技术水平相适应。

③关键线路上的施工力量安排应与非关键线路上的施工力量安排相适应。

当监理工程师通过调查了解，落实了上述与工程进度计划有关的条件和因素并经过评价后，如确认承包人为完成工程而提供的工程进度计划是合理的，而且计划切实可行，则应在合理的时间内，同意承包人的进度计划，并通知承包人按照计划安排施工。

3. 监理工程师审批计划的权限

无论何时，如果监理工程师认为工程的实际进度不符合上述已同意的工程进度计划，则承包人应根据监理工程师的要求拟订一份修订后的总进度计划，表明其对总进度计划所作的必要的修改，以保证在竣工期内完成本工程。

因此，如果监理工程师经过充分的分析和调查了解，认为承包人所提交的工程进度计划与其实际的技术、装备能力不相适应，尤其是计划中关键线路上的工作安排不合理，则可以要求承包人修订工程进度计划，并重新拟订一份工程进度计划，以取得监理工程师的批准。

监理工程师在批准了承包人所提交的工程进度计划之后，应在第一次工地会议上提供有关监督控制工程进度计划方面的一整套报表和有关规定。同时为了保证工程进度计划的正常进行，监理工程师应经常根据有关影响工程进度方面的记录资料，分析工程进度方面存在的问题，随时掌握承包人的工程进展情况。如果监理工程师根据评价的结果，认为工程或工程的任何部分进度过慢，与进度计划不相符合，应立即通知承包人，并要求承包人采取监理工程师同意的、必要的措施加快进度，以确保工程按计划完成。

《公路工程国内招标文件范本》规定：承包人应严格执行监理工程师批准的工程进度计划，对工作量计划和形象进度计划分别控制。承包人的实际工程进度曲线应在工程进度管理曲线规定的安全区域之内。若承包人的实际进度曲线处在工程进度管理曲线规定的安全区域的下限之外，则监理工程师有权认为本合同工程的进度过慢，并通知承包人应采取必要措施，以便加快工程进度，确保工程能在预定的工期内竣工。承包人无权要求为了采取这些措施而支付任何附加费用。如果承包人在接到监理工程师通知的14 d内，未能采取加快工程进度的措施，致使实际工程进度进一步滞后，或承包人虽采取了一些措施，仍无法按交工日期交工，监理工程师应立即通知业主，并抄送承包人。业主在向承包人发出书面警告通知书14 d后，可终止对承包人的雇用，也可将本合同工程中的一部分工作交由其他承包人或特殊分包人完成。在不解除本合同规定的承包人责任和义务的同时,承包人应承担由此所增加的一切费用。

FIDIC 通用条件第 8.6 条讲述了工程进度问题,其主要规定有以下几点:

(1)如果实际进度太慢,不能在合同工期内完成工程,或者进度已经落后于现有的进度计划,而承包人又无权索赔工期,在此类情况下,工程师可以要求承包人递交一份新的进度计划,同时附有赶工方法说明。

(2)若监理工程师没有另外通知,承包人应按新的赶工计划实施工程,这可能要求延长工作时间和增加人员及设备的投入,赶工的风险和费用也由承包人承担。

(3)如果新的赶工计划导致业主支付了额外费用,业主可以根据合同条款(业主的索赔)向承包人索赔,承包人应将此类费用支付给业主。

(4)如果承包人仍没有按期完工,除上述费用外,他还应支付拖期赔偿费。根据上述有关进度的条款规定,监理工程师可以要求承包人按照合同条件所规定的内容,在进度缓慢或严重缓慢时采取相应的措施,以加快工程进度。若承包人未能按照合同条件的规定执行监理工程师的指示,监理工程师有权公正地采取措施,以使承包人按进度计划中预定的竣工日期完成工程。

如果承包人无正当理由而拖延工期或工程已经严重延误,而承包人又不为此采取必要的加快工程进度的措施,监理工程师应慎重对待这一事实,并向业主报告,以便由业主来决定是否继续执行合同。

通常,工程项目进度计划的审核工作由监理工程师负责,但当工程较大且复杂时,工程进度计划审核工作的工作量将很大。一般的做法是总监理工程师审核工程项目总进度计划,月进度计划的审核由驻地监理工程师进行,并向总监理工程师负责。

在工程开工后,驻地监理工程师应建立单项工程的月、旬进度报表及进度控制图表,以便对分项工程施工的月、旬进度进行控制。其图表宜采用直观反映工程实际进度的形式,如形象进度图等,以便随时掌握各专业分项工程施工的实际进度与计划进度间的差距。当这种差距出现时,驻地监理工程师应及时向承包人发出工程进度缓慢的信号,要求承包人采取措施加快进度,同时应向监理工程师汇报并提供资料,供监理工程师对工程实际进展情况进行综合评价。如果承包人实际施工进度确实影响到整个工程的完工日期,则应要求承包人尽快调整工程进度计划。

在实际工程中经常出现这样的情况,即工程进度受阻的原因来自几个方面,在这种情况下监理工程师应召开工地碰头会议,召集各方面负责人进行协调,以便解决工程进度受阻的问题。一般情况下,应规定这种工地会议的定期召开时间,使其形成一种制度。

三、进度计划实施中的调整方法

(一)分析进度偏差对后续工作及总工期的影响

在工程项目实施过程中,当通过实际进度与进度计划的比较,发现有进度偏差时,需要分析该偏差对后续工作及总工期的影响,从而采取相应的调整措施对原进度计划进行调整,以确保工期目标的顺利实现。进度偏差的大小及其所处的位置不同,对后续工作和总工期的影响程度是不同的,分析时需要利用网络计划中工作总时差和自由时差的概念进行判断。

分析步骤如下：

（1）分析出现工作进度偏差的工作是否为关键工作。

如果出现进度偏差的工作位于关键线路上，即该工作为关键工作，则无论其偏差有多小，都将对后续工作和总工期产生影响，必须采取相应的措施调整；如果出现偏差的工作是非关键工作，则需要根据进度偏差值与总时差和自由时差的关系作进一步分析。

（2）分析进度偏差是否超过总时差。

如果工作的进度偏差大于该工作的总时差，则此进度偏差必将影响其后续工作和总工期，必须采取相应的调整措施；如果工作的进度偏差未超过该工作的总时差，则此进度偏差不影响总工期。至于进度偏差对后续工作的影响程度，还需要根据偏差值与其自由时差的关系作进一步分析。

（3）分析进度偏差是否超过自由时差。

如果工作的进度偏差大于该工作的自由时差，则此进度偏差将对其后续工作产生影响，此时应根据后续工作的限制条件确定调整方法；如果工作的进度偏差未超过该工作的自由时差，则此进度偏差不影响后续工作，因此原进度计划可以不调整。

进度偏差对后续工作和总工期影响的分析过程如图3-27所示。通过分析，进度控制人员可以根据进度偏差的影响程度，制订相应的纠偏措施进行调整，以获得符合实际进度情况和计划目标的新进度计划。

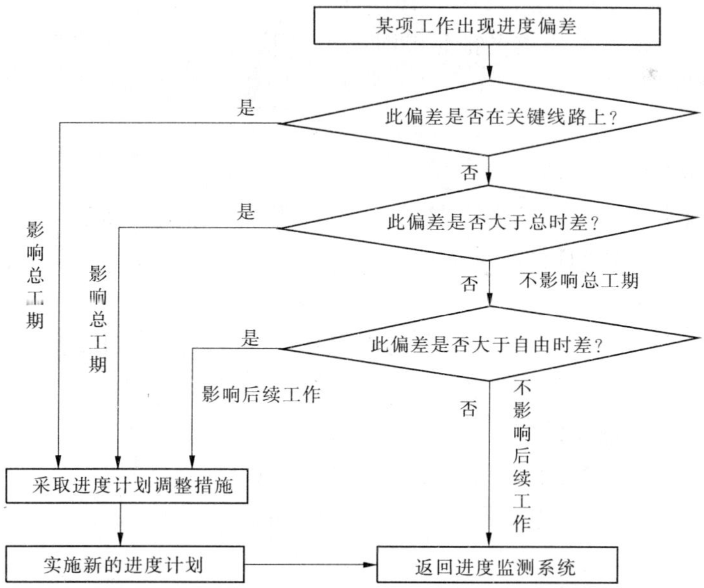

图3-27　进度偏差对后续工作和总工期影响的分析过程

（二）进度计划的调整方法

当实际进度偏差影响到后续工作、总工期而需要调整进度计划时，其调整方法主要有两种。

1. 改变某些工作间的逻辑关系

当工程项目实施中产生的进度偏差影响到总工期，且有关工作的逻辑关系允许改变时，可以改变关键线路和超过计划工期的非关键线路上的有关工作之间的逻辑关系，以达到缩短工期的目的。例如，将顺序进行的工作改为平行作业、搭接作业以及分段组织流水作业等，都可以有效地缩短工期。

2. 缩短某些工作的持续时间

这种方法是不改变工程项目中各项工作之间的逻辑关系，而通过采取增加资源投入、提高劳动效率等措施来缩短某些工作的持续时间，使工程进度加快，以保证按计划工期完成该项工程。这些被压缩持续时间的工作是位于关键线路和超过计划工期的非关键线路上的工作。同时，这些工作又是其持续时间可被压缩的工作。这种调整方法通常可以在网络图上直接进行。其调整方法视限制条件及其对后续工作的影响程度的不同而有所区别，一般可分为以下三种情况：

(1) 网络计划中某项工作进度拖延的时间已超过其自由时差但未超过其总时差。

如前所述，此时该工作的实际进度不会影响总工期，而只对其后续工作产生影响。因此，在进行调整前，需要确定其后续工作允许拖延的时间限制，并以此作为进度调整的限制条件。该限制条件的确定常常较复杂，尤其是当后续工作由多个平行的承包单位负责实施时更是如此。后续工作如不能按原计划进行，在时间上产生的任何变化都可能使合同不能正常履行，而导致承受损失的一方提出索赔。因此，寻求合理的调整方案，把进度拖延对后续工作的影响减小到最低程度，是监理工程师的一项重要工作。

(2) 网络计划中某项工作进度拖延的时间超过其总时差。

如果网络计划中某项工作进度拖延的时间超过其总时差，则无论该工作是否为关键工作，其实际工作进度都将对后续工作和总工期产生影响。此时，进度计划的调整方法又可分为以下三种：

①项目总工期不允许拖延。

如果工程项目必须按照原计划工期完成，则只能采取缩短关键线路上后续工作持续时间的方法来达到调整计划的目的。

②项目总工期允许拖延。

如果项目总工期允许拖延，则此时只需以实际数据取代原计划数据，并重新绘制实际进度检查日期之后的简化网络计划即可。

③项目总工期允许拖延的时间有限。

如果项目总工期允许拖延，但允许拖延的时间有限，则当实际进度计划拖延的时间超过此限制时，也需要对网络计划进行调整，以便满足要求。

具体的调整方法是以总工期的限制时间作为规定日期，对检查日期之后尚未实施的网络计划进行工期优化，即通过缩短关键线路上后续工作持续时间的方法来使总工期满足规定工期的要求。

以上三种情况均是以总工期为限制条件调整进度计划的。值得注意的是，当某项工作实际进度拖延的时间超过其总时差而需要对进度计划进行调整时，除需考虑总工期的限制条件外，还应考虑网络计划中后续工作的选择条件，特别是对总进度计划的控制更应注意这一点。这是因为在这类网络计划中，后续工作也许就是一些独立的合同段。时间上的任何变化，都会带来协调上的麻烦或者引起索赔。因此，当网络计划中某些后续工作对时间的拖延有限制时,同样需要以此为条件,按前述方法进行调整。

(3)网络计划中某项工作进度超前。

监理工程师对建设工程实施进度控制的任务就是在工程进度计划的执行过程中,采取必要的组织协调和控制措施,以保证建设工程按期完成。在建设工程计划阶段所确定的工期目标,往往是综合考虑了各方面因素而确定的合理工期。因此,时间上的任何变化,无论是进度拖延还是超前,都可能造成其他目标的失控。例如,在一个建设工程施工总进度计划中,由于某项工作的进度超前,资源的需求发生变化,而打乱了原计划对人、材、物等资源的合理安排,亦将影响资金计划的使用和安排;特别是当多个平行的承包单位进行施工时,由此引起后续工作时间安排的变化,势必给监理工程师的协调工作带来许多麻烦。因此,如果在建设工程实施过程中出现进度超前的情况,进度控制人员必须综合分析进度超前对后续工作产生的影响,并同承包单位协商,提出合理的进度调整方案,以确保工期总目标的顺利实现。

本章小结

(1)进度监理的作用是考虑了工程施工管理的三个因素的同时,通过计划、组织、协调、检查、调整等手段,调动一切积极因素,努力实现施工过程中的各个阶段目标,确保总工期。

(2)监理工程师在工程进度监理方面的主要任务是:要求承包人编制出符合实际且便于管理的施工组织计划;审批承包人编制的施工组织计划;督促承包人执行已审批的施工组织计划,并在执行过程中,通过计划进度与实际进度的比较。定期地、经常地检查和调整进度计划;协调业主和承包人,承包人与承包人,承包人与分包人,设计供图、材料设备供货、交通通信、电力供应、消防治安、地方政府、当地群众等各方面及各部门之间的关系,以便工程能按预期进度进行。

(3)进度监理基本方法有横道图法、S 曲线法、斜条图法、网络计划图法。

复习思考题

3-1 简述建设工程进度监理的系统工程。

3-2 简述建设工程进度调整的系统工程。

3-3 简述建设工程实际进展状态。

3-4 建设工程实际进度与计划进度的比较方法有哪些?各有何特点?

3-5 匀速进展与非匀速进展横道图比较法的区别是什么?

3-6 利用“S”形曲线比较法可以获得哪些信息?

3-7 “香蕉”形曲线是如何形成的?

3-8 实际进度前锋线如何绘制?

3-9 如何分析进度偏差对后续工作及总工期的影响?

3-10 进度计划的调整方法有哪些?如何进行调整?

第四章　公路工程施工费用监理

【知识要点介绍】

本章主要讲述工程费用控制的原则、方法，监理工程师在费用控制中的职权、原则与措施，工程计量的程序、要求与方法，工程费用支付的种类、程序与要求，清单支付与合同支付的具体要求与方法等。

第一节　概　述

一、工程费用

（一）工程费用的组成

工程费用是指通过施工生产活动而形成的建筑安装工程所具备的价值或工程价值的货币表现。它是工程项目造价的主要组成部分和直接基础，又分为预算工程费用和实际工程费用两类。工程费用由直接成本、间接成本和利润三部分组成。

（1）直接成本：指为完成该建设项目的施工任务而直接用于工程的费用，包括消耗在施工中的全部人工费、材料费、机械使用费和其他有关费用四个部分。

（2）间接成本：指为完成工程施工任务而间接发生的费用及间接为工程服务而发生的费用，由施工管理费（包括现场管理费及总部或上级管理费）和其他间接成本组成。其中，其他间接成本包括各种分摊费用，如投标费、合同公证费、各种保险和保函手续费、临时设施费、各种税金、办公费和试验费等。

（3）利润：工程费用中利润的多少，主要取决于承包人施工管理水平的高低及合同价格的合理程度。一般情况下，编制标底时按平均利润率来确定预算工程费用中的利润，而承包人在投标报价时，则是按自己的投标策略来确定利润额，并将其注入单价中。因此，工程价值的大小已由合同预先定价，承包人实际获得利润的多少，取决于他对工程实际成本的控制能力。

（二）影响工程费用的因素

公路工程是一种线长面广，受各种自然因素和社会因素影响较多的工程项目。其施工活动必然会受到各种因素的干扰，进而使工程费用受到影响。影响工程费用的因素很多，归纳起来有如下几种：①设计因素；②施工因素；③合同因素；④社会因素；⑤自然因素；⑥监理因素；⑦业主管理因素。以上诸因素都是影响工程费用的关键性因素和决定性因素。

二、工程费用监理的意义

工程费用监理的实质是使建设项目的实际总投资不超过该项目的计划投资额（合同价），并应确保资金使用合理，使资金和资源得到最有效的利用，以期获得最佳投资效益。工程费用监理的意义包括以下几个方面：

(1)给承包人引进了竞争机制,也为业主改善了投资环境,实现了投资监督,使资金变为有偿使用。

(2)可以促进业主筹集资金,偿还贷款;还可促使承包人实行内部管理体制改革,降低成本,提高劳动生产率,以达到加快施工速度、提高工程质量、优质高效完成工程项目的目的。

(3)可造就一批既懂技术,又懂经济和管理知识的专门人才。

(4)工程费用监理是集技术、经济与管理于一体的综合性工作。

三、费用监理中监理工程师的责任

工程费用监理是工程监理的一项主要任务,它贯穿于工程建设的整个过程中的各个环节,起到了对项目投资进行系统管理与控制的作用。监理工程师应负的责任是十分重大的。

监理工程师在管理与控制项目投资方面主要有以下的业务内容:

(1)在施工招标阶段,准备与发送招标文件,协助编制标底及评审投标书,提出决标意见,并协助业主与承包人签订承包合同。

(2)在施工阶段,编制资金的使用计划,督促承包人严格执行工程承包合同,调解业主与承包人之间的争议,检查工程进度和施工质量,验收竣工工程,签署工程付款凭证,审查工程结算。

(3)在工程竣工阶段,协助业主正确编制竣工决算,分析考核项目的投资效果,进行项目后评价,督促承包人对项目进行保修与回访。

四、工程费用监理的原则与方法

(一)工程费用监理与其他各监理的相互关系

工程监理由工程费用监理、工程质量监理、工程进度监理、施工安全监理、环境保护监理和工程合同管理等部分组成。其中,前三者直接源于工程的投资、质量、工期三大目标,合同管理则是实施上述三大监理的共同基础。它们之间既互相联系,又互相独立,但其目标却是一致的,即共同实现对工程项目的监理。此外,由于工程建设的三大目标在施工过程中不能同时达到最优,即不可能同时做到投资省、工期短、质量高,因此在进行监理时,应根据业主要求及工程的实际客观条件进行综合研究,采取积极主动的监理措施,尽可能减少或者避免目标值与实际值的偏差;而不是采取被动监理的方法,当实际值与目标值出现偏差时,再去分析产生偏差的原因,并确定下一步的对策。

(二)工程费用监理的原则

(1)政策性原则。工程费用监理是一项政策性、法律性、经济性和技术性很强的工作,必须严格遵守国家法律和有关制度,正确处理国家全局利益和工程局部利益的关系。

(2)公正原则。监理工程师在工程费用监理中,应实事求是、客观公正、认真负责地做好每一项工作。尤其是当施工中发生工程变更、工程费用索赔和各种特殊风险时,更应独立而公正地作出判断及对其进行合理估价,使承包人和业主的货币收支行为趋于准确和合理。

(3)合同原则。工程承包合同一方面综合体现了国家的经济政策、基本建设管理制度及法规,另一方面也全面概括了工程设计的意图及其要求,同时还综合考虑了工程施工中的各种因素。因此,合同是关于工程施工的综合性文件。监理工程师应以合同为依据,按其要求进行费用监理,保证每一笔工程费用的支付都符合合同的原则和要求。

(4)责、权、利相结合的原则。工程费用监理的目标不是使工程实际支付的费用少于合同价,而是让实际支付的工程费用更趋合理,且符合合同的要求。这就需要费用监理的责、权、利高度结合,即让监理工程师职责明确,权力适当,利益合理。这样,才能充分调动他们的积极性,搞好工程费用监理。

(三)工程费用监理的工作程序与方法

1.费用监理的目的和主要作用

费用监理的目的和主要作用是发现与减少偏差。费用监理的偏差有两个方面:

(1)工程施工的实际耗费与合同价的偏差。

(2)工程费用的计量与估价是否符合合同的要求和精神,即工程费用是否准确与合理。

监理工程师应时刻注意工程的进展情况,及时收集各种信息,了解工程费用的实际值与合同价的差异,判断并分析偏差产生的原因是什么,偏差值是否在允许范围之内,以及采取什么样的措施来处理偏差等。

调节是监理的实际行为。调节包括指导、限制和监督三方面的内容,即指示和引导承包人如何达到目标,对不符合合同要求的工程不予计量支付,对不正当的行为和支出进行纠正,对发出的监理指令进行督促和检查等。

2.工程费用监理的程序

费用监理的前提条件是明确目标,而目标必须在数量、时间、责任上有明确的规定。一般情况下,质量监理、进度监理和合同管理三者既是进行费用监理的基础,又须依靠费用监理来有效地开展工作。因此,负责费用监理的人员必须合理分工,并明确各自的任务和责任范围。

费用监理的核心是工程的计量和支付,这也是确定工程质量和进度的重要手段。首先,应落实费用监理的机构,除配置费用监理工程师外,还应落实计量、支付人员及明确由谁对最终结果负责,即由谁在计量证书和支付证书上签字;此外,还须制订计量、支付的规章制度及管理程序,以及明确计量、支付的审核环节,以保证计量、支付的质量。

3.工程费用监理的方法

从时间角度出发,工程费用监理的方法有三种:

(1)事前主动监理。

(2)施工过程中跟踪监理。

(3)事后反馈监理。

第二节　工程量清单

一、工程量清单

工程量清单又叫工程数量清单,是招标单位按一定的原则将招标的工程进行分解,以明确工程的内容和范围,并将上述内容数量化,且以表格形式表述的文件。工程量清单是招标文件的重要组成部分;当由投标人填上单价后,即成为标价的工程量清单(报价单);中标的报价单即是工程费用支付时作价的直接基础。

实质上,工程量清单是一个工程项目表,常以每一个个体工程为对象,按分部分项列出其工程数量，反映出该工程项目的主要内容和预算数量。

二、工程量清单的内容与作用

（一）工程量清单的内容

工程量清单的内容包括前言、工程细目、计日工明细表、工程量清单汇总表四个部分。

1. 前言

在合同文件中，前言又叫清单序言。前言主要说明工程细目的包容程度及费用依据，阐明编制工程量清单时采用的计算方法，以及这种计算方法是否将继续用于实际工程的计量。同时，前言还应说明单价所包含的内容和范围，并要求工程量清单必须和其他文件共同阅读和理解；在前言中，亦须强调指出工程量清单中各细目工程数量的性质和估算量，以达到提醒投标人投标报价及将来施工计量支付时计量人员注意的目的。

工程量清单各章是按技术规范相应章次编号的，有标价的单价与价格，均已包括了所有施工的工、料、机费，以及安装费、质检费、缺陷修复费、保险费、管理费、税费和利润，同时包括合同明示和暗示的所有一切风险、责任和义务。因此，一般在前言中均规定：无论数量是否标出，在工程量清单中的每一细目均需填上单价，否则，未填单价的细目将被视为已分摊到其他细目的单价之中，那些符合合同规定的工作若没有列细目，亦视其费用已经分摊到有关细目的单价之中。

2. 工程细目

工程细目又叫分项清单表，是招标工程中各个工程细目的工程数量单位及单价数额的排列。各工程细目应分章编列，以便将不同性质、不同位置、不同的施工阶段或其他性质不同的工程加以区别。工程细目可根据工程的具体情况分为不同的章、节、目，现以表 4-1 为例，对章、节、目的整体联系和具体内容加以说明。

表 4-1　路基土石方

合同段　　　　　　　　　　　　　　　　　　　　　　　　　　　　货币单位：元

编号	项目名称	单位	数量	单价	总额
202－1	清理与掘除				
202－1.1	清理草皮与表土	m^2			
202－1.2	掘除树根	棵			
202－1.3	砍伐树木	棵			
202－2	拆除旧路				
202－2.1	碎砾石土路面				
202－2.2	沥青混凝土路面	m^2			
202－2.3	沥青表处路面	m^2			
202－2.4	⋮				
202－3	拆除结构物				
202－3.1	钢筋混凝土结构				
202－3.2	混凝土结构				
202－3.3	砖石及其他砌体结构				

续表 4-1

编号	项目名称	单位	数量	单价	总额
202 - 4	⋮				
203 - 1	挖方				
203 - 1.1	挖土				
203 - 1.2	挖石				
203 - 1.3	弃方超运				
203 - 2	填方				
203 - 2.1	利用土填方				
203 - 2.2	利用石填方				
203 - 2.3	借土填方				
203 - 2.4	填方超运				

3. 计日工明细表

计日工明细表一般包括总则、计日工劳务、计日工材料、计日工施工机械、计日工汇总表五个方面的内容，并且由相应的计日工劳务单价表、计日工材料单价表、计日工施工机械单价表和计日工汇总表等四个表组成。其各表格式参见《公路工程标准施工招标文件》(2009年版)。

4. 工程量清单汇总表

工程量清单汇总表是对分项清单的汇总，包含着由各个工程量清单以章节转过来的内容，同时还列有考虑计日工、工程意外和价格意外等的暂定金额，详见表 4-2。

表 4-2　工程量清单汇总表

序号	章名	金额(元)
1	第 1 章　总则	
2	第 2 章　路基	
3	第 3 章　路面	
4	第 4 章　桥梁、涵洞	
5	第 5 章　隧道	
6	第 6 章　安全设施及预埋管线	
7	第 7 章　绿化及环境保护	
8	第 8 章　房建工程	
9	第 1 章至第 8 章清单合计	
10	已包含在清单合计中的专项暂定金额小计	
11	清单合计减去专项暂定金额(9 - 10)	
12	计月工合计	
13	不可预见费(暂定金额 = 11 × %)	
14	投标价(9 + 12 + 13)	

注：一切暂定金额都应由监理工程师按照《公路工程标准施工招标文件》(2009 年版)规定决定全部使用或使用其一部分。

(二)工程量清单的作用

工程量清单的作用有两个:

(1)为编制标底服务。

(2)为所有投标人提供一个报价计算的共同基础。

不过,工程量清单中的工程量只是根据图纸及其说明按一定计算规则计算出来的工程量,不是实际的工程量。在计算时,其计算规则要与技术规范规定的技术规则完全一致,以使清单所列工程量与实际工程量间的差距尽可能小。

(三)工程量清单单价说明

工程量清单中各工程细目的单价,是投标人根据自身特点,按照合同规定计算各项费用并进行分摊后填入报价单的。所以,监理工程师应要求承包人按照合同规定的内容与时间,报送单价的来源及其构成,以便对其单价进行评价和分析,有利于处理工程变更及费用索赔,对工程计量阶段的划分也有参考价值。

三、工程量清单的使用与变动

(一)工程量清单的使用

工程量清单在使用前,应先弄清楚所列的工程量清单栏目的形式,然后根据需要加以使用。工程量清单主要有以下五类栏目形式,下面分别说明其使用方法。

1. 有具体工程单位的清单栏目

此类清单栏目主要用于工程的计量与支付。由于工程量清单栏目都有具体的工程单位(如以"t"等物理单位来表示构件的质量,以"道"表示涵洞与通道,以"座"表示加油站等),其单价和数量基本稳定,因此监理工程师必须按工程量清单标明的单价和实际计量的工程数量办理。但是,当实际施工完成的工程量与工程量清单给定的数量有出入,即工程数量有自然增减时,若自然增减的幅度在合同规定的范围内,则应按工程量清单标明的单价和实际计量的工程数量办理;当实际施工完成的工程数量自然增减的幅度已超出合同规定的幅度,或发生工程变更时,鉴于这两种情况都使工程量清单的数量和金额发生变化,则在处理时应按合同的有关具体规定办理。

2. 以细目为单位的清单栏目

监理工程师应根据实际情况,确定细目计量划分比例。

3. 暂估数量的清单栏目

本栏目的工程数量是暂估的,即是估计的、不准确的,其数量主要是为投标工作而设的。因此,监理工程师必须严格控制工程数量,即在执行过程中要特别注重计量方法,并结合工程情况及时地予以计量,以控制和掌握工程数量。

4. 暂定金额的清单栏目

本栏目以项为计量单位,且其工程数量和单价均是待定的。监理工程师应根据实际情况,部分动用、全部动用或根本不动用该项费用,且通常不允许超出使用暂定金额。如果工程量清单所列的暂定金额明显有误,可通过颁布工程变更令来加以解决。

5. 以时间为单位的清单栏目

监理工程师必须根据工程实施的具体情况严格掌握本清单栏目的使用。例如计日工,亦属此例,但其数量却属估计。因此,在使用时需要监理工程师根据实际情况确定如何使用及使用多少,并应持慎重态度。

(二)工程量清单的变动

公路工程在施工过程中,由于意外情况、优化设计等进行工程变更,变更的结果必然要涉及工程量清单的变动。当监理工程师按照合同的规定办理工程变更时,应对工程量清单按下列方式进行相应的修改和补充:

(1)若仅变更工程数量,则清单细目的内容及其单价不变。

(2)工程性质变更引起单价变化,原清单细目的内容及数量不变。

(3)清单细目内容、单价、数量全部变更,其中包括项目整个被取消。

(4)新增工程,即清单细目、单价、数量全部是新增列的。

第三节 工程费用监理的职责和权限

《公路工程施工监理规范》(JTG G10—2006)明确规定:监理工程师必须以质量合格、手续齐全且符合安全和环保要求作为计量与支付的先决条件。未经总监理工程师签字不得支付。

一、工程费用监理中计量的职责与权限

监理工程师对工程费用的监理,是通过工程计量和支付工程费用两个环节来实施的。工程计量的范围不仅包括对工程量清单中已列的工程细目的实际工程量进行测定,也包括对施工过程中所有与费用支付有关的工作内容的准确记录,如恶劣天气、停工对承包人的实际影响等。为了准确测定施工工程实际工程量的大小,监理工程师必须拥有相应的计量权力。《公路工程标准施工招标文件》(2009 年版)对监理工程师在工程计量中拥有的职责与权限作了十分具体的规定。

(一)计量的职责

公路工程的承包合同一般采用的是单价合同,而工程量清单(报价单)中的工程数量仅是一种按设计图纸估算的工程量。每一工程细目竣工后的实际工程量需由监理工程师按技术规范中有关的计量规定在现场进行计量,并对计量结果加以确认。所以,计量就是按合同有关规定准确测定已完工工程的实际工程量,这是监理工程师的一项基本职责。

(二)计量的权力

在一般的承包合同中,都明确规定计量工作由监理工程师负责,且无论采用何种方式计量,最终确认工程量多少的权力均归监理工程师。同时,监理工程师有权审查和核实承包人的计量记录,删除那些不合理的部分,即删除的那些工程质量虽然合格,但没有按工程量清单、技术规范及《公路工程标准施工招标文件》(2009 年版)中有关计量规则和计量方法进行计量;或大多数工程合格,但其中含有不合格的部分等。

(三)权力的限制

工程计量直接关系到付款,涉及业主和承包人双方的直接经济利益,监理工程师对计量具有最终确认权,其权力是很大的。虽然在合同文件中没有对监理工程师的计量权力加以具体限制,但合同对监理工程师的工作原则都进行了限定,即不得损害业主的利益,必须公正独立地进行工作,认真地尽职和行使职权。这些原则无形间对监理工程师的计量权力起

到了约束和限制的作用;同时,政府机关亦可按有关法律对监理工程师的工作进行监督,从而由另一方对其权力加以制约;此外,《公路工程标准施工招标文件》(2009 年版)在赋予监理工程师计量权力的同时,亦对这种权力的应用给予了相应的约束。

二、监理在工程费用支付中的职责与权限

工程费用支付是工程费用监理的最后一个环节,同时亦是监理工程师进行合同管理的最后一个环节,是最终落实业主和承包人经济利益的关键工作,也是确认实际工程费用的过程和工作。在施工合同条件中,监理工程师对工程费用支付的职责条款同时也是其权限条款。

(一)工程费用支付中的职责

监理工程师在工程费用支付方面的职责有两个:

(1)定期审核承包人的所有付款要求,并为业主提供付款凭证,保证业主对承包人的支付公平合理。

(2)按时替承包人向业主提供付款证明,使承包人能及时获得各种应收的款项。

进行审核和开具付款证书是监理工程师在费用支付中的主要职责,但这种审核必须按合同文件规定的原则和要求来进行,即为业主的每一笔资金支出把好关,也使承包人应得到的经济利益得到维护。

(二)工程费用支付中的权限

监理工程师在工程费用支付中的权限内容很广,《公路工程标准施工招标文件》(2009 年版)中的支付条款给予了监理工程师相应的权限,现归纳如下:

(1)审查、签发中期支付证书及合同终止后任何款项的支付证书。

(2)对不符合技术规范和合同文件要求的工程细目和施工活动,有权暂拒支付,直至上述工程细目和施工活动达到要求。

(3)调整合同价格的权力。在合同执行期间,由于后续法律、法令、法规等使用而使工程费用发生增减,或者由于资源价格的涨落而引起工程费用的变化,监理工程师均须与业主和承包人协商,以确定新的合同价格;此外,当实际支付的总价与合同总价相差悬殊时,亦应对合同价格进行调整。

(4)其他有关支付方面的权力。如确定变更的单价、确认索赔金额、下令使用计日工、动用暂定金额、关于紧急补救及保留金支付等方面的权力。

第四节　工程计量

一、工程计量的必要性

在公路工程施工中,合同工程量清单中所开列的工程数量是按图纸计算的预计数量,《公路工程标准施工招标文件》(2009 年版)亦明确规定了该工程量仅是估算的数量,不能作为承包人应予完成工程的实际和确切的数量,只是为投标人提供了一个计算标价的共同基础。

对承包人的工程价款的支付,是按其实际完成的工程数量进行计算的。单价合同工程

的付款，是将监理工程师认可的实际准确的工程量与承包人在报价单中该项工程的填报单价相乘；另外，对不合格的工程和工作，监理工程师可不予计量。因此，承包人所得工程价款均以计量的工程量为基础，而计量的准确与否则是保证业主与承包人双方实现公平交易的关键。因单价已在合同中签订，是固定不变的，于是影响付款金额的唯一参数便是通过计量的工程量。此外，对于工程变更、计日工等，更应进行工程计量，以便取得完整的计量资料，作为工程费用支付时的依据。

通过按时计量，监理工程师还可随时掌握承包人工作的进展情况和工程进度，以便调整施工组织计划。

二、有关工程计量的规定

（一）工程计量的范围

工程计量的范围包括：工程量清单及修订的工程量清单的内容，合同文件规定的各项费用支付（如费用索赔、各种预付款及其扣回、保留金、违约罚金、材料设备的价格调整等）。

（二）工程计量的主要依据

工程计量的主要依据是：工程量清单及其说明、合同图纸、工程变更令及修订的工程量清单、合同条件、技术规范、有关计量的补充协议、“索赔时间/金额审批表”。

（三）工程计量的程序和主要文件

工程计量由承包人提出并附有必要的中间交验申请、试验报表等资料报监理工程师。监理工程师则应先审查承包人提出的计量申请，再按照《公路工程标准施工招标文件》（2009 年版）的规定，在合理的时间内事先通知承包人。该承包人应立即参加或派合格人员前往协助监理工程师进行计量工作，同时还应提供必要的人员、设备和交通工具。如果监理工程师在审查承包人为计量准备的有关资料的过程中发现问题或资料不全，应将这些资料退还给承包人，且暂不进行计量，或计量后暂不予以支付。

对计量结果必须清楚真实地填写入中间计量表，并经双方签字认可。若承包人对监理工程师计量核实后的结果不予同意，则应在上述审查后 7 d 之内将其认为不正确的方面向监理工程师提出申辩，而监理工程师应进一步检查计量记录并复议，然后将复议的结果通知承包人。

工程计量的主要文件如下：中间计量表、工程分项开工申请批复单、检验申请批复单及有关的自检资料、工程质量检验表及有关的质量评定意见、工程变更令、中间交工证书。

（四）有关工程计量的规定

按照合同规定，监理工程师应对承包人提出的已完成的工程量通过计量来核实和确定其价值。承包人接到监理工程师进行计量的通知后，如果不参加或未派人参加计量工作，则由监理工程师所作的或由他批准的计量应被认为是对工程的正确计量，且可以作为支付的依据，承包人不能对此种计量提出异议。

对于永久性工程，可以采用记录和图纸的方法进行计量。当承包人被通知要求参加此项计量时，承包人应在工作过程中准备好该工程的记录和图纸，并提交给监理工程师。双方应在监理工程师所发通知中约定的时间内一起审查和确认有关的记录和图纸。当双方均同意时，应在上述文件上签字确认。如果承包人不参加或不派人参加上述记录和图纸的审查与确认，则应认为这些记录和图纸是准确无误的。承包人也可在上述计量后 7 d 之内向监理工程师提出申辩，说明他认为上述记录和图纸中不正确的各个方面，且要求监理工程师予以决断。监理工程师在收到承包人的申辩后，应进一步检查记录和图纸，或者维持原议，或者进行修改，并将复议后的结果通知承包人。

三、工程计量的原则、方式和方法

(一)工程计量的原则

监理工程师对工程计量或对承包人申报的已完成工程数量的确认，应符合以下原则：

(1)不符合合同文件要求的工程不计量。

(2)按监理工程师同意的计量方法计量。

(3)按合同文件所规定的方法、范围、内容、单位计量。

工程计量只计量工程量清单中的全部项目；已由监理工程师发出变更指令的工程变更项目；合同文件中规定由监理工程师现场确认，且已获得监理工程师批准的项目；确属完工或正在施工中的已达到合同规定和技术标准，即已计量并签发了中间交工证书的工程项目；申报资料和验收手续齐全的项目；对于隐蔽工程，必须在其覆盖之前进行计量。

(二)工程计量的类型和方式

工程计量有监理工程师独立计量、承包人单独计量、监理工程师与承包人联合计量三种类型。

工程计量方式有以下三种：

(1)实地测量与实地勘察，如土石方工程、场地清理工程等。

(2)室内按图纸计算，如钢筋混凝土结构物及多数永久工程。

(3)根据现场记录计量，如计日工、打桩工程、《公路工程标准施工招标文件》(2009 年版)中的内容等。

一般情况下，当工程达到规定的计量单位时，监理工程师应审查承包人为计量所准备的资料，看其是否具备计量的基本条件，如果不具备就不进行。但在某种情况下，如可能会发生费用索赔，则可先计量，但不支付，作为资料保存。

当工程发生变更时，原工程量清单内的某些工程项目、工程数量、计量单位均会有所改变，对这些变更工程的计量，应参照监理工程师颁发的工程变更令及其修订的工程量清单进行。

在特殊情况下，监理工程师和承包人均可根据工程实际提出增加计量次数，但应提前向承包人发出通知，并写明监理工程师准备在何时对何工程进行何种计量；承包人则应提前填写计量申请单，写明要求增加计量次数的原因、计量的工程部位和计量的时间，以便监理工程师审查。

一般情况下，工程量的计量由承包人负责，且由双方共同进行，监理工程师必须对计量结果作出准确的记录，并将记录的副本抄送给承包人，以及负责计量结果的审核。计量结果须经承包人和监理工程师双方签字同意。如出现争议，首先应协商解决，如协商解决不了，仍由监理工程师最后确定。

(三)工程计量的方法

监理规范规定，应按监理工程师同意的方法进行计量，这是因为在实际情况下，有些工程或合同文件中没有规定具体的计量方法。这时，监理工程师应对计量方法予以补充或由承包人建议，并经监理工程师确认后再实施。

一般情况下，计量方法和计量规则均明确地规定于工程量清单前言和技术规范的有关内容中，在进行计量时必须遵守其要求。如某工程规定：

（1）路基填筑，按规定其面积以原始地面线和最终横断面构成的面积的平均值来计算，并可采用平均断面积法；对超路堤设计断面以外的及清除表土后原地面以下的填筑部分，均不予计量。

（2）软土地基路段的沉降按路堤填筑计量。路堤在原地面以下的平均沉降值按中心线位置处沉降值的85%计算

$$V = 0.85 \times H \times B \times L \tag{4-1}$$

式中 V——软土地基沉降的路堤体积，m^3；

L——沉降板观测所代表的路堤长度，m；

B——横断面图上原地面线上路堤坡间的距离，m；

H——道路中心线位置处沉降板所测得的沉降值，m。

（3）圆管涵和倒虹吸涵洞、箱涵和通道、盖板涵和通道。以桥梁结构型式出现，且跨径 $L \leq 8$ m 的钢筋混凝土式通道及涵管，均按涵身中心线或通道轴线方向以延米为单位计量。

（4）砌体及防护工程，按图纸或监理工程师指示，以实际完成数量计算。

（5）钢筋、混凝土工程，以图纸或工程师指示，按实际完成的混凝土体积和钢筋数量计量。

（6）砂井、塑料排水管以实际打设的根数和长度按延米计量。

（7）土工布以实际铺设的水平面积计量（其中回折和搭接部分的面积不予计量）。

另外，在不同的合同中，计量方法和计量规则会有一些差别，即使是对同一工程内容亦如此。因此，计量时必须按照合同的计量细则的规定进行，且不得按习惯的方法计量，更不能按别的计量规则计量。

例如，同是压实土方工程，京津塘高速公路计量细则规定：填方料的体积以测量的地面高程为标准的设计断面的净体积计量；《公路工程标准施工招标文件》（2009 年版）的计量细则规定：应以承包人施工测量并经监理工程师审核批准的横断面地面线为基础，按图纸中的典型横断面所绘制的由监理工程师审核批准的横断面施工图为依据进行计算；成渝公路计量细则规定：以图纸所示或监理工程师指示为依据，按实际完成并经验收的数量计量，且经摊铺压实后，以 m^3 为单位进行计算。

（四）审核计量的方法和程序

1. 审核计量方法

监理工程师应熟悉有关规范规定和工程量清单前言中的有关内容及要求，并应熟练掌握计量方法，以满足审核合同和计量的需要。

2. 审核计量项目

在我国，目前执行的合同是单价合同，合同的单价一般固定不变，且是包括了很多内容的综合单价。一般情况下，对清单中没有列入的计量项目均包含在相应的项目内容之中。因此，为防止同一项目引用两个或两个以上的支付编号，避免计量支付项目的重叠，监理工程师必须认真审查计量项目，尤其是对单项工程的工程量批复，其支付编号更应引用准确。例如，桥台基础开挖后，砂砾垫层的回填与铺筑，因其单价已包括在结构挖方中，故不应再单

独计量。

3. 审核计量数据

监理工程师应对照设计图纸或实地进行丈量，对计量的数据进行审核。特别是对桩号、高程、宽度及结构物的几何尺寸等原始数据，更应认真细致地进行审核，做到每一数据均准确无误。

4. 审查支付编号

因每一支付编号都与特定的项目内容和单价相对应，所以应着重对项目内容相近或容易套错支付编号的项目进行审查，以避免差错。

5. 全面审核

驻地监理工程师应对各专业工程师审核过的计量资料，再进行一次全面的检查和审核。其内容包括质量检测、试验结果、中间交工证书和各类计量资料及其结果，但重点应审查计量的项目是否符合计量条件。待驻地监理工程师审核无误并签认，且将签认过的工程计量证书退还承包人后，承包人即可依据已签认的工程计量证书进行月工程进度款的申报和编制，从而进入支付报表的编制阶段。

四、计量工作注意事项

在合同实施中，监理工程师必须对所有已完成的工程细目进行计量和记录，以便检查承包人以后的月度结账单；对涉及付款的工程细目在施工中发生的一切问题应进行详尽记录，如打桩、采芯时的钻探记录可作为付款的依据，又如底土的变化会引起竣工工程数量与合同中工程量清单开列的数量间的差异等，及时而详细地记录这些问题，将有助于支付和解决纠纷；有关计日工、劳动力、材料、机械等实际情况的记录，因均涉及《公路工程标准施工招标文件》(2009 年版)通用条款的计算调价和确定索赔，故应妥善保存；另外，还应特别注意那些在下一个计量日期已无法再进行计量的隐蔽工程，更需对承包人的施工记录和报表等进行详细审查，并及时进行计量，以避免事后引起不必要的其他纠纷。

第五节　工程费用支付

一、支付的必要性

公路工程施工合同是为经济目的而签订的，因此工程承包是一种商业行为，在承包活动中业主与承包人双方均是独立的经济实体，有着各自的经济利益。由于业主和承包人在整个施工活动中处于不同的经济地位，要使合同全面履行，承包人必然要对工程的费用支付提出要求，要让他们按照合同履行各自的义务，则必须以费用支付为经济杠杆来加以协调。另外，工程施工是一种特殊的生产活动，具有复杂、风险性大、费用巨大、周期长及生产必须连续等特点。一般情况下，承包人不愿，也不可能单方面承担施工中的各种风险，更无法垫付全部工程费用，假如业主不及时支付工程费用，承包人肯定会出现资金周转困难，从而造成施工受阻，并最终影响业主的利益。

基于以上所述，通过工程费用的合理支付，使他们在共同参与的工程活动中公平地实现各自的经济利益，即资金随工程的进展情况逐步由业主向承包人转移，而工程活动中的物资

(材料)则经承包人按图纸加工形成业主所需的特定商品——结构物。

二、支付的原则

支付是工程费用监理的关键,亦是监理工程师的核心权力。因此,监理工程师在费用支付中,一定要站在公平的立场,客观和准确地评价承包人的施工活动,认真负责和正确地确定工程费用并及时加以签认,让承包人能及时获得补偿。为了达到公平合理的支付目标,应遵守下述原则:

(1)支付必须以工程计量为基础。

(2)支付必须以技术规范和工程报价单为依据。

(3)支付必须以合同条款和日常记录资料为依据。

(4)支付必须严格按照规定的程序。

(5)支付金额必须大于阶段证书的最低限。

(6)支付必须及时。

三、支付的种类

工程费用支付可分为以下三种:

(1)前期支付。前期支付包括:动员预付款、履约保函及保险。

(2)中期支付。中期支付包括:工程款、暂定金、计日工、材料设备预付款、工程变更、保留金、索赔、价格调整、迟付款利息、对指定分包人支付、合同中止后支付、工程交工支付。

(3)最终支付。

四、支付的程序

(一)前期支付的程序

1. 动员预付款

当监理工程师确认承包人已经完成合同协议书的签署,并已收到承包人向业主提交的履约保函及动员预付款保函之后,应按照合同规定,签发动员预付款金额的支付证明,业主则应按监理工程师签发的支付证书向承包人付款。付款的最后期限应符合《公路工程标准施工招标文件》(2009 年版)专用条款的规定。

2. 履约保函

当监理工程师收到并确认承包人的履约保函后,应按照合同规定签发相当于履约保函一定百分比金额的支付证明。当工程全部竣工,并由监理工程师签发《工程缺陷责任终止证书》后,即应签发解除承包人履约担保责任的证明。

3. 保险

监理工程师必须按照合同规定的保险范围,审验由承包人提交的各项保险证明,并按合同规定,签发相当于保险额一定百分比金额的支付证明。监理工程师应及时从支付证明中扣除业主代承包人在办理保险时所支付的费用。

(二)中期支付的程序

中期支付内容繁多,是最为复杂和最为重要的支付。承包人应首先提交有关的各项结账单和月报表,其中应说明已实际完成的工程价值及这个月应收取的工程费用金额,监理工程师对承包人提交的月报表应进行全面的审核和计算，即在收到承包人交工财务报告后，对其报告的下列内容进行审查：按照合同规定日期完成的全部工程的最终价值，业主还应支付的任何追加款项，按照合同应付给承包人的估算总额。当确认无误后，即向业主签发中期支付证书。业主在收到监理工程师签发的支付证书后，即将费用支付给承包人。

（三）最终支付的程序

1. 准备工作

在进行最终支付前，监理工程师必须做好以下准备工作：必须处理有关工程和合同方面的一切遗留事项，即确认承包人所遗留的工程及缺陷工程已完成并达到了规范标准，且签发了该工程的支付证明；确认承包人已获得监理工程师签发的全部工程的"工程缺陷责任期终止证书"解除承包人履约担保责任的证明，以及退回或解除承包人剩余保留金或银行保函的证明；确认已对符合合同文件规定的工程变更、时间与费用索赔、价格调整等事项进行了清理与审定，并且签发了与之有关的支付证明。

在准备工作中，监理工程师还必须澄清整个工程各个阶段的计量与支付，并完成下列工作：对所有支付的细目进行检查，特别应注意防止漏项和重复；对所有已计量的工程数量与费用计算进行复核；对所有存在争议的细目与计算进行核实，并与业主和承包人协商，确定最终的处理办法。

2. 最终支付

根据《公路工程标准施工招标文件》(2009 年版)的规定，在监理工程师签发缺陷责任期终止证书后的 28 d 之内，承包人应以监理工程师批准的格式向监理工程师提交一份最后结账单草案，并附上详细的证实文件，供监理工程师考虑。如果监理工程师不同意或不核证最后结账单草案中的任一部分，则承包人应按监理工程师的合理要求，提交进一步的佐证资料，并对最后结账单草案作出他们之间协商同意的修改，然后由承包人编制最终结算清单，并提交监理工程师审批。

最终结算清单包括：最终结算清单的说明、最终结算清单和最终结算清单的附件三部分。其中，最终结算清单的说明应包括最终支付的依据及计算方法，经监理工程师确认按合同最终应付给承包人的总金额，以及考虑业主以前所付的款额及业主、承包人各自责任对支付额的影响后，业主还应付给承包人或承包人还须付给业主的余额；而最终结算清单则由一系列清单及表格组成；最终结算清单的附件由一系列图纸、计算资料、文件、发票等组成。

承包人在向监理工程师提交最终结算清单时，还应向业主提交一份书面清账书(并抄送监理工程师)，确认最后结算清单中代表了根据合同规定应付给承包人的全部款项的最后结算。

监理工程师在收到最终结算清单和清账书 14 d 之内，应签发一份最后支付证书报业主审批(并抄送承包人)。业主在收到监理工程师签发的最后支付证书 28 d 之内，应将其核批并通知经办银行将工程款支付给承包人。

五、支付的分工与管理

工程项目的支付工作是十分复杂和繁重的，若没有严格的分工和管理程序，势必造成混乱，进而导致监理工程师无法正常工作。因此，监理工程师应对其足够重视。

（一）分工

在驻地监理机构中，一般都配置有计量与费用支付工程师。费用支付工程师不仅应认真尽职地搞好支付，还应明确不同细目的支付控制目标，并在工程费用预算和本段工程费用分析的基础上，找出费用支付的重点，将责任落实到人，配合驻地的其他监理人员，切实贯彻以支付为核心、控制全面的指导思想，把本合同段的支付款额较好地控制在合同价格的范围内。

（二）管理

支付是一项综合性工作，涉及的内容多，处理又极其复杂，加上承包人在申请支付时要填报大量的报表和资料，监理工程师为避免支付纠纷也记录了大量的原始记录和资料，因此支付中的计算工作和资料管理工作亦是很繁重和琐碎的。

为了提高支付的准确性和工作效率，对于整个项目来说，除推行表格和报表的标准化管理，建立支付档案，采用计算机处理信息外，还必须建立支付的管理制度和各级支付人员的岗位责任，将支付职责落实到人，并对支付工作定期进行检查和考核，及时对违反支付管理制度的人员给予处理。

为了对工程费用的动态进行全面分析，以便及时发现问题，并在分析研究的基础上制订对策，保证支付工作的顺利进行，《公路工程施工监理规范》（JTG G10—2006）规定：监理工程师应建立计量与支付台账，根据承包人申请和有关规定及时登账记录，实行动态管理。当有较大差异时应报业主。

第六节　清单支付与合同支付

一、清单支付项目

清单支付是工程费用支付中最主要和最基本的内容，一般包括以物理单位计量的工程、以自然单位计量的项目、暂定金额和计日工四类。凡能够在工程费用预算时比较准确地计算其工程内容的，都将以物理单位和自然单位来计量；不太明确却可能发生的工程内容则使用计日工和暂定金来估算。若项目以物理单位计量，在支付时，以其计量的数量与单价相乘即可；而以自然单位计量的项目，在支付时，则必须另行规定支付比例和具体的支付办法。

（一）以物理单位计量的支付项目

以物理单位计量的支付项目覆盖了清单的绝大部分，所占费用也占整个工程费用的85%左右。其支付条件是完成了技术规范和图纸所规定的工作内容，且质量合格、计量准确、工程达到监理工程师满意。支付的具体做法是将承包人每月完成的工程项目的净估数量与其相应的单价相乘，并通过中期支付证书支付工程进度款，以及由最终支付证书支付最终结算款来实施。

（二）以自然单位计量的支付项目

以自然单位计量的支付项目有以下两种情况：

（1）按项计量支付的项目，如一项复杂工程（人行通道、房屋或某一项试验等）或一种结构物亦属此类。

（2）以自然单位计量，如挖树根（以棵计）、桥梁的橡胶支座（以块计）、照明灯柱（以根数计）等。

其中,第一种计量支付比较麻烦,第二种则比较简单,只需用计量数量与其相应的单价相乘即可。

(三)计日工

(1)计日工使用的规定。根据《公路工程标准施工招标文件》(2009 年版)通用条款的规定:在招标、投标时不能预料的一些工作;在合同实施过程中增加的工程或工程项目的工程数量,性质不明的工程或完成工程项目必需的附属工程;监理工程师认为必要或可取,可以指令按计日工完成的任何特殊的较小而需变更的工程,均可使用计日工。

计日工的使用必须得到监理工程师的批准。承包人用于计日工的劳动力不允许增加;用于计日工的材料一般应由承包人提供,且未经监理工程师同意时不得任意改变,用于计日工的施工机械应由承包人提出,若故障或闲置,则不支付费用;除非监理工程师事先同意,承包人无权将计日工任意分包。

(2)计日工的支付。对所有按计日工方式施工的工程,在其持续进行的过程中,承包人应每天将从事该项工作的所有工人的姓名、工种及工时的清单一式两份,以及表明该项工程所用的材料和承包人装备(计日工明细表中已包括了以附加百分比表示的承包人装备的除外)的名称和数量的报表一式两份报监理工程师,经监理工程师审批后,其副本应退还给承包人作为支付的依据。在每月结束时,承包人应向监理工程师送一份所有劳务、材料和承包人装备的附有价格的账单,经审批后,亦作为支付的依据。

计日工的劳务费,可按承包人投标时在合同计日工程项目中所开列的单价计算,当遇到价格调整时,应按《公路工程标准施工招标文件》(2009 年版)的规定执行;材料费用应按其运至工地时的材料费票面净值加合同工程量清单规定的一个百分数,而从仓库或材料堆放地到施工现场的二次搬运费,则应按所用劳务或施工机械的有关条目支付;施工机械费用按合同工程量清单中开列的基本租价支付,其机上人员的费用则在计日工劳务费中另行支付;用于计日工分包人费用的支付,应有分包人的发票证明,并按其票面净值加上合同工程量清单里计日工项目中规定的一个百分数。

应当说明的是,虽然计日工是在施工中发生的,且是清单以外的工作,但只有在很特殊的情况下,即不能采用工程变更的方法解决时,方能使用计日工。由于计日工所产生的工程费用不可能提前估算,其中劳动力、机械设备单价较高,材料费用实报实销,必然会使工程费用大大增加,而且对计日工的管理也比较困难,因此应尽量少用或不用计日工,而采取工程变更的形式来加以解决。

(四)暂定金额

暂定金额是指包括在合同之内,并在工程量清单中以此名称标明的、为了实施本工程的任何部分或为了供应货物、材料、设备或提供服务,或供不可预见费用的一项金额。在招标、投标期间,没有足够资料可以准确估价的项目,则可采取暂定金额的形式将其列入工程量清单中。

暂定金额的使用,必须获得监理工程师的事先许可,并按监理工程师的指示,由承包人或指定的分包人来完成暂定金额的工作。监理工程师可根据实际需要动用暂定金额,并在审批了承包人提交的相应工程的施工组织计划及其所需要的人工费、材料费、机械使用费、设备费及计算说明,与业主和承包人就暂定金的支付进行协商,审核有关动用暂定金额的凭证之后,签发暂定金额的支付证明。

暂定金额一般按照实际发生的费用,加上合同中规定的费率进行支付。因此,承包人应按监理工程师的要求,提交有关暂定金额开支的全部报价单、发票凭证、账目和收据,经审核后,按事先规定确认支付项目;若暂定金额项目由指定的分包人来完成,其支付则按《公路工程标准施工招标文件》(2009 年版)规定的办法和要求进行;暂定金额项目还可按计日工的计价方式支付。

暂定金额只是财务上的一种备用金,仅用于在招标、投标没有足够资料准确估价的项目或应急项目,且应由监理工程师报业主批准后指令全部或部分地使用,或者根本不予动用。为此,承包人在提交的开工报告中,不仅要有详细的施工计划和工、料、机配备,还应有一份满足合同有关要求(指费率与单价)的施工预算,才可动用该款项,这是暂定金额支付的必要手续和条件。

二、合同支付及管理

(一)合同支付

除上述清单支付的项目外,工程施工中还有一些支付项目,其虽未列入清单,但均符合合同的要求,即工程量清单以外的附加支付项目,或合同支付项目。

合同支付是监理工作中的重点和难点,亦是做好费用监理的关键。在此除介绍动员预付款、材料设备预付款、保留金等的支付外,还将重点阐述合同支付中技术性较强的工程变更、工程索赔及价格调整三种支付项目的费用的计算与支付,并在此基础上通过对产生合同支付的原因,即工程意外的分析,以加强对合同支付项目的掌握和理解。

1. 动员预付款

承包人为了减轻自己资金周转的压力,有权得到业主提供的一笔相当于合同价值 0% ~ 20% 的无息动员预付款,用以支付施工初期阶段的各项费用。

动员预付款应在合同实施中,根据合同专用条款的规定,从月进度支付证书中由监理工程师按一定时间或一定金额予以扣回,且扣回货币的种类和比例与付款时一致。

1)动员预付款按时间扣回

一般情况下,动员预付款均按规定在一定的时间内予以扣回。扣回时间开始于工程中期支付证书中工程量清单累计金额超过合同价值 20% 的当月,止于合同规定竣工日期前 3 个月的当月,且从中期支付证书中逐月等值扣回,计算式为

$$G = F/[E - (D - 1) - 3] \tag{4-2}$$

式中 G——月扣除动员预付款数额,元;

F——已付动员预付款,元;

D——中期支付证书中工程量清单累计支付达到合同金额 20% 的时间,月;

E——合同工期,月。

2)动员预付款按金额扣回

当按式(4-2)扣回动员预付款时,若工程进度迟缓或因其他原因使工程款支付不多,会出现扣回额大于或接近工程支付额,而使中期支付证书出现负值或接近零的情况。很显然,这是不太合理的。此时,可采用在一定的工程支付金额范围内扣回动员预付款,即每次的扣回款依每次工程支付额的多少来确定,工程完成额多就多扣,反之亦然。因此,每次的工程

支付额不会出现负值或零的情况,比按月等值扣回的方法显然要合理得多。

采用本法的扣回时间开始于工程中期支付证书中工程量清单累计支付金额超过合同值20%的当月,止于支付金额达到合同价值80%的当月。在此期间,按中期支付证书当期完成的工程款占合同值60%的比例,予以扣回,计算式如下

$$G = M \times B / (\text{合同价} \times 60\%) \tag{4-3}$$

式中 G——中期支付证书扣回预付款额,元;

M——中期支付证书当期完成的工程量清单金额,元;

B——已付动员预付款占合同价的比例(%)。

2. 材料设备预付款

根据规定,承包人应从业主处获得一笔无息贷款,用于支付购进工地的各种成为永久工程组成部分的材料和设施。付款金额与货币种类及比例应是《公路工程标准施工招标文件》(2009年版)专用条款规定的购货发票面值的某一百分比,一般按所购材料单据开列费用的75%计,且应在承包人将所购材料运抵工地及其储存方法得到监理工程师批准之后付款。其付款条件是:承包人必须先填写进场材料申报表,并且监理工程师签发材料预付款计量证书;材料设备已运抵工地现场或监理工程师认可的承包人的生产场地;材料设备的质量和存放方式均满足合同要求,且具有材料价格(进口材料有到岸价,外购材料有出厂价,毛条石、碎石、砾石、砂等地方材料的料场价)及材料费用凭证;承包人应向监理工程师提交材料设备的订货单或收据。其付款方式是监理工程师按预付款的比例和种类,将确定的金额计入下一次的工程进度支付证书中进行支付。

监理工程师在签发材料设备预付款时应注意:累计支付材料设备预付款的金额不应超过合同剩余的工作量;累计支付材料设备预付款的材料设备数量,不应超过工程所需的实际总数量;预付款材料设备的品种应与工程的计划进度相符合;所签发的材料设备预付款的支付证明,不是对该材料设备的质量批准。

当材料设备已用于或安装在永久工程之中时,监理工程师必须通过中期支付证书将材料设备预付款逐次扣回。其扣回方法如下

$$Q = A - B \tag{4-4}$$

或

$$Q = A' \times 75\% - B' \times 75\% \tag{4-5}$$

式中 Q——本月支付的材料设备预付款,元;

A——本月末材料设备预付款,元;

B——上期末材料设备预付款,元;

A'——本期末累计进场材料设备的价值,元;

B'——本期末累计消耗材料设备的价值,元。

此处应注意:已支付材料设备预付款的材料设备,其所有权归业主;工程竣工时所剩余的材料设备的所有权,则应属承包人。待工程结束前,业主已支付的材料设备预付款应全部扣回,所余材料设备应让其迅速撤离工地。

3. 保留金

保留金也叫抵押保留金,是业主为了让承包人履行合同而对承包人应得款项的一种扣留。保留金的扣留应按合同有关规定办理,且从中期支付证书中,每次按已完成工程价值的10%扣除,扣除总额以全部合同价值的5%为限。如承包人在签发第一个中期支付证书前,

提交了一份由业主认可银行出具的银行保函，则监理工程师可不再替业主从中期支付证书中扣留保留金。

保留金应在承包人按期完成全部工程项目并通过验收后，分两次退还给承包人。其中一半在交工证书签发后退还，另一半则须待缺陷责任终止证书签发后再退还。当在签发缺陷责任终止证书时承包人仍有未完工程，则业主有权将余下的保留金扣留，直到遗留工程完成。

4. 拖期违约损失偿金

根据《公路工程标准施工招标文件》(2009 年版)规定，若在允许延期工期内仍未完成工程，则承包人应向业主支付合同规定的拖期违约损失偿金。一般规定，每逾期 1 d，赔偿合同价的 0.01% ~0.05%，赔偿总额不得超过合同总价的 10%；赔偿日期应自合同规定竣工之日算起，直至交接证书上写明的实质的竣工日期，若不足 1 d，应按比例计。

拖期违约损失偿金从承包人的履约保证金或最终支付证书中扣除，也可从业主到期应付给承包人的任何款项中扣除。此项扣除，不应解除承包人对完成该项目工程的义务或合同规定的承包人的其他义务和责任。

5. 提前竣工奖金

提前竣工将使业主受益。如果承包人比规定的工期提前竣工，则业主应向承包人颁发奖金。该奖金应按交接证书中写明的本工程(或合同段)实质上竣工的日期与施工招标文件上规定，竣工日期之间的天数计算并支付。具体规定见《公路工程标准施工招标文件》(2009 年版)。

6. 迟付款利息

根据《公路工程标准施工招标文件》(2009 年版)规定，业主在收到监理工程师签发的中期支付证书 14 d 之内应核批并通知经办银行将已完成的工程款支付给承包人，或在收到最终支付证书后 28 d 之内，应核批并通知经办银行向承包人付款；否则，业主应向承包人支付利息。利息通常按复利计算，世界银行推荐的日利率为 0.033% ~0.04%，计算公式如下

$$A = B(1 + r)^{n-1} \tag{4-6}$$

式中 A——迟付款利息的金额，元；

B——中期支付证书金额，元；

r——合同规定的迟付款系数(利率)；

n——迟付款的天数，d。

当监理工程师确认业主在收到监理工程师签发的支付证书后，没有在合同规定的时间内向承包人付款，则应签发迟付款利息的支付证明。

7. 工程变更费用的计算与支付

变更是相对承包人在投标时所依据的合同文件而言所作的变动，即工程在实施期间，监理工程师根据合同规定，对部分或全部工程在形式上、质量上、数量上所作的改变。

根据《公路工程标准施工招标文件》(2009 年版)通用条款，所作的变更包括两个方面：工程变更和合同变更。

一般情况下，任何工程变更(数量、质量、结构、外形等)及合同变更，几乎都与费用有关，均将涉及业主和承包人的经济利益。除由承包人的原因而自行造成的变更外，所有的变更都需业主为工程变更而向承包人支付费用。所以，对工程变更必须全面考虑，认真对待。

1）单价的确定

在工程变更的支付中，最困难和最关键的就是对变更单价的确定。变更单价的确定应根据《公路工程标准施工招标文件》（2009 年版）规定及下列步骤进行：①收集文件资料；②查阅资料；③协商；④裁决和确定。

凡涉及该变更的文件资料均在收集之列，然后根据变更项目的特点，查阅报价单，采用类似项目的单价和费率来确定单价；当原报价单没有相应单价或虽然有但却明显不合理时，应以国家有关权威部门公布的价格表为参考依据，提出一个单价；当国家有关部门的价格表中也没有相应单价，或虽然有但明显不合理时，则以发货票为依据，提供单价；当采用发货票依然不合理时，监理工程师便可提出一个他认为合适的单价。

监理工程师可以以上述几种单价，按顺序与业主和承包人充分协商，若协商不成功，则应按《公路工程标准施工招标文件》（2009 年版）确定出他认为合适的单价。

当监理工程师发布工程变更令后 14 d 内，或变更工程开工之前，已经收到承包人要求额外支付或变更单价（或价格）的通知，或监理工程师已将自己拟采用的单价（或价格）的意图通知承包人，即单价（或价格）未取得一致意见前，为了中期进度付款的方便，监理工程师可暂定一个单价（或价格），以便使账目暂时能够列入《公路工程标准施工招标文件》（2009 年版）规定的支付证书。

当合同中任何一个支付项（工程细目）涉及金额（含变更后的金额）未超过合同价格的 2%，而且在该支付项上，实施的工程实际数量不超过或少于该工程量清单中所列数量的 25%时，则该支付项的单价或总额均不应考虑其变动。

2）核算工程数量

工程变更后，必然引起工程数量的变化，监理工程师应重新加以核算。如原清单中列有此项目，则可将变更前后的工程数量加以对比，并注明变更后使工程数量增加或减少的数量；如原清单中未列此项目，则变更属于新项目，其准确的工程数量，可根据设计单位的图纸和文件、监理工程师的现场记录及承包人提供的工程数量等方面的资料进行比较分析后，再加以确定。

3）计算支付费用

对于大的变更项目，在其立项时，应用经济分析方法和可行性研究作全面分析评估，其关键是对所需费用进行全面分析，并在此基础上确定变更方案的可行性。而对一般的变更，则在确定了单价和核算了工程数量之后，即对所需总费用作出估算。因其计算方法与工程量清单项目的支付计算一样，此处不再赘述。

4）支付

当工程发生变更时，必有其特殊的原因。因此，监理工程师在签发变更工程的支付证明时，必须以工程变更令及其修改的工程量清单为依据，并在收到《中间计量单》且审查无误后，按工程变更令所确定的支付原则，参考其修改的工程量清单，办理支付手续。工程变更的费用支付可通过中期支付证书进行。

对一些不可预见和意外的紧急事件，或变更范围不大，且事先无法估价的较小变更项目，当监理工程师认为必要或可取时，根据通用条件的规定，可对该变更工程采用计日工的方法。而其付款方式亦与其他情况下采用计日工时的支付方法相同。

5)变更总额的分析与限制

当一项变更和整个合同完成后,应对其变更的总额加以分析和限制。从本质上来看,变更是工程实施中各种风险的综合表现。为了公平和充分体现风险分担的原则,合同条件对这种实施过程中的变化从数量上给予了限制。这种限制包括以下两个方面。

(1)整个工程。当整个工程执行《公路工程标准施工招标文件》(2009 年版)规定的变更后,其变更费用超过或低于有效合同价(不包括暂定金额、计日工和《公路工程国内招标文件范本》规定的价格调整)的 15% 时,其超出部分的费用应予以调整。即在监理工程师与业主和承包人充分协商后,按协商结果,在合同价格中加上或扣减一笔金额;若协议不成,可由监理工程师在考虑了承包人用于本合同的现场管理费和上级管理费后,确定一笔调整金额。不过,此种调整仅限于超过或低于有效合同价 15% 的那一部分。

(2)单项工程。当单项工程变更的金额超出合同价格的 2%,以及变更的实际工程数量超过原工程量清单所列工程数量的 15% 时,其超出部分,应予以调整。

此处 15% 是一个经验数值,当变化小于 15% 时,由于承包人在投标时考虑了各种风险,且留有一定余地,故其有能力承担。一旦突破此界限,承包人将无法承受,风险亦应由业主和承包人双方共同分担,所以要对有效合同价进行调整。基于同样的理由,对单项工程变更总额的分析和限制,亦应如此处理。监理工程师在使用变更时,一定要把握此界限,将变更规模控制在此范围内。

6)注意事项

工程变更是一种调节措施,当投资在施工阶段的实际情况与原定的投资目标偏差较大时,可采用变更来加以调节。因此,监理工程师一定要充分发挥自己的业务能力和技术水平,谨慎地对待变更,既不可因滥用变更而导致项目目标失控,使合同执行困难,也不致因变更使合同作废或失效,而让承包人的责任得以解除。

8.索赔费用的支付

索赔是一种经济行为,也是一项管理业务。索赔费用,即是根据合同的有关规定,业主或承包人通过监理工程师向对方索取合同价格以外的费用,索赔通常是以承包人通过正当手续,要求业主偿付施工中所造成的额外费用的一种形式。

施工索赔的内容包括以下两个方面,一方面是对额外消耗资源的赔偿,即索赔费用;另一方面是对时间的索赔,体现为工程项目的竣工日期延后,即延期。本部分仅对索赔费用的确认和支付方式进行讨论。

1)索赔费用包括的项目和内容

(1)人工费。由于增加了合同外的工程内容,或因业主原因造成工程拖延,致使承包人多使用了人工或者延长了工作时间,则承包人有权向业主要求补偿人工费的损失。其计算方法如下:工资单价(按合同规定或日工资,分别按合同工、普工、技术工计)×人工数(分别按合同工、普工、技术工计)×应赔偿(或延长)天数。经汇总,即为索赔的人工费。

(2)材料费。由于业主修改了工程内容,或重新施工制作,致使工程材料用量增加,则承包人有权向业主提出索赔。其计算方法如下:(实际使用的材料数量 - 原来材料数量)×所使用材料的单价。

(3)机械费。机械费索赔主要是计算机械工作时间的增加量或停置的时间(台班),新增各种机械的数量和工作时间(台班),由于业主原因造成各种机械停置的数量和工作时间

(台班)。将以上机械的各种工作时间的增加量(或停置时间)求出后,乘以合同规定的单价(或台班价),然后按各类机械费用累计、汇总后,即为机械费用的索赔数额。

(4)管理费。承包人的管理费通常由现场管理费和上级(公司)的管理费组成。其计算方法如下:

①现场管理费 = 现场管理费费率 × 直接费。其中:现场管理费费率 = 现场间接费 ÷ 工程直接费。

②上级(公司)管理费 = 上级(公司)管理费率 ×(直接费索赔额 + 现场管理费的索赔额)。其中:上级(公司)管理费费率,一般承包单位均有所规定,亦可由承包人根据某一段时间内的工程进展情况加以确定。

最终的索赔数额则以上述四种费用为基础,按合同文件规定的原则和方法进行计算并汇总即可。

2)索赔费用的计算与确定

当索赔成立时,其关键的工作就是确定索赔费用。虽然承包人在索赔报告中已有费用的计算,但监理工程师仍应对其严格审查,然后确定索赔费用。

(1)索赔细目与相应工程量的审定。首先应仔细阅读监理记录,如工地日记、监理工程师日记、计量与支付方面的记录及有关报表、停工导致索赔的有关记录;其次是仔细分析承包人的有关记录(每日的现场记录、索赔事件发生时的同期记录);再次是派人员针对重点内容去现场查实;最后根据上述监理工程师和承包人两方面及现场查实情况,按合同文件的有关规定进行综合分析,确定索赔的细目和相应的工程量(工程量的计算须按技术规范和工程量清单前言的要求进行)。

此处应注意的是,监理工程师应对承包人所提项目中的各种细目逐个进行分析和审查,确认其中哪些与索赔有关,哪些与索赔无关。对有关的细目,则应进一步分析其内容和数量是否正确与准确。

(2)单价与费率分析。承包人提出索赔时,一般会附上工程项目方面的资料与工资和成本方面的资料。监理工程师应详细审查这些资料,从中找出与索赔有关的情况及依据。一般说来,大多数的索赔项目均不包括利润,有的甚至还不包括管理费,而承包人的报价单中,其价格已经包含了管理费和利润;另外,由于在施工过程中,合同中的一些基本条件可能已进行了重大修改,早已不同于报价时的情况,因此索赔项目不能照搬报价单中的单价和费率来进行索赔金额的计算,而应从报价单的单价中将费率分解出来,重新加以确定,再进行索赔费用的计算。

(3)计算审查。监理工程师对承包人的索赔费用计算,应进行详细的审查。首先,应对承包人的计算原则、计算方法进行分析和审查,主要看其是否符合合同的规定和要求;其次,检查承包人的计算有无算术错误。审查的重点应是看其计算的原则和方法是否符合合同的有关规定和要求。

3)索赔费用的支付

当索赔费用经计算确认后,就可作为承包人的应收款项,作为中期支付证书中(或最终支付证书中)的一个支付项目支付给承包人。如果一项索赔并没有全部结案,只要监理工程师已认可了其中的一部分,则该部分的款项亦应该以一项持续索赔的临时付款的方式支付给承包人。不过,监理工程师必须依据"索赔时间/金额审批表",首先签发索赔支付证明，并按《公路工程标准施工招标文件》(2009 年版)规定，将其列入中期支付证书或最终支付证书内予以支付，且必须按合同有关规定及“索赔时间/金额审批表”所确定的执行索赔的金额支付。

9. 价格调整费用的计算与支付

1)价格调整的必要性

在工程的施工过程中要消耗大量的资源，各种资源价格的变化必然对工程费用的增减产生直接的影响；若是国际工程，汇率的变化亦直接影响到工程的费用；此外，立法(后继法规)的变化，也是引起工程费用增减的主要因素之一。上述诸因素，工程参与各方虽只能被动地承认和接受，但在施工过程中，可采取调整价格的方法，即对原来的合同价予以增减，来减少它们对工程费用的影响。

实际上，当在合同中列明价格调整的有关条款后，即将物价、汇率和立法等意外风险让业主和承包人双方共同承担，从而使投标人在报价时能更合理地计算投标价，保证业主能获得一个较真实可靠的标价，也维护了承包人的经济利益(一旦涨价便可进行价格调整)。

2)价格调整的有关规定

根据《公路工程标准施工招标文件》(2009 年版)的规定，除非范本专用条款另有规定，凡是合同预期工期在 24 个月以上者，在合同执行期间，由于劳务、材料或影响工程施工成本的任何其他事项的价格涨落而引起费用的增减，应根据价格调整公式给予调价，将其浮动的价格从合同价值中增加或减去。

3)价格调整费用计算的原则

价格调整费用计算，按以下两个时期分别进行。

(1)投标报价阶段。如果在送交投标书截止日期前 28 d 之后，国家或省(自治区、直辖市)颁布的法律、法令、规章或条例出现修改或变更，因采用上述法律、法令、规章或条例等，致使承包人在履行合同中的费用产生变化，即应对其价格进行调整。价格调整的计算，应按投标截止日期前 28 d 当日政府规定的价格与现行价格的差值加到或从合同价值中减去，或按投标截止日期前 28 d 当日政府公布的物价指数与现行物价指数计算出的金额加到或从合同价格中减去。

(2)施工阶段。可按投标人填入合同工程量清单中的单价并得到投标时认可的单价与现行价格的差值分别加到工程量清单中，然后计算出调价金额，并加到或从合同价值中减去。

4)价格调整费用的计算方法

价格调整的方法有两种：一种是公式法，另一种是票证法。如果合同没有规定具体的调整方法，监理工程师应与业主、承包人协商后，决定进行价格调整的具体方法。

一般情况下，对在一年或更短时间内即可竣工的简单合同，无须进行价格调整；对工期较长的合同，则应随劳务、设备、原材料、燃料和运输价格等影响工程成本的因素进行调整，并尽可能使用公式法根据不同地区、不同材料的基价和现价指数来加以调整。外币部分价格调整的计算，应按《公路工程标准施工招标文件》(2009 年版)的有关规定执行。

5)价格调整费用的支付

监理工程师根据合同规定的价格调整方式，计算出价格调整金额，并归纳于“价格调整汇总表”后，即可通过中期支付证书，办理因价格调整而引起的费用支付。

(二)合同支付的管理

合同支付的主要根源在于工程意外。在工程实施中所遇到的各种意外,可归纳为工程意外和外部意外两大类。属于工程意外的是:设计意外(设计变更)、合同意外(合同因承包人被驱逐或承包人自动撤离而中止)、工程管理意外(监理工程师工作失误等)、工程实施条件意外(如工程地质变化、发生施工事故等)。外部意外则包括:价格、汇率变化,法规变更,特殊风险等。从本质上讲,外部意外是一种根本性的意外,是工程本身范围以外的意外,无法由工程的参与者进行控制,而内部意外亦往往由于外部意外的发生而发生,故其处理也较为困难。

在工程施工过程中什么时候出现什么样的意外,所出现的意外将造成多大损失等,均难以预见,因而无法在工程量清单中明确,而只能由合同条件作原则规定。对意外费用的监理也只能依靠监理工程师在实际工作中对所出现的各种意外进行当机立断的处理,去控制和减少各种意外所造成的损失。一般地,对意外费用的支付常采取各方共同负担、公平支付的原则,并且意外费用的支付属于损害赔偿性质,除工程变更项目外,一般不包括利润,而只付成本。

1. 工程停工的付款

在公路工程施工过程中,由于工程意外,常会导致停工。不管是什么原因导致的停工,都将影响整个工程的竣工和交付使用,使业主的利益遭受损害;同样,停工将导致承包人的人员窝工、设备闲置及管理费用增加。因此,停工对双方都有害,应尽量避免。作为施工活动主导者的监理工程师,应尽力改善自己的工作,避免出现停工,但因工程意外,又常会发生停工。因此,一旦发生停工,监理工程师应加倍关注工程情况,除设法尽快复工外,还应认真细致地取得各类损失的依据,并准确计算双方的费用损失。

若工程停工是承包人自己的工作失误或所承担的风险所致,则其所有费用由承包人自己负担。如停工影响到工程竣工,应按《公路工程标准施工招标文件》(2009 年版)中的规定向业主支付拖期违约损失偿金;当停工影响到其他承包人工作,因而引起他们向业主索赔时,则业主应根据合同条件将这种支付转由造成停工的承包人来支付,且采取从向该承包人付款中扣减的方法来实现;如承包人造成的停工严重影响工期,还可能被业主驱逐。

若工程停工由于业主所致,则应根据合同中相应的规定和条款,对承包人予以补偿。补偿金额则依现场情况及随后采取措施的内容及设备的闲置情况而确定,且一般只付成本。

2. 合同中止后的付款

当工程意外严重时,将导致合同中止。合同一旦中止,应进行全面清理,以便确定费用如何支付。合同中止有以下三种情况:业主违约、承包人违约和特殊风险,分述如下。

1)业主违约

当监理工程师确认业主不能继续履行合同,或因业主干涉、阻挠、拒绝监理工程师签发的支付证书,导致承包人提出中止合同,其性质与特殊风险而使合同中止相同。因此,业主应承担支付义务,另外,还应向承包人支付由于业主违约使合同中止而引起的,或与此有关的,或因合同中止后而造成的承包人的任何损失的费用,而且在支付款额中还包括对承包人利润损失的补偿。

2)承包人违约

根据《公路工程标准施工招标文件》(2009 年版)规定,当监理工程师确认承包人违约后，应尽快确定并证明在合同中止时，承包人根据实际完成的工程已经合理地得到或理应得到的价款、已用及未用的材料、临时工程和承包人装备的价值。同时，监理工程师还应对由于承包人违约而使业主产生和随之引起的所有费用的增加，按照合同文件的规定进行估价。然后，在与业主和承包人协商后，签发扣除承包人上述费用的证明。

3）特殊风险

根据《公路工程标准施工招标文件》（2009 年版）规定，特殊风险应由业主承担。当工程在实施中遇到战争、叛乱、骚乱等特殊风险时，监理工程师应首先帮助业主澄清合同中止之日前，承包人已按合同完成的工程的全部费用，以及业主已支付给承包人的款额与细目；承包人依据合同为该工程合理采购的材料、设备与货物的费用；承包人雇用的所有从事工程施工的人员在合同中止时的合理的遣返费；承包人机械设备的撤离费；承包人为完成整个工程而发生的合理费用，而该费用又未包括在其他各项支付之内；承包人应偿还业主的有关设备、材料和工程的预付款余额，以及合同中止之日，按合同规定业主应向承包人收回的任何其他款项。然后，在同业主、承包人协商后，签发合同中止证书。

第七节　支付证书及有关表格

一、支付证书

支付证书是业主向承包人付款的唯一凭证。在工程的施工过程中，每月一次开具的支付证书，称为中期支付证书；在工程结束后开具的支付证书，称为最终支付证书。

（一）中期支付证书

中期支付证书是一种对规定时间内承包人所做工作的价值估算，且由监理工程师向业主开具的付款凭证。中期支付证书由月报表和工程进度图表组成。

1. 月报表

月报表又叫月结账单。为便于统一管理，月结账单的格式由监理工程师设计或指定。每月末，承包人应向监理工程师提交由其项目经理签署的，按监理工程师批准格式填写的月结账单一式 6 份。该月结账单包括以下项目：工程进度表；截至本月末前已完成的永久工程价值（合同价款）；截至上月底前已完成，并已支付了的永久工程的合同价款；本月完成的永久工程的合同价款；工程量清单中已列明的本月完成的临时工程的价款；本月完成的以计日工方式支付的工程价款；本月应支付的暂定金额；本月应支付的已进场的材料设备预付款；承包人有权得到的按合同规定业主应支付的其他款项（如工程变更费用、停工补偿、迟付款利息等）；因费用和法律的变更而产生的款项，即按《公路工程标准施工招标文件》（2009 年版）中的规定进行价格调整；本月应扣还的动员预付款、材料设备预付款、保留金；本月应扣除的拖期违约损失偿金。

2. 监理工程师审核并开具证书

监理工程师在收到承包人的月报表后 14 d 内，应对其项目、款项等参照自己相应的记录，并结合各方面的情况和要求进行全面审核，然后签发中期支付证书。签发时应写明他认为到期应该结算的价款及需要扣留和扣回的价款，并报业主审批。

如果经扣款后，该月应付给承包人的款额少于投标书附件内列明的中期支付证书的最低金额，则该月可不核证支付，而将支付金额按月结转，直至累计应支付的款额达到投标书附件中列明的中期支付证书的最低金额。

(二)最终支付证书

监理工程师在收到承包人提交的最后结账单和清账书14 d之内，应签发最终支付证书并报业主审批，同时抄送承包人。其内容包括：监理工程师认为根据合同规定最终应付的金额，以及在确认以前的收付款后双方应结清的差额。

二、支付表格

《公路工程施工监理规范》(JTG G10—2006)未对原支付表格作修改的，仍然可参照使用“95版规范”的支付表格，包括：工程进度表、中期支付证书、清单支付报表、计日工支付报表、工程变更一览表、价格调整汇总表、价格调整表、单价变更一览表、永久性材料价差金额一览表、永久性工程材料到达现场计量表、扣回材料设备预付款一览表、扣回动员预付款一览表、中间计量表、中间计量支付汇总表。

索赔申请单：索赔时间/金额审批表。

上述报表应由监理工程师指定，并由承包人仔细填写申报。监理工程师在收到这些报表后，应在《公路工程标准施工招标文件》(2009年版)规定的时限内，认真仔细地审核，然后签发计量支付证书。

三、工程支付报表及其附件的填报

(一)工程支付报表主要名词及指标

1. 主要名词

合同开工日期(年、月、日)，合同完成日期，合同规定的竣工日期(年、月、日)。

合同总价：在中标通知书中写的，承包人按合同规定实施和完成本合同工程及缺陷的修复应得到的支付价款总额。

保留金：在中期支付证书中应支付给承包人的工程价款中分期予以扣留的金额，其扣留和退还的规定按具体合同办理。

暂定金额：为了实施本工程的任何部分，或供应材料、货物、设备，或提供服务，或供支付不可预见的费用，并已在工程量清单中标明的一项金额。

开工预付款：指业主按投标书或附件中规定的金额而预付给承包人的一项款项，其预付办法在合同中均明确加以规定。

扣回预付款：指按合同规定，由承包人向业主归还的开工预付款，其扣回的办法于合同中予以明确规定。

支付款：经结算的实际支付的工程款项。

2. 指标

本期完成：本期完成反映的是填报报告期内的已完成工程的数量。

到上期末完成：抄自上期报表中的“到本期末完成”栏。

到本期末完成：填报的工程数量是工程项目自开工以来截至报告期时所累计完成的，即到上期末完成的加本期完成的工程量之和。

工程变更(±)：本月(期)因工程变更增加(+)或减少(-)的工程费用。

工程变更增减金额:抄自“到本期末”的变更(±)。

违约罚金:按合同文件有关规定确定其违约金额后,按实际发生金额填写。

(二)合同工程进度表

1. 编表目的

本表主要反映工程项目的计划进度与实际完成的情况,每月由承包人填报,并经各级监理工程师和业主签字认可后方才生效。

2. 填表说明

单项合同金额:按与业主签约时业主认可并标价的工程量清单的相应项目填写。

单项占合同总金额(%):单项工程费用与工程量清单总计金额之比。

单项实际完成的百分比(%):单项工程累计完成金额与单项工程计划金额之比。

实际完成占合同金额(%):单项工程累计完成金额与工程量清单总计金额之比,按月计划与实际完成之比表示,本栏以单项工程计划和实际完成的工作量横道形象图和工程项目计划与实际完成工作量进度坐标曲线形象图加以表示。

单项工程形象进度图由承包人按施工组织设计先给出单项工程计划进度形象图,形象图下行数字表示单项工程按月计划完成百分数,并逐月填报,形象图上行数字表示实际完成百分数。

项目工程形象进度图由承包人按施工组织设计以时间为横坐标,以工程数量为纵坐标,绘出工程形象进度图。在图中,先绘出的计划进度曲线以虚线表示,后绘出的实际进度曲线以实线表示。

实际与计划栏的填报:实际分上下两行填写,上行填写本月实际完成百分数,下行填写累计实际完成百分数;计划分上下两行填写,上行填写本月计划完成百分数,下行填写累计计划完成百分数。

报告日期:报表统计截止日期按年、月、日填写,并统一规定每月截止日期为25日。

清单号、名称及编号按工程量清单填写。

(三)财务支付月报表

1. 编表目的

本表为合同工程项目财务支付的凭证,是承包人向业主提供的工程进展情况和工程价款结算的汇总表,经各级监理工程师和业主审核后可作为临时支付证书。

2. 填表说明

(1)合同价及变更增减金额:合同价及变更增减金额分别抄自工程量清单及本期末变更增减(+、-)栏。

(2)名称栏下各行的填报:变更(+、-),抄自相应的计算表。

合计,为以上各项分章工程、暂定金额、索赔等之和以及合同变更增减金额等,合同价与变更增减小计栏之和。

保留金=本期合计×合同规定的10%。

扣回预付款,抄自相应的计算表。

支付=合计-保留金-扣回预付款-违约罚金。

截止日期:报表统计截止日期(年、月、日)。

（四）清单支付月报表

1. 编表目的

本表为财务支付月报表的附表。清单支付月报表是按工程量清单中各工程项目的实际竣工数量和合同有关规定进行计量并计算工程价款，是填写财务支付月报表的依据之一。

2. 填表说明

（1）编号及内容：按工程量清单各章工程项目的编号填写。

（2）合同数量及单价金额：按工程量清单各章的分项目填写。

（3）本期完成数量金额：抄自工程月报附件的本期分章计量支付数量汇总表。

（五）设计变更一览表

1. 编表目的

设计变更一览表所反映的是工程设计变更使工程量增减而发生的费用，填表时按清单分章分别对照工程量清单编号、项目进行填写，无清单编号应列入新增编号栏。设计变更一览表由承包人编制，经监理工程师签认后上报。本表是填写财务支付月报表的依据之一。

2. 填表说明

（1）工程项目及批准变更数量：工程量增减按承包人提供的且经监理工程师签认后的变更令及变更设计报告和有关凭证分别填入有关栏。

（2）批准单价：批准单价有两种，一是采用合同对应单价，二是按合同的有关规定重新分析并经监理工程师签字认可的单价，该单价经业主批准后执行。

（3）工程量增减（＋、－）金额＝批准单价×工程量增减（＋、－）。

（4）本期限完成工程量增减（＋、－）及工程金额增减（＋、－）：抄自附件中的本期分章计量支付数量汇总表。

（5）批准文号：批准的该项设计变更令的编号。

（6）因本表是变更统计表，因此在填表时，无论本期是否发生变更，以前所有已变更的项目在每期报表上均要加以反映。

（六）单价变更一览表

1. 编表说明

由于本表反映的是因单价变更且经调整后的单价，应分章分别对照工程量清单的编号、项目进行填写，并经监理工程师签认后上报。本表是填写财务支付月报表的依据之一。

2. 填表说明

（1）调整前单价：签订合同时该项目的单价。

（2）调整后单价：按合同有关规定重新分析并经监理工程师签认的单价。该单价经业主批准后执行。

（3）批准文号：批准调整项目单价变更的变更令的编号。

（七）永久性工程材料到达现场的统计表

1. 编表目的

本表所反映的是承包人采购的材料到达施工现场的具体情况，以便考核是否因合格材料未组织供应到现场而造成停工待料，影响工程进度。本表由承包人编制并经监理工程师核实签认后上报。

2. 填表说明

材料名称按核实的分类填写。

(八)扣回预付款一览表

1. 编表说明

本表反映的是承包人按合同规定完成银行保函等证明文件之后,业主向其拨付的开工预付款按合同规定加以扣回的情况,由承包人编制,经监理工程师签认后上报。本表也是填写财务支付月报表的依据之一。

2. 填表说明

扣回预付款的计算方法应按合同有关规定,其金额按合同规定计算后如实填入表中,并将此金额转入中期支付证书的有关栏中。

(九)人工及主要设备报表

1. 编表目的

本表反映的是实到施工现场的人员及机具设备与计划的动态情况,以便考核承包人是否因人员不足,或机具不足,或机具设备使用不当而造成工期延误,即对其进行掌握的报表。

2. 填表说明

人工及主要设备报表由承包人填写,经监理工程师核实签认后上报。该表在填报时应按表内规定填写。

(十)监理月报表(一)

1. 编表目的

本表反映的是各单项工程每月(季)所完成的工程数量及对已完成工程质量所作出的评价。本表由合同段驻地监理工程师填写。

2. 填表说明

(1)对本月工程完成情况的评价,即对承包人所使用的材料、预制的构件和已施工完成的工程是否按合同、规范和图纸施工,以及达到其所要求的程序进行评价。

(2)存在问题及建议:监理工程师应对有关进度、质量、管理等方面所存在的问题进行填写,并针对存在的问题提出处理意见。

(十一)监理月报表(二)

1. 编表目的

本表由承包人和监理工程师共同填写,所反映的是在工程施工中,根据监理日志和承包人每月按合同条款的要求所提供的工程进展情况、测量和观察记录等成果的报告。

2. 填表说明

(1)自然灾害受灾情况描述:对受灾部位、程度、数量等进行描述。

(2)灾害对工程计划进度的影响:本栏主要以数字加以说明。

(3)处理结果:按处理方案如实填写。

(十二)本次支付说明

如果本次支付情况复杂,为了方便各部门的审核而需进行说明的,应填写此表。

(十三)本期分章计量支付数量汇总表

1. 编表目的

编制本表是为清单支付报表、计日工支付报表的本期完成的数量和金额提供依据。本表反映的是本期本章完成的各细目数量和按合同单价应支付的金额(包括设计变更的增减数量和金额)在本章中之和。

2. 填表说明

本期本章完成的各细目工程数量(包括变更设计)来源于工程中间计量表,其单价来源于合同清单。个别设计变更新增细目号,因工程量清单中无对应单价,可按合同规定另作单价分析,并经批准后再执行,且其凭证号为中间计量表的编号。

(十四)工程报验数量表

1. 编表目的

本表反映该合同的所有工程细目(包括变更设计增减的工程)的报验情况,报验数量来源于截至本期末完成的工程中间计量表。

2. 填表说明

(1)序号:该合同所有工程每章每节的支付号。

(2)名称:支付号对应的支付项目。在支付项目栏下以桩号顺序填写桩号,并将该项目所有工程的位置加以填写。

(十五)工程中间计量表及质量证明附件

1. 编表目的

本表是反映本期支付数量(包括设计变更增减)的原始计算表,从此表可得到各章细目的工程数量。本表由承包人计算、填写,经现场监理工程师、驻地监理工程师、计量监理工程师审核签认后上报。

2. 填表说明

(1)计算的工程量必须经质量检验合格,且各项试验检测资料齐全有效,同时符合安全和环保的各项规定。

(2)所计数量必须经过测量、丈量、检评,各种质量证明附件必须完整(包括材质证明文件、物理力学试验报告、厂方证明文件、检测报告、化学分析报告),并经监理工程师、中心试验室认为合格工程的工程量,方可进行计算并纳入计量支付之中。

(3)工程数量的计算必须清晰,且应附草图,计算由承包人进行,应反复审核,必须做到准确无误。

(4)属设计变更部分的工程量应在支付项目编号后注明“变更”字样,其有关要求同前(1)、(2)、(3)条所述。

(十六)说明

(1)填表的项目名称、数字和内容,必须用打印机打印,禁止采用手写(防止涂改)。

(2)承包人编制的每期工程支付月报表9份,另加附件5份,其中附件(一)、附件(二)承包人和监理组各留1份(监理组留原件),其余的月报表和附件均按程序报送。所有报送资料均需加盖公章。

(3)承包人发出的文件应主送项目监理部,需抄送业主的应由监理部转交。主送件需加盖“正本”字样,且正本及副本均须经正本收件人签署姓名和日期。

(4)由于各公路工程建设项目的要求不一致,故应仔细研究各工程项目的施工监理工作规程,并按其要求进行监理。

本章小结

(1)工程费用监理的四个原则是:政策性原则,公正原则,合同原则,责、权、利相结合的原则。

(2)工程量清单的内容包括前言、工程细目、计日工明细表、工程量清单汇总表四个部分。

(3)工程费用监理的职责和权限包括工程计量中的职责与权限和支付中的职责与权限。

(4)工程计量的原则是:

①不符合合同文件要求的工程,不计量。

②按监理工程师同意的计量方法计量。

③按合同文件所规定的方法、范围、内容、单位计量。

(5)监理工程师所支付的费用有两类,即清单支付、合同支付。

(6)清单支付项目包括以物理单位计量的支付项目、以自然单位计量的支付项目、暂定金额和计日工四类。

(7)合同支付项目内容包括动员预付款、材料设备预付款、工程变更、价格调整、索赔、延迟付款利息、拖期违约罚金、保留金和提前竣工奖金等。

(8)支付证书包括中期支付证书和最终支付证书。

复习思考题

4-1 什么叫工程量清单?编制它的目的是什么?工程量清单有什么作用?

4-2 清单支付有哪些内容?简述清单的作用。

4-3 简述工程费用支付的种类及程序。

4-4 为什么说计量和支付是监理工程师的主要控制手段?

4-5 简述工程费用监理的程序和方法。

4-6 监理工程师在工程计量中的职责是什么?权限是什么?

4-7 简述工程计量工作的必要性。

4-8 监理工程师在工程费用支付中的职责是什么?权限是什么?

4-9 影响工程费用的因素有哪些?

4-10 为什么要进行工程费用的支付?

4-11 工程费用支付的原则和依据是什么?

4-12 工程费用监理有哪些原则?

4-13 工程费用有哪些特点?其费用由哪几部分组成?

4-14 合同支付项目包括哪些内容?应如何进行支付?

4-15 中间支付审定和签发分别应注意什么问题?

第五章　公路工程施工合同管理

【知识要点介绍】

本章主要讲述合同的概念、作用、分类，目前在国际土木工程项目建设中常用的《土木工程施工合同条件》的内容构成、特点，监理工程师在工程建设中与业主、承包商之间的关系及在监理工作中的职责和权力。应熟悉和掌握各种合同管理的内容。理解合同管理工作在工程建设中的重要性及加强合同管理、提前采取预防措施从而避免产生各种合同纠纷的重要性。

公路工程项目从招标、投标、施工到竣工验收，涉及业主单位、设计单位、材料设备供应商、材料生产厂家、施工单位、工程监理单位等。要使工程项目有关单位之间建立起有机联系，相互协调，默契配合，共同实现质量、进度、费用三大目标，一个重要的措施就是利用合同手段，通过经济与法律相结合的方法，使工程项目所涉及的各有关单位在平等互利的原则上，建立起多方的权利义务关系，以保证工程项目目标的顺利实现。

我国20多年的工程监理实践证明，公路工程项目质量、进度、费用三大目标的实现，最为关键的一点，就是业主、承包商、监理工程师三方必须树立强烈的合同意识，按合同约定办事。作为独立一方的监理单位，熟练地运用合同管理的方法，是控制工程质量、进度和费用的一个重要手段。合同管理主要涉及如下内容：工程变更、延期、费用索赔、争端与仲裁、违约、分包、转让与指定分包、担保、保险等。

第一节　概　述

一、合同的概念和原则

（一）合同的概念

合同是平等主体的自然人、法人、其他组织之间设立、变更、终止民事权利义务关系的协议。合同是当事人合法的行为。合同中所确立的权利、义务，必须是当事人依法可以享有的权利和能够承担的义务，这是合同具有法律效力的前提。

工程合同属于经济合同范畴，是指业主就工程项目的设计、施工、监理等环节，与各经济法人（承包商）为实现工程项目目标而以书面协议形式缔结的具有法律效力的契约。

（二）合同的原则

（1）平等原则。合同当事人的法律地位平等，即享有民事权利和承担民事义务的资格是平等的，一方不得将自己的意志强加给另一方。

（2）自愿原则。合同当事人享有自愿订立合同的权利，不受任何单位和个人的非法干预。

（3）公平原则。合同当事人应当遵守公平原则确定各方的权利和义务。在合同的订立和履行中，合同当事人应正当行使合同权利和履行合同义务，兼顾他人利益，使当事人的利益能够均衡。在双方合同中，一方当事人在享有权利时，也要承担相应的义务，取得的利益要与付出的代价相适应。

(4)诚实守信原则。合同当事人行使权利、履行义务应当遵循诚实守信原则，这是市场经济活动中形成的道德规则，它要求人们在交易活动(订立和履行合同)中讲究信用，恪守诺言，诚实不欺。在行使权利时应当充分尊重他人和社会的利益，对约定的义务要忠实地履行。

(5)公序良俗原则。公序良俗即指公共秩序和善良风俗。公序良俗原则要求当事人订立、履行合同时，不但应遵守法律、行政法规，而且应当尊重社会公德，不得扰乱社会经济秩序，损害社会公共利益。这一原则在司法实践中体现为：如果出现了现行法律未能规定的情况或者按现行法律处理会损害社会公共利益，法官可据此进行价值补充。

二、工程合同的常见类型

在工程经济活动中，合同的形式与类型多种多样，下面主要按合同支付方式介绍最常见的公路工程施工承包合同的类型。

(一)总价合同

总价合同指按商定的总价承包工程的合同。其特点是以图样和技术规范为依据，明确承包内容和计算包价，签约时一次包死。如果图样和技术规范不够详细，未知因素较多，或遇到材料突然涨价以及恶劣的气候等意外情况，则承包单位必须承担应变风险。为此，承包商往往加大不可预见费用，因而不利于降低造价，最终对建设单位不利。故这种承包方式通常适用于规模小、工期短、技术不太复杂的工程。

(二)单价合同

单价合同指由建设单位列出工程细目的工程量清单，然后交施工单位投标报价，从中选择一家总报价低且各方面条件比较优越的投标单位作为中标单位而签订合同。工程付款将根据所完成的工程数量按工程量清单中的单价结算。单价合同能避免工程变更给承包合同双方带来的风险，有利于降低风险报价。因此，此种方式在公路施工承包合同中应用最为普遍。

(1)成本加酬金合同。成本加酬金合同指按工程实际发生的成本(包括人工费、材料费、施工机械使用费、其他直接费和施工管理以及各项独立费，但不包括承包商的总管理费和应缴所得税)，加上商定的总管理费和利润来确定工程总造价。它主要适用于开工前对工程内容尚不十分清楚的工程(如边设计边施工的紧急工程、受灾害破坏需修复的工程)。在实践中，此种方式可分为成本加固定百分比酬金、成本加固定酬金、成本加浮动酬金、目标成本加奖罚等四种形式。

(2)设计施工总承包合同。设计施工总承包合同指由设计和施工单位组成设计施工联合体，对工程的设计和施工联合投标，建设单位从中选择一家设计方案优秀、有实力且工程造价低的联合体作为中标单位并签订承包合同。此种方式有利于提高工作效率、节省工程造价、加快工程进度和缩短工期。

(3)单价与总价混合制合同。以单价合同为基础，但对其中某些不易计算工程量的分项工程，则采用包干形式，即对能用某种单位计算工程量的，均要求报单价，按实际完成工程量及合同规定的单价结账;对不易算出工程量的,按项目完成大致情况结算,项目全部完成后,此项目的包干款项全部付给承包商。

三、合同的作用

社会主义市场经济体制为工程建设市场的建立和完善提供了有利条件,工程合同的普遍实行,将更加有利于工程建设市场的规范与发展,加速推进公路工程施工监理制度。工程合同的科学性、公平性和法律效力使合同各方自觉遵守,有章可循,其具体作用可从以下几个方面反映。

(一)工程合同可以有效管理工程进度

为了保障施工顺利进行,工程合同对各种可能影响工程进度的情况均作了相应的规定,承包商和监理工程师都将按合同规定的分项工程和整个工程的工期要求,合理地组织施工和实施监理。如果工程进度计划受到影响,监理工程师将按合同规定,要求承包商修改计划,采取各种措施,确保在合同工期内完成工程施工任务。

(二)工程合同可以保证工程质量

根据合同规定,承包商必须严格按照工程施工技术规范进行施工。技术规范详细地规定了各项工程和各种材料的质量标准,监理工程师可按合同要求对承包商的施工方案、工艺、材料、施工机械设备、试验路段等质量进行全面控制管理。对质量不符合要求的工程,监理工程师不予计量,承包商则得不到相应的工程款项。因此,工程合同是保证质量的有力措施之一。

(三)工程合同可以公正地维护合同双方利益

工程合同详细规定了合同双方的职责、权利和义务,既保证了业主的投资利益,也保护了承包商的合法权益。如合同中有关违约管理的条款、索赔条款等,使合同双方的矛盾可以在比较合理的基础上得到解决。

(四)工程合同有利于工程建设的科学管理

工程建设活动投资大,涉及面广,要求有一种科学的管理体系,工程合同充分地反映了这种管理的科学性。工程合同规定:在工程施工过程中,合同各方办事要有根据,验收要有数据,变更要有指令,支付要有凭证,即业主、承包商、监理工程师必须工作扎扎实实,以科学的态度,按客观规律办事,搞好工程项目的建设。

四、施工监理与合同管理的关系

根据交通部颁布的《公路工程施工监理办法》和《公路工程施工监理规范》(JTG G10—2006),施工监理是指监理单位参加监理投标,中标后与业主签订监理合同并依据合同要求在施工准备阶段、施工阶段及缺陷责任期阶段对工程的质量、进度、费用和合同事宜进行全面的监督和管理的过程。从施工监理的概念可知,施工监理的依据是合同,监理工程师所进行的监理工作实际上是合同管理工作,无论是进行质量监理,还是进行进度控制或计量支付,监理工程师都应按合同办事。监理工程师的职责和权限一旦在监理合同和施工承包合同中予以明确,就变成了业主和承包商应遵守与执行的承包合同条款,一方面,监理工程师应尽职尽责,不能越权;另一方面,业主和承包商应服从监理工作,配合监理工作。监理工程师既不属于合同关系的甲方,也不属于合同关系的乙方。监理工程师的独立地位和公正要求,决定了他在合同管理中能督促合同双方全面地履行合同,公正地解决工程变更、延期、索赔等合同管理事宜,协调双方的合同关系,及时避免或减少合同履行中产生的争议或纠纷,维护业主、承包商的合法权益,保证合同的正常执行。总之,监理工程师在合同管理中,既能处理日常的合同事务,又能对承包合同双方起到监督和约束作用,这就是施工监理与合同管理的关系。

第二节 FIDIC 合同条件

一、FIDIC 产生的历史背景

国际土木工程项目承包与工程监理是在 20 世纪第二次世界大战之后蓬勃发展起来的国际间市场经济贸易与合作的重要方式之一。一些国家为了战后重建及克服经济危机,推行强制性产业更新的经济政策,从而推动了土木工程建设事业的工业化、现代化和国际化,出现了跨国的土木工程项目承包合同,使土木工程项目建设的资本国际化。作为土木工程项目建设活动的产品,如道路、桥梁、房屋等,始终是在国际经济成分中占有重要地位的商品。这些工程项目规模宏大,技术复杂,需要巨额资金和科学管理,这就促使国际上的工程业主为了少冒风险,节约投资,而聘用有项目监督管理经验的咨询工程师及专家负责工程项目的全过程管理。正是在此历史背景和时代的客观需求之下,国际咨询工程师联合会应运而生了。

FIDIC 是法语"Fédération Internationale Des Ingénieurs Conseils"(国际咨询工程师联合会)的缩写。国际咨询工程师联合会(FIDIC)是一个国际性的咨询工程师组织。该组织于 1913 年由法国、比利时等欧洲境内五个独立的咨询工程师协会创立。FIDIC 成立以来,始终坚持独立性和公正性的工作宗旨,并积极发展和扩大该组织的影响力。1949 年英国土木工程师协会(ICE)成为该组织的正式代表,1959 年,美国、南非、澳大利亚和加拿大相继加入了联合会。到目前为止,该组织已发展到 70 多个会员国,原则上一个国家只允许一个全国性协会代表该国作为 FIDIC 的成员。中国工程咨询协会已于 1996 年 4 月代表中国加入国际咨询工程师联合会。FIDIC 代表了国际上大多数咨询工程师的技术水平,是国际间最具权威的咨询工程师组织。FIDIC 有地区性组织,还有专业委员会,其办公机构总部设在瑞士洛桑。

二、FIDIC 的《土木工程施工合同条件》的内容构成

FIDIC 合同条件是一套在国际上广泛应用的、权威的标准合同文件。在土木工程领域中最常用的是 FIDIC《土木工程施工合同条件》(以下简称为 FIDIC 条款)。FIDIC 条款适用于国内外公开招标的土木工程项目承包管理,主要规定了合同履行中当事人的基本权利和义务、合同管理工作程序及监理工程师的职责和权力。FIDIC 条款的内容主要由通用条件、专用条件和标准格式三部分组成。

(一)通用条件(或一般条件)

FIDIC 条款第一部分是通用条件,其中包括 28 节 72 条 194 款,其内容包括:有关概念术语,业主和承包商的合同责任、义务和权利,监理工程师的职责、权力和办事程序,业主和承包商各自应承担的风险,违约和争端的处理办法,担保制度,强制性保险制度和内容,合同履

约中各种其他事务。

一般情况下，在国际土木工程项目的招标文件中，可直接将 FIDIC 条款的通用条件放入招标文件中，不需再从头去编写合同通用条件。

（二）专用条件（或特殊应用条件）

FIDIC 条款第二部分是专用条件，总共有 73 条。除第 73 条其他规定外，前面 72 条的编号和通用条件的 72 条相对应，是对通用条件各相应条款的补充或进一步的明确。由此可知，通用条件和专用条件是一个整体，相互补充完善而不可分割。第二部分专用条件的各条款也给出了不同的措辞，供编写工程项目合同专用条件时参考选择，以适应工程项目所在国的具体情况；对某些条款，提出了应注意的事项；对于一些特殊情况，还提出了补充性的条款，如保密的要求。

一般土木工程项目的合同专用条件，大都由工程项目的招标委员会或咨询公司根据工程项目所在国的情况或项目自身的特殊性，对照第一部分合同通用条件具体编写。特别是当认为通用条件中某些条款不合适时，可以在专用条件中指出并删去，换上本项目合适的内容。通用条件中一些条款写得不具体细致的，专用条件的对应条款可以进行补充与完善。因此，在阅读合同条件时，应仔细慎重地读懂合同专用条件的具体规定。从法律意义上讲，合同专用条件的法律地位高于合同通用条件。

（三）合同的标准格式

FIDIC 条款还给出了土木工程承包合同文件的一些标准格式，以便对国际公开招标的工程项目给予指导，也便于评标比较，如承包商投标书的标准格式、业主和承包商双方的“协议书”标准格式，以及投标书的附录和附表等。

三、FIDIC 条款基本模式

FIDIC 条款基本模式是一种以业主与承包商的承包合同关系为基础，以独立与公正的施工监理为核心而形成的一种业主、承包商、监理工程师三者之间互相联系、互相监督、互相制约的合同管理模式，如图 5-1 所示。

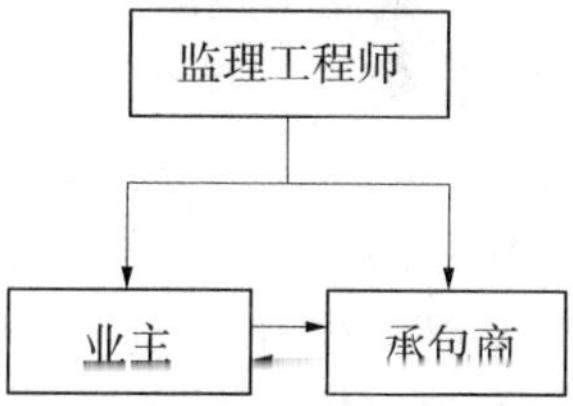

图 5-1　FIDIC 条款基本模式结构图

（一）FIDIC 条款基本模式的特点

（1）业主和承包商之间是一种互相合作又互相监督的合同法律关系。在 FIDIC 条款通用条件中，明确了双方的职责、权利和义务，他们之间互相合作、互相监督，构成对立统一的合同关系主体，但双方一般不发生直接的工作关系。

（2）监理单位是承包合同的监督和管理单位。对于承包商应履行的义务，监理工程师应根据施工合同的授权进行跟踪、监督、控制和管理，而对承包商的各项合法权益，监理工程师可通过有效的签证（如付款签证、索赔审批签证、延期审批签证）来予以保护。对于业主应履行的义务，如提供施工条件及办理付款手续等，监理工程师也应本着客观公正的态度进行监督和管理。

（3）监理工程师的权力通过 FIDIC 条款通用条件中的施工承包合同予以明确，即由业主和承包商通过施工合同来授予，一经明确不能随意进行修改或变更。

（4）监理制度不改变业主、承包商之间的权利和义务关系。业主与监理工程师的关系是委托与被委托的合同关系；监理工程师与承包商的关系是监理与被监理的关系，因此监理工程师在监理过程中无义务也无权利代行或免除承包商的任何义务和责任。

(二)FIDIC 条款基本模式下合同各方的工作内容

1. 业主在施工合同中的主要工作内容

(1)提供施工的外部条件,包括及时解决征地拆迁等问题及按时提交由其他设计单位完成的设计文件。

(2)同意或拒绝承包商关于转让工程任何部分的要求,批准履约保证和担保等。

(3)只要承包商有适当的保证,业主应支付预付款项,并授权承包商进入施工现场。在合同执行期间,当监理工程师按合同开出应支付的证明时,业主应向承包商付款。

(4)如果承包商违约或未能履约,业主可授权其他人完成工作或终止合同。

(5)业主和承包商之间应保持联系,以使工程顺利进行。

2. 承包商在施工合同中的工作

承包商的义务就是在合同规定的时间内,负责对其投标获得的工程进行施工,直到该工程竣工。另外,他有义务修补投标工程在缺陷责任期内出现的任何缺陷。

在收到监理工程师的通知后,承包商应尽可能迅速地提交合同要求的各种保证书以及保险单,并开工。承包商应制订施工进度计划,提供所有必要的材料、设备、临时工程、管理、监督和劳务,同时选择施工方法。承包商不负责永久工程的设计和规范,除非合同明确规定,同时,他也不负责不是由他设计的任何临时工程。

承包商接受和遵从监理工程师代表业主颁发的指示,并在整个施工期间,负责保护工程,直到工程正式移交给业主或已被认为移交给业主。

如果业主违约,承包商可中止工程的进行或减慢工程进度,以及要求适当的延期和索赔额外付款。通常,根据工作需要会有工程分包的情况。分包商在材料、工艺、作业及进度方面向承包商负责,承包商根据合同对每个分包商的工作和行为向业主负责。

对于有若干个承包商根据各自的合同在同一现场进行作业的项目,每个承包商必须给予其他承包商合理的协作以及进行他们的工作的机会。

3. 监理工程师在施工合同中的工作

监理工程师在监理合同实施中的职责、权力应由施工承包合同加以规定。作为业主与承包商之间及政府与当事人之间的中介环节,监理工程师应以业主与承包商之间签订的施工承包合同为准绳,积极努力、公平正直地发挥其监督工程实施的作用,不能因为受聘于业主而超越合同去偏袒业主的利益,也不能因为与承包商原来有过合作关系而偏袒承包商的利益。FIDIC 条款将监理工程师的行为准则归纳成以下两条:

(1)独立准则。FIDIC 条款第 2. 2 条规定:监理工程师履行职责,只依据施工承包合同,而不依据别的。

(2)公正准则。FIDIC 条款第 2. 6 条规定:监理工程师应当根据合同规定的条款并考虑所有因素,公正行使职权。凡是监理工程师做出的所有决定、意见、同意、表示满意、批准、决定估价、采取行动等,都应当按 FIDIC 条款第 67 条关于争端解决条款的规定予以公开、复查或修正。争端审议委员会、仲裁机构、法院有权纠正监理工程师的任何不公正的监理行为。因监理行为不公正导致的受损方,在争端审议委员会、仲裁机构、法院纠正了监理工程师的任何不公正的监理行为后,有权依法向法院起诉,要求监理工程师赔偿所受到的损失。

根据 FIDIC 条款,监理工程师的职责主要包括:在工作进行中向承包商发布信息和指示，保证材料和工艺符合规定，同意已完成工作的测量值并进行校核，向业主送交临时付款证书和最终付款证书。

监理工程师在对工程实施监督和管理过程中，具有三大权力，即工程质量的否决权、工程进度的控制权、计量支付的签证权。

（三）FIDIC 条款的基本程序

（1）选择监理工程师，签订业主与监理工程师之间的服务协议。

（2）通过竞争性招标，确定承包商和施工合同文件。

（3）承包商办理合同要求的履约担保、动员预付款担保、保险等事项，并取得业主的批准。

（4）业主支付动员预付款。

（5）承包商提交监理工程师所需的施工组织设计、施工技术方案、施工进度计划和现金流量估算，监理工程师审批。

（6）监理工程师召开第一次工地会议。

（7）监理工程师发布开工令，业主同时移交工地占有权。

（8）承包商根据合同要求进行施工或完成合同要求的设计，监理工程师进行日常管理工作，业主及时办理各项付款手续或根据合同办理授权手续等。

（9）监理工程师在工程完工（竣工）时，根据承包商的申请组织交工验收，签发工程移交证书，业主接收工程。

（10）在移交证书颁发和承包商及时提交竣工报表（竣工结算）后，监理工程师及时进行审查并签发付款证书，业主根据付款证书按时办理手续并退还部分保留金。

（11）在缺陷责任期内，承包商完成剩余工作并修补所有缺陷，按合同承担缺陷责任。

（12）监理工程师签发缺陷责任终止证书。

（13）业主归还履约保证金及剩余保留金。

（14）承包商提出最终（结算）报表。

（15）监理工程师签发支付证书。业主与承包商结清余款。

第三节　工程变更

工程变更是合同变更在土木工程施工承包合同中的一种特殊形式，一般由一方当事人或者第三方提出合同变更的建议，经合同双方或多方协商一致后生效。由于土木工程地质条件复杂，发生合同变更是较常见的，几乎每一个土木工程项目都会发生工程变更。土木工程合同文件中技术规范、设计图样及施工方法的变更，总是发生在工程施工过程中，有时是事先不可预见的，因此无法事先约定。作为监理工程师，在处理工程变更问题时，应及时与业主和承包商协商，正确处理工程的变更工作，若处理不当，即使是正常的工程变更也会影响工程进展。因此，对工程变更必须予以高度重视。

一、工程变更的定义、分类、内容

（一）工程变更的定义

工程变更也就是合同变更，是指对合同中的工作内容作出修改，或者追加或取消某一项工作。工程变更需要监理工程师依据工程现场情况而定，且只能在原合同规定的工程范围内变动，不能涉及对工程进行重大的改造，并不能改变工程的使用功能。工程变更的内容只能是合同中的技术规范、设计图样、施工方法的变更，不能对合同条件、履约担保、保险、合同争端处理条款进行变更。

(二)工程变更的分类

工程变更按引发的原因不同，一般可分为如下几类：

(1)因设计不合理而引起的工程变更。

(2)业主想扩大工程规模、提高设计标准或加快施工进度而出现的工程变更。

(3)为满足地方政府的要求而不得不进行的工程变更。

(4)为优化设计方案而出现的工程变更。

(5)因业主风险或监理工程师责任等而引起的工程变更。

(6)因承包商的施工质量事故而引起的工程变更。

(三)工程变更的内容

依据FIDIC条款第51.1条规定，如果工程师认为有必要对工程或其中任何部分的形式、质量或数量作出任何变更，为此目的或出于任何其他理由，他应有权指示承包商进行而承包商也应进行下述工作：

(1)增加或减少合同中所包括的任何工作的数量。如监理工程师可以指示将原定的35 mm厚沥青路面改为40 mm厚沥青路面。

(2)取消任何工程。如监理工程师可以指示取消钢管扶手的建造工作。

(3)改变合同中任何工作的性质、质量或类型。如监理工程师可以根据业主要求，将原定的人行通道改为机耕通道。

(4)改变工程任何部分的标高、基线、位置和尺寸。如公路工程中要修建的路基工程中的边沟，监理工程师考虑到边沟排水能力，可以指示将设计图样上的边沟尺寸根据实际的情况进行调整，如将原边沟深度50 cm调整为75 cm。

(5)为完成本工程所必需的任何种类的附加工作。如监理工程师可以指示把原定由业主安装的路面标志纳入本工程项目。

(6)改变工程任何部分的、任何规定的施工顺序或时间安排，有关规定的施工顺序和时间安排，也一定在规范里有所规定。

没有监理工程师的指示，承包商不得作任何变更。当工程量的增加或减少不是因按本条发出的指示执行所造成的，而是由于工程量超出或少于工程量表中规定者时，则不必发出变更的指示，同时上述变更不应以任何方式使合同失效或作废。

二、工程变更的估价

(一)一般情况下变更后的工程估价

一般情况下变更后的工程估价在FIDIC条款第52.1条中作了明确规定：

(1)如果合同中已有可以使用的单价或价格，而且监理工程师认为这一单价或价格合适，则应依合同中规定单价和价格予以估算。

(2)如果合同中未包括可适用于变更后工程的单价或价格，只要合同中相应的近似项目所规定的单价或价格合理，也可以作为估价的基础。

(3)如果合同中没有可以适用的单价,则由监理工程师和承包商共同协商后,确定一个合适的单价或价格。如果协商不成,监理工程师有最终确定单价的权力,这时则由监理工程师决定一个他认为合适的单价或价格,通知承包商并抄报业主。

(4)在变更单价或价格未能取得一致意见或决定之前,监理工程师可以先决定一个暂定单价或价格,以"暂付款"的名义列入监理工程师将要签发的临时支付证书内。

(5)如果合同价格规定按两种以上的货币进行支付,且合同中已有可以使用的单价、价格,则支付应以投标书附录中规定的币种及其支付比例支付。

(6)如果合同价格规定按两种以上的货币进行支付,但合同中没有可以适用的单价,而是由监理工程师和承包商共同商定一个合适的单价或价格,则应同时商定各种货币的支付比例。

(二)对于因为变更使其单价变得不恰当而不合理时的工程估价

FIDIC 条款规定了如下两种承包商对工程变更承担风险的极限范围:

(1)超过 25%。工程量清单中,某单独计算其价值的细目实际施工的工程量超过或减少了原报价工程量的 25%,且影响到合同价的 2% 时,应对超过或减少了原报价细目工程量 25% 的部分进行单价调价,但是"包括在计日工费率表中的单价和价格及工程量清单中的其他任何细目的单价和价格均不得作任何变更"。

单价调价可以调高,也可以调低,具体视现场承包商是否要另外调入人员、机械设备,是否需要加班,或是否因为工程量减少造成人员、设备窝工而定,同时应考虑扣除构成合同单价中的利润、不随工程量变化的摊销费因素。还应注意,不是只要单独计价细目的工程变更的增减超过 25% 就可以调整单价,而是必须同时满足影响到合同价的 2% 时才能调价。

(2)超过 15%。如在签发整个工程接收证书时,发现由于工程各项变化使得增加或减少了的价格额度的总和超过工程中标的有效合同价格额度(此处的有效合同价格是指扣除计日工、暂定金、凭单据报销的部分及因物价影响的或其他原因调价部分后的合同价)的 15%,监理工程师与业主和承包商协商后,将合同价增加或减少一笔协商后的调整金额。

这项调整的要点是:

①根据 FIDIC 条款的其他条款的规定已经进行过价格调整的必须扣除,不得重复调价。

②不得因此调整计日工、暂定金、凭证支付部分的金额。

③在合同价的 115% 以下或原合同价 85% 以上的支付,都应以实际完成的工程量与承包商所报单价为基础计算得出,既包括成本,也包括管理费、利润。这里需要注意的是,对于承包商在报价时采用了不平衡报价策略的,如承包商在投标时使用了不平衡报价法,预计某项工程施工时要有变更,报价较高,这就需要监理工程师与业主和承包商协定出一合理价格,或由监理工程师制定一合理价格,因不平衡报价引起的收益或风险也应由承包商承担。

④对于超出 115% 或不足 85% 的部分,因为根据合同原则,利润是具有包干性质的,且构成合同报价中的进场动员费、遣散费、投标费、保函手续费、代理人佣金、上级企业管理费、临时设施工程费等"待摊费"都是不随工程增减而增减的,因此不能再要求业主支付其"单价构成"中的这些费用。

如双方未能协商达成一致意见,此款额应由监理工程师在考虑合同中承包商的现场管理费和总管理费后予以确定。监理工程师应将根据本款作出的任何决定通知承包商并抄报业主。上述调整的金额仅限于那些增加或减少超过有效合同价格 15% 的那部分款额。

有关基于实际发生的工程量对原估计的工程数量作出的单价调整问题，一般地讲，工程量减少单价提高，工程量增加单价降低。如斯里兰卡政府规定：工程量增加到150%及以上时，单价由100%降为83%；增加到125% ~150%时，单价降为原来的95%。若工程量是原合同的75%，单价可以由原来100%升高到115%，原合同中规定的工程量价格不变，只调整超过或减少部分的工程量的单价。

（三）计日工

根据FIDIC条款第52.4条规定，监理工程师如认为必要或可取，可以指令按计日工完成任何变更的工程。对这类工作应按合同中包括的、计日工明细表中规定的项目及承包商在其投标书中对此所定的单价和价格支付承包商费用。

计日工通常包括在有标价的工程量清单中的暂定金额内，计日工主要用于工程量清单中没有合适项目的零星附加工作。

三、工程变更的提出和审批程序

工程变更无论出于何种原因、何种类型，最终的目的都是提高建设项目的投资效益。所以，在评价工程变更的合理性时，要进行详细的可行性研究和经济评估，全面地考虑工程变更所带来的影响，在此基础上做出工程变更的审批决策。任何形式的工程变更都是以保证工程质量为前提的，以牺牲工程质量为代价的工程变更在实践中是不可取的，而且往往会后患无穷。

工程变更通常会带来工程造价的变化，且以工程造价的增长情况居多，这样的工程变更会增加业主筹备资金的压力，所以在审批工程变更的过程中，应将工程造价的控制放在重要地位，力保工程造价不超过设计概算。当超过设计概算甚至投资估算的重大工程变更不可避免地需要发生时，业主应会同监理工程师、造价工程师一起进行详细的可行性研究和工程变更的评估工作，然后报国家计划主管机关批准后方能实施工程变更。所以，在工程变更中，要力求通过工程变更降低工程造价，而对要增加工程造价的工程变更，须认真地进行可行性研究和技术经济论证与比选，以确保工程变更的经济效果。

（一）工程变更的提出

工程变更一般发生在工程承包合同执行过程中，从提出工程变更的各方当事人来看，一般分为以下几种情况：

（1）业主提出的工程变更。业主提出工程变更的情况主要有：业主从工程质量、工程造价等方面出发，对部分工程项目进行变更。如为了保证在互通引道中低填方路段的工程质量，将原设计的石灰土底基层改为碾压式水泥土底基层；根据工程实际情况将原设计的圆管涵改为盖板涵等。

（2）监理工程师提出的工程变更。监理工程师提出变更的一般情况有：监理工程师根据工地现场工程进展的具体情况，认为确有必要时，提出工程变更。如在公路工程施工中，常有通道与涵洞和排水系统在设计阶段考虑不周，或施工时环境发生变化，监理工程师本着节约工程成本和加快工程进度与保证工程质量的原则，提出工程变更。

（3）承包商提出的工程变更。承包商提出工程变更，一般有下述两种情况：①工程遇到不可预见的地质条件或地下障碍，如原设计的斜拉桥基础为钻孔灌注桩，承包商根据开工后钻探的地质条件和施工经验，认为改成沉井基础较好，上报监理工程师；②承包商为了节约工程成本或加快工程施工进度，提出变更要求。

(4)工程相邻地段的第三方提出工程变更。指在工程沿线处地方政府、水利部门、电信部门等考虑到工程修建对其交通、通航或设置电力设施的影响而提出的工程变更。如工程沿线地方政府考虑到周围村民秋收季节收割庄稼时车辆通行的影响，提出将原设计中某处的人行通道(净高设计为2.2 m)改为机耕通道(净高设计为2.7 m)，以利于秋收季节农用车的通行。

(二)工程变更的审批

工程变更的受理程序一般分为五个步骤，即意向通知、资料收集、费用评估、协商价格和签发“工程变更令”。

(1)意向通知。监理工程师决定根据有关规定对工程进行变更时，向承包商发出变更意向通知，内容主要包括：变更的工程项目、部位或合同文件内容，变更的原因、依据及有关文件、图样、资料，要求承包商据此安排变更工程的施工或合同文件修订的事宜，要求承包商向监理工程师提交此项变更给其费用带来影响的估价报告。

(2)资料收集。监理工程师应指定专人受理变更，重大的工程变更请业主和设计单位参加。在变更意向通知发出的同时，着手收集与该变更有关的一切资料，包括：变更前后的图样(或合同文件)，技术变更洽商记录，技术研讨会记录，来自业主、承包商、监理工程师方面的文件与会谈记录，行业部门涉及变更方面的规定与文件，上级主管部门的指令性文件等。

(3)费用评估。监理工程师根据掌握的文件和实际情况，按照合同的有关条款，考虑综合影响，完成上述工作之后对变更费用作出评估。评估的主要工作在于审核变更工程数量及确定变更工程的单价及费率。

(4)协商价格。监理工程师应与承包商和业主就其工程变更费用评估的结果进行磋商，在意见难以统一时，监理工程师应确定最终价格。

(5)签发“工程变更令”。变更资料齐全、变更费用确定之后，监理工程师应根据合同规定，签发“工程变更令”。“工程变更令”主要包括以下文件：文件目录、工程变更令、工程变更说明、工程费用估价表及有关附件。工程变更的指令必须是书面的，如果因某种特殊的原因，监理工程师有权口头下达变更命令，承包商应在合同规定的时间内要求监理工程师书面确认。监理工程师在决定批准工程变更时，要确认此工程变更必须属于合同范围，是本合同中的任何工程或服务等，此变更必须对工程质量有保证，必须符合规范要求。

四、工程变更的管理

(一)工程变更审批的原则

监理工程师在审批工程变更时应注意的原则如下：

(1)考虑工程变更对工程进展是否有利。

(2)考虑工程变更是否可以节约工程成本。

(3)考虑工程变更是否兼顾业主、承包商或工程项目之外第三方的利益，不能因工程变更而损害任何一方的正当权益。

(4)必须保证变更工程符合本工程的技术标准。

(5)工程受阻，如遇到特殊风险、人为阻碍、合同一方当事人违约等，不得不变更工程。

(二)工程变更的管理

合同变更,不仅会使变更工作本身产生额外成本和工期延长,而且会产生连锁反应,影响与之相关的其他工作。监理工程师对工程变更的指示及管理一定要慎重,妥善处理。作为监理工程师,在处理工程变更时一般应注意如下几点:

(1)工程变更的范围不能随意扩大。工程变更主要涉及的是设计图样和技术规范文件的变更,如超出这一范围,就不应该视为工程变更,而只能作为其他形式的合理变更去处理,也就是说,此时不能由监理工程师去处理,而只能由业主、承包商去协商解决。

(2)工程变更的内容不能随意扩大或缩小。

(3)工程变更通常伴随工程数量的改变,但工程数量的改变并不意味着一定有工程变更的发生。在施工过程中,经常出现实际工程量与工程量清单中的设计工程量不吻合的现象,如果设计图样不发生修改,则此种现象可以认为是由估算误差造成的,这时的工程量增减并不属于工程变更的范围。如在路基土方施工中的清淤回填量,经常存在工程量清单中估算工程量与实际回填量不吻合的情况,只要按实际计量即可,不需进行变更。

(4)承包商在执行工程变更前,必须以监理工程师的书面变更令为依据,即使紧急情况下执行监理工程师口头的工程变更令,也应在执行过程中要求监理工程师尽快予以书面确认,否则这样的变更视为无效变更,即使对业主有利,也不一定能得到认可或补偿。工程变更的提出可以是业主、监理工程师、承包商、设计单位及当地政府等,但不管属于何种情况,最后均须由监理工程师组织实施。

(5)尽管工程变更情况很多,但变更后的工程一般应该是原合同中已有的同类型工程,否则承包商的施工质量(或履行能力)无法保证,而且可能引起复杂的施工索赔。

【例5-1】 陕西省的三原至铜川高速公路项目,原设计图样上要求圆管涵直径为1 m,管壁厚为10 cm,但承包商为加快工程进度,到外面采购来的成品管涵直径为1 m,管壁厚为9 cm,上报监理工程师要求变更。

监理工程师根据工程现场实际施工情况,认为承包商提出的变更理由合理,并经计算分析,认为管壁厚9 cm的圆管涵也能满足原设计荷载和构造要求,因此同意承包商的变更要求,并下达工程变更令。

【例5-2】 某公路桥梁项目,由于原设计对桥梁地基的土质调查不清,原设计为石拱桥,开工后虽然承包商作了地基处理,但仍存在不均匀的地基基础沉降。监理工程师与承包商一起到现场调查分析后,认为此处地基的不均匀沉降可能造成拱圈开裂,危及工程的安全可靠性能。因此,监理工程师从确保工程质量出发,下达工程变更令,改拱桥为板梁桥,并对桥台基础作了加固处理,对费用重新估价计算。

第四节 工程延期

工程建设项目中的各类合同都应该在合同中明确规定完成工程或工作的期限或天数,称为工期或合同期。如在合同文件中明确规定:在开工令发出后多少天内完工,或截至某日期完成。承包商的责任是在合同期内完成工程,除非监理工程师延长合同工期。

但在公路工程建设中,由于土木工程的施工周期较长,影响工期的因素较多,若某个环节不能按合同规定如期完成,会影响到其他所有环节,影响到其他合同的顺利进行,不仅使经济受损失，还要滋生出许多合同的纠纷和争端，所以在FIDIC条款中对有关工期等作了明确规定，以利于合同双方共同遵守。

一、工程延期与工程延误

(一)工程延期

1. 工程延期的定义

FIDIC条款对工程延期的定义是：按合同规定，由非承包商自身造成的，经监理工程师书面批准的合理竣工期限的延长。它不包括由于承包商的违约或者承包商未能履行他应尽的义务或责任而引起的工程延误。

2. 工程延期的主要类型

根据FIDIC条款第44条规定，延期的主要类型如下：

(1)额外的或附加的工作。

(2)异常的恶劣气候条件。

(3)由业主造成的延误、妨碍、阻止。

(4)不是承包商的过失、违约或应由其负责的其他特殊情况。

(5)合同中所规定的任何延误原因。

如果上述任何一种情况发生，使承包商有理由延期完成工程或其任何区段或部分，则监理工程师应与业主和承包商适当协商后作出公平的延期决定。

(二)工程延误

工程延误是指因各种原因造成的工程施工不能按原定时间要求进行，而使总工期延长。引发工程延误的原因有两种：一是承包商自身原因造成的工程延误，二是承包商以外其他原因造成的工程延误。

由于土建工程施工本身的复杂性，发生工程延误是比较常见的。工程延误直接涉及业主和承包商的切身利益。一方面工程延误会使一个工程项目不能在预定的时间内交付使用，使运营效益减少，直接影响到投资效益的发挥；另一方面业主要增加工程项目的管理费用，特别是要承担投入资金的利息，工期拖得越长，这种负担就越重。同时对于承包商来说，如果一个工程拖延太久，不仅要受到处罚，造成经济损失，而且由于力量受到牵制，无法承接新的业务。

工程延误实际上包括时间损失和经济损失两个方面的问题。一项工程延误是否可以由业主给予延长工期及经济补偿，这取决于引起该延误的原因是否可以预见、承包商或业主是否有过错以及合同中的文字规定。通常把延误分为可原谅延误与不可原谅延误(又分为可补偿延误与不可补偿延误)，共同延误与非共同延误，关键延误与非关键延误等。

1. 可原谅延误与不可原谅延误

如果工程延误由非承包商原因引起，则属于可原谅延误。对于可原谅延误，承包商有权得到延长工期，虽然不一定能得到经济补偿。在承包商按合同规定提交延期申请后，监理工程师应调查、分析、核实延误的原因和影响，确定满足合同条件后，作出延期决定。

可原谅延误的种类主要有：

(1)不可抗力引起的延误，不可抗力是当事人所无法控制的。

(2)不利自然条件或客观障碍引起的延误。

(3)特别恶劣的气候条件引起的延误。

(4)特殊风险引起的延误。

(5)罢工及其他经济风险引起的延误。

(6)业主或业主代表原因引起的延误。

可原谅延误又分为可补偿延误与不可补偿延误。

可补偿延误是承包商有权同时要求延长工期和经济补偿的延误。一般因业主或其代理人的错误或疏忽而引起的工程延误都是可补偿的。判断延误是否是可补偿的决定性因素是:业主或其代理人是不是应对造成该延误的情况负责,如果是,则是可以补偿的,否则是不可以补偿的。如监理工程师未能在规定时间内提供图样或指示,业主未能及时提供场地,业主拖延付款等原因造成的延误均为可补偿延误。

不可补偿延误是指可给予延长工期,但不能给予相应经济补偿的可原谅延误。这种延误一般不是因双方当事人的错误或疏忽造成的,而是双方都无法控制的原因造成的,如不可抗力、特别恶劣的气候条件、特殊风险、其他第三方原因等。

2. 共同延误与非共同延误

(1)共同延误。共同延误是指两项或两项以上的单独延误同时发生,主要有两种情况:在同一项工作上同时发生两项或两项以上延误,在不同的工作上同时发生两项或两项以上延误。

第一种情况比较简单,只要每一项延误的时间相同,它们对整个工程所产生的影响就是相同的。共同延误主要有以下几种基本组合:

①可补偿延误与不可原谅延误同时存在。在这种情况下,承包商不能要求工期延长及经济补偿,因为即使是没有可补偿延误,不可原谅延误也已造成工程延误。

②不可补偿延误与不可原谅延误同时存在。在这种情况下,承包商无权要求延长工期,因为即使是没有不可补偿延误,不可原谅延误也已导致工程延误。

③不可补偿延误与可补偿延误同时存在。在这种情况下,承包商可以获得工期延长,但不能得到经济补偿,因为即使是没有可补偿延误,不可补偿延误也已造成工程延误。

④两项可补偿延误同时存在。在这种情况下,承包商只能得到一项工期延长或经济补偿。

(2)非共同延误。非共同延误是单一的只发生一项的延误,而没有其他延误同时发生。

(三)关键延误与非关键延误

关键延误是指在网络计划关键线路上的活动延误;非关键延误是指非关键线路上的活动延误。关键延误肯定会导致整个工程的延误,如果是可原谅的,则承包商可以获得工程延期。由于非关键线路上的活动都有一定的机动时间可以利用,具有一定的灵活性,所以在该机动时间范围内的非关键延误不会导致整个工程的延误,承包商不能获得工程延期。当然,一旦机动时间用完,则原来的非关键延误也就变成了关键延误。

二、工程延期的申请和审批程序

(一)工程延期的申请

在首次出现需延期情况后的28 d之内,承包商应向监理工程师提出延期申请,并向业主递交延期申请副本,否则监理工程师不考虑给予延期。但从监理工程师应站在公正立场上的原则来看，特别是在我国国内一些承包商不熟悉 FIDIC 合同条件的情况下，当出现需延期的情况时，监理工程师应及时提醒承包商申报延期。

承包商在遇到非自己原因引起工程延误时，应在该事件发生之后，立即写一份延长合同工期的意向书，定性地先报监理工程师，并报业主备案；随后详细列出自己认为有权要求延期的具体情况、证据、记录和网络计划图等，以供监理工程师审批。若延期事件是连续发生的，则承包商应以不超过 28 d 的时间间隔向监理工程师申报延期意向并提供有关资料，并在延期事件终止 28 d 内，报正式的延期申请书和最后的详细资料。

(二)工程延期的审批

监理工程师在收到承包商的延期申请和详细补充情况及证据后，应在合理时间内进行审查、核实和详细计算。不应无故拖延时间，以免出现承包商声称被迫加快工程进度，而要求支付加班费用的情况。

在延期审批过程中，驻地监理工程师的原始记录如"监理日志"、"天气记录"等是很关键的证明材料。当延误发生时，驻地监理工程师对承包商延误的事实、时间、人力、机械设备的闲置以及能否重新调整计划等，均应有详细的记录；否则，将会给承包商延期申请的审批带来困难。

在 FIDIC 条款中，对监理工程师作出延期决定的时间并没有明确规定，但在实际工作中，监理工程师必须在合理的时间内作出决定，否则承包商会以延期迟迟未获准而被迫加快工程进度为由，提出费用索赔。为了避免这种情况发生，又使监理工程师有比较充裕的时间评审延期时间，对于某些较为复杂或持续时间较长的延期申请，监理工程师可以根据初步评审，给予一个暂定的延期，然后进行详细的确定评审，书面给予批准的有效延期时间。FIDIC 合同条件规定，暂时批准的延期时间不能长于最后书面批准的延期时间。

严格地讲，在承包商未提出最后一个延期申请时，监理工程师批准的延期时间均是暂定的延期时间。最终延期时间应是承包商的最后一个延期申请批准后的累计时间，但并不是每一项延期时间的累加，如果后面批准的延期内包括前一个批准延期的内容，则前一项延期的时间不能予以累计。

承包商申请工程延期与监理工程师审批工程延期的程序如图 5-2 所示。

三、工程延期的管理

(一)工程延期审批的依据

承包商延期申请能够成立并获得监理工程师批准的依据如下：

(1)工程延期事件属实，强调实事求是。

(2)符合本工程合同规定及 FIDIC 条款第 44 条的规定。

(3)延期事件发生在工期网络计划图的关键线路上，即延期有效合理。

(4)延期天数的计算正确，证据资料充足。

上述四条中，只有同时满足前三条，延期申请才能成立。至于时间的计算，监理工程师可根据自己的记录，作出公正合理的计算。

上述依据中，最关键的是第三条，即延期事件发生在工期网络计划图的关键线路上。因为在承包商所报的延期申请中，有些虽然满足前两个条件，但并不一定是有效合理的，只有有效和合理的延期申请才能被批准。也就是说，所发生延误的工程项目必须是会影响到整

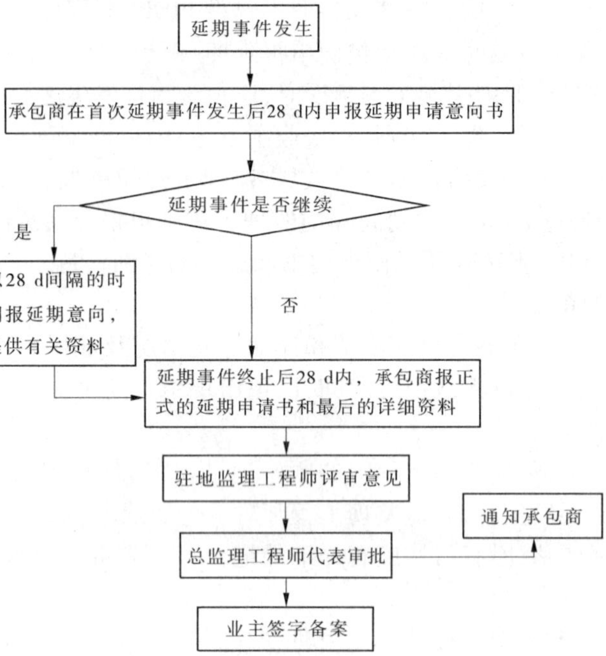

图 5-2　工程延期的申请与审批

个工程项目工期的工程。如果发生延误的工程项目并不影响整个工程工期，那么就不能批准延期。

项目是否在关键线路上的确定，一般常用的方法是：根据监理工程师最新批准的进度计划，将工程按道路（路基、路面）和结构分为两大部分，哪一部分工期长，哪一部分就在关键线路上。对于只有独立结构物的工程合同，也可根据进度计划来确定关键线路上的分部工程项目。另外，利用网络图来确定关键线路是最直观的方法。同时对于关键线路的确定还应注意如下两点：

（1）关键线路并不是固定的，随着工程的进展，关键线路也在变化，而且是动态地变化。根据工程进展的实际情况，有时是在计划调整后，原来的非关键线路有可能变为关键线路，驻地监理工程师要随时记录并注意观察。

（2）关键线路的确定，必须依据最新批准的工程进度计划。

（二）工程延期的计算方法

在国际工程承包中，对延期天数的计算一般可以采用以下几种方法：

（1）工期分析法。即依据合同工期的网络进度计划图，考查承包商按监理工程师的指示完成各种原因增加的工程量所需要的工时，并考虑工序改变对工期的影响，算出进度损失以确定延期天数。

（2）实测法。承包商按监理工程师的书面工程变更指令，完成变更工程所用的实际工时。

（3）类推法。按照合同文件中规定的同类工作进度计算工程延期。

（4）工时分析法。某一工种的分项工程项目延误事件发生后，按实际施工的程序统计出所用的工时总量，然后按延误期间承担该分项工程工种的全部人员投入来计算要延长的工期。

（5）造价比较法。若施工中出现了很多大小不等的工期索赔事由，较难准确地单独计算且又麻烦,可经双方协商,采用造价比较法确定工期补偿天数。

(6)折合法。当计算出某一分部分项工程的工期延长时间后,还要把局部工期转变为整个工期,可用局部工程的工作量占整个工程工作量的比例来折算。

(三)工程延期的受理条件

《公路工程施工监理规范》(JTG G10—2006)中对工程延期的"有关规定"中明确指出:监理工程师必须在确认下述条件满足后,方可受理工程延期。

(1)由于非承包商的责任,工程不能按原定工期完工。

(2)延期情况发生后,承包商在合同规定期限内向监理工程师提交了工程延期意向。

(3)承包商承诺继续按合同规定向监理工程师提交有关延期的详细资料,并根据监理工程师要求随时提供有关证明。

(4)延期事件终止后,承包商在合同规定的期限内,向监理工程师提交正式的延期申请报告。

(四)工程延期的避免

根据公路工程实践经验,要防止延期的发生,就必须做到:

(1)监理工程师、业主和承包商都必须熟悉和掌握合同条件与技术规范,严格遵守和执行合同。

(2)业主应多协调,少干预。尽量避免由于行政命令的干扰引起的工程延误。

(3)尽量避免由于图样延迟发出、征地拆迁延误、工程暂停和不按程序办理工程变更等引起的延误。

(4)监理工程师必须掌握第一手原始资料,认真作好"监理日志"等原始记录,以了解工地现场的实际情况。

(5)监理工程师必须对承包商的进度计划安排及实施情况予以充分的关注,特别是对主体工程、关键工程、关键工序更应予以重视。

(6)监理工程师应及时提醒和告知业主,作好参谋和顾问,及时提醒承包商应注意的有关情况或问题。

【例5-3】 某一公路工程合同段发生了以下原因引起的停工:1999年6月30日~7月3日承包商的设备出了故障;监理工程师向承包商提供后续图样原定时间为7月1日,但最后提供图样时间为7月10日;7月5~18日工地下了特大雨。

(1)承包商申请延期天数为10 d+8 d=18 d,费用补偿天数为18 d。

(2)监理工程师审批结果如下:

①提供图样比原定时间晚了10 d,是由业主方面造成的,属于可补偿延误,准予延期;但在7月1~3日由于承包商的设备出了故障,即使业主提供了图样承包商也无法进行施工,属于不可原谅延误,这3 d不予延期。由此可以批准的延期天数为7月4~10日共7 d。

②7月5~18日工地下了特大雨,是由自然因素造成的,属于不可补偿延误,可以批准延期,但在7月5~10日由于存在共同延误,此处不再重复计算,因此可以延期的时间为7月11~18日共8 d。

由以上两项分析,监理工程师审批可以延期的时间为7 d+8 d=15 d。

对于延期引起的费用索赔天数为:在7月1~3日,属于不可原谅延误和可补偿延误共同发生的延误,根据合同条款不应给予经济补偿;在7月5~10日,属于可补偿延误和不可补偿延误共同发生的延误,根择合同条款也不应给予经济补偿;在 7 月 11 ~18 日,工地下了特大雨,是由自然因素造成的,属于不可补偿延误,因此也不予对其进行经济补偿。由此可知,只有 7 月 4 日是业主原因造成的可补偿延误,监理工程师审批费用补偿的天数为 1 d。

第五节 工程索赔

一、工程索赔的定义、分类

(一)工程索赔的定义

索赔是当事人在合同实施过程中,根据法律、合同规定及惯例,对非自己的过错,而是应由合同对方承担责任的情况,且实际发生了损失,向对方提出给予补偿的要求。对施工合同的双方来说,索赔是维护双方合法利益的权利。广义的索赔包括承包商向业主的索赔和业主向承包商的索赔(又称为反索赔),FIDIC 条款第 53 条规定的索赔专指承包商向业主的索赔。

(二)工程索赔的分类

FIDIC 条款中承包商可用于索赔的条款很多,可按不同方式进行分类。

1. 按引发原因分类

按引发的原因不同可将索赔分为四大类:第一类是业主过错引起的索赔,第二类是监理过错或责任引起的索赔,第三类是合同变更特别是工程变更引起的索赔,第四类是不可预见因素引起的索赔,如表 5-1 所示。

表 5-1 工程索赔分类

分类	类型
业主过错引起的索赔	1. 未按合同规定和承包商合理的进度表,提供对现场的占有权和出入权; 2. 未按规定向承包商付款; 3. 延期提供图纸; 4. 提供占用或使用永久性工程区段而造成损失或损害; 5. 因工程设计不当而造成损失或损害; 6. 违约使合同中途停止
监理过错或责任引起的索赔	1. 延误签发图纸、指令; 2. 负责提供的书面数据不准确; 3. 要求进行合同中未规定的检验
合同变更引起的索赔	1. 变更原因造成工程延期或打乱了原计划; 2. 放样资料不准确; 3. 图纸、指令等的延误; 4. 额外试验与检查

续表 5-1

分类	类型
不可预见因素引起的索赔	1. 异常的恶劣条件； 2. 外界障碍(化石、古物、地下建筑等)； 3. 战争入侵、叛乱、暴乱等； 4. 通常无法预测和防范的任何一种自然力

2. 按索赔有关当事人分类

(1)承包商同业主之间的索赔。这类索赔内容大部分都是有关工程的计量、变更、工期、质量和费用价格方面的争议，也有关于其他违约行为、中止或终止合同的损害费用补偿等。

(2)承包商同分包商之间的索赔。其内容范围与前一种大致相似，但多数是分包商向承包商索要付款和赔偿，而承包商扣留支付分包商款等。

(3)承包商同供应商之间的索赔。其内容多是商贸方面的争议，如货品、建筑材料、机具等不符合技术要求，数量短缺，交货拖期、违约，货物运输中损坏等。

(4)承包商和业主共同向保险公司索赔。这一类多是承包商和业主受到灾害、事故或其他的损害或损失，按保险单向其投保的保险公司索取赔偿。

(5)其他索赔。承包商或业主在履约过程中与其他方面往来业务中发生的索赔。

3. 按索赔的指向分类

(1)索赔。一般指承包商有经济损失或额外经济支出时，依据施工承包合同向业主方提出的索赔要求，并希望从业主处得到经济补偿。

(2)反索赔。经常被用于工程项目的业主方向承包商提出索赔要求；或者是业主针对承包商提出的索赔报告予以反驳、论证，阻挡承包商的索赔要求；或者是以此为据反过来向承包商要求索赔。在国际惯例中，统称业主的索赔与反驳为反索赔。

二、索赔的程序

索赔包括承包商向业主提出的索赔以及业主向承包商提出的索赔(反索赔)，在此重点讨论承包商向业主提出的索赔程序及监理工程师受理索赔的程序。

(一)承包商申请索赔的程序

1. 承包商提出索赔意向通知

当引起索赔的事件发生时，承包商应在索赔事件第一次发生之后的 28 d 内，将有关索赔的情况及索赔意向书面通知监理工程师，并同时抄送业主。它标志着一项索赔事件的开始，也提醒监理工程师和业主注意正在发生导致额外费用或延长工期的情况，使业主和监理工程师有时间采取必要的措施和行动，以减少或尽量避免额外费用的发生或缩短延误工期。

2. 承包商提交索赔证据资料和账单

当承包商提出索赔意向通知后，应认真准备和记录索赔的论证资料。承包商准备和提交的索赔证据资料和账单一般包括：工程进度计划、施工日志、工程所在国的政治经济的基本资料、来往文件和信函、会议纪要和备忘录、投标报价时的基础资料、技术规范和工程图样、工程报告及工程照片、工程财务报告等。

3. 编写索赔报告

索赔报告是承包商向监理工程师提交的要求业主给予一定经济补偿和延长工期的正式书面报告,索赔报告的编写水平与质量如何,直接关系到索赔的成败。索赔报告必须有力地证明:自己正当合理的索赔资格,受损失的时间和金额,以及有关事项与损失之间的因果关系。

编写索赔报告注意事项如下:承包商提出索赔除应注意动因、依据、损害事实、时效在不在关键线路上外,还必须注意要使用合同中规定的语言和书面形式。

有关承包商依据 FIDIC 条款第 53 条提出索赔的程序框图如图 5-3 所示。

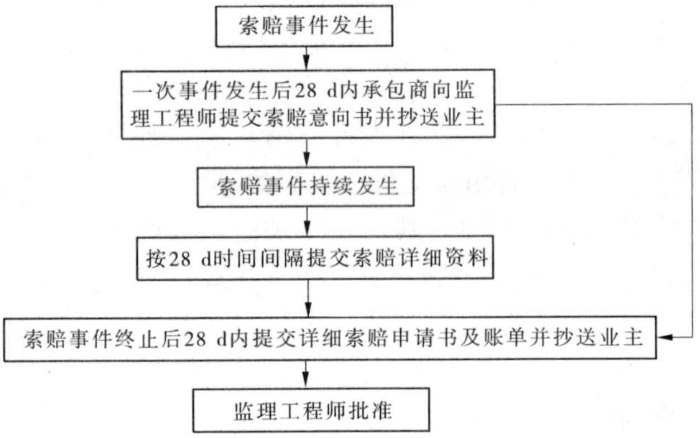

图 5-3　承包商申请索赔的程序框图

(二)监理工程师审核索赔的原则和程序

1. 监理工程师受理索赔的一般条件

监理工程师在确认满足下述条件时,才能受理费用索赔:

(1)承包商必须依据合同有关规定索取额外的费用。

(2)承包商在出现引起索赔的事件后,按合同规定的期限向监理工程师提交索赔意向,并同时抄送业主。

(3)承包商承诺继续按规定向监理工程师提交说明索赔数额和索赔依据等的详细材料,并根据监理工程师需求随时提供有关证明。

(4)承包商在索赔事件终止后,按合同规定的期限向监理工程师提交正式的索赔申请。

2. 监理工程师审核索赔的一般原则

(1)要有合同依据。监理工程师处理双方所提出的索赔必须以合同或法律为依据,但有时合同文件本身也会引起索赔。由于合同文件的内容相当广泛,包括合同协议书、图样、合同条件、工程量清单以及许多来往信函和修改变更通知等,以致自相矛盾,或者可作不同解释,导致合同纠纷。根据 FIDIC 条款第 5.2 条规定,组成合同的几个文件应该认为是能彼此互为解释的,在出现含糊或不一致时,监理工程师应该向承包商发出有关指令,以便对此作出解释和调整。除非合同另有规定,组成合同的几个文件的优先支配地位应遵循 FIDIC 条款第 5.2 条规定。

(2)要有损害事实。合同中规定业主承担的风险责任的确给承包商造成了事实损害,使承包商增加了额外费用,发生了损失。所以,承包商的索赔是以实际损害为前提,以损害事实为依据,如果没有损害事实,则不能给予补偿。

(3)应在规定期限内提出索赔。承包商应在规定期限内提出索赔,超过规定期限提出的索赔会使得准确确认索赔金额难度变大,根据合同规定,若超出规定期限,监理工程师有权按承包商自动放弃这种权利来处理,这是索赔处理中的国际惯例。

(4)索赔的审批应公平合理。即确认的索赔金额应真实地反映承包商的实际损害,符合法律和合同规定的公平原则。

3. 监理工程师处理索赔的程序

(1)收集资料,作好记录。

(2)审查承包商的索赔申请。

(3)索赔评估。监理工程师对索赔评估主要依据以下几点进行:

①承包商提交的索赔申请资料必须真实、齐全,满足评审的需要。

②申请索赔的合同依据必须正确。

③申请索赔的理由和原因必须正确与充分。

④申请索赔数额的计算原则和方法应恰当,数量应与监理工程师掌握的资料一致,价格与取费的来源能被业主接受;否则应修订承包商的计算方法与索赔数额并与业主和承包商进行协商。

(4)审查报告。审查报告应由正文和附件两部分组成。正文应包括的内容为:受理承包商索赔申请的工作日期,工作简况,确认的索赔理由及合同依据,经过调查、讨论、协商、确定的测算方法及由此确定的索赔数额和结论等。附件应包括的内容为:监理人员对该索赔的评语,承包商的索赔申请。

(5)确定索赔。监理工程师应在确认其结论之后,签发"索赔时间/金额审批表",并通过中期支付证书予以支付。

三、索赔费用的计算

表5-2是常见的几种工程索赔情况的费用组成。

表5-2　常见的几种工程索赔情况的费用组成

索赔事件	可能的费用损失项目	有关说明
工程中断	1. 停工费; 2. 机械停滞费; 3. 积压损失费; 4. 管理费损失; 5. 其他支出费	
延期后的索赔	1. 工程延期后物价上涨使工程成本增加; 2. 各种开办费用的增加; 3. 其他索赔	1. 物价上涨引起的成本增加按价格调整的有关规定去处理; 2. 开办费用具有包干的性质,但延期后承包商会认为开办费用包不住,会增加临时设施维护费、保险费等各项费用

续表 5-2

索赔事件	可能的费用损失项目	有关说明
工程变更	1. 工程量增加所引起的索赔； 2. 工程所引起的索赔； 3. 工程的性质、质量、类型改变引起的索赔	变更工程的计价问题按工程变更的有关规定来处理，工程变更引起工程中断及延期后的费用索赔按上述规定进行
业主指令工程加速	1. 人工费增加； 2. 材料费增加； 3. 现场施工机械费增加； 4. 现场管理费增加； 5. 总部管理费增加； 6. 利息增加	1. 因抢工，不合理投入大量劳动力，致使工效降低造成损失； 2. 因抢工，不经济地使用材料、材料运费等增加； 3. 增加大量机械，不合理地使用机械，停班多，费用增加； 4. 临时增加人员、临时宿舍旅费增加；管理人员增加，加班费、生活补贴增加； 5. 因抢工，临时增加贷款进货进料，增加流动资金，银行贷款利息增加

（一）停工费计算

合同中规定了计算方法的，原则上按合同规定的计算方法进行计算。如果合同中未规定计算方法，可根据计日工单价、人工费预算单价或当前的人工工资水平，在此基础上确定停工或窝工费的工日单价并根据实际的停工及窝工时间进行计算，其中停工或窝工时间中应根据工程的不同性质扣除雨水天气所占用的时间。

（二）材料积压损失费计算

合同中已支付材料预付款的，原则上不考虑材料积压损失费；合同中未支付材料预付款的，可根据材料费价格及积压材料的费用总额计算其利息；对于使用时间有要求的材料，当材料积压时间太长时，应根据实际情况考虑材料超过使用期限后报废的损失。

（三）机械停置损失费计算

如果合同中规定了计算方法，原则上按合同规定的计算方法进行计算；如果合同中未规定计算方法，可参考如下公式计算

$$\text{机械停置费台班单价} = (\text{折旧费} + \text{大修理费}) \times 50\% + \text{机上人员工资} + \text{养路费及车船使用税}$$

式中，折旧费、大修理费是指机械台班费用定额中每台班的折旧费和大修理费，由于机械设备的使用率为50%左右，所以在计费时按50%考虑；机上人员工资按停工、窝工费的计算方法确定；养路费及车船使用税按有关定额或规定计算。

施工单位的租赁机械，可在出具租赁合同后，根据租赁价格扣除燃料费后确定其停置费。

（四）管理费计算

管理费可根据实际情况由业主、承包商、监理工程师协商确定，或按辅助资料表中单价分析表中的管理费比例，测算管理费占合同总价的比例之后确定合同总价中的管理费总额，再根据项目合同工期测算承包商每天的现场管理费总额，最后根据停工、窝工时间确定索赔

事件期间所发生的管理费总额。

(五)延长工期后的费用计算

(1)工程保险费追加可根据保险单或调查所得的保险费率来确定。

(2)承包商临时设施维护费,如已包含在现场管理费中,则不另行计算,否则可根据延长时间由业主、承包商、监理工程师协商确定其维护费用。

(3)延长期间的临时租地费可根据租地合同或参考其他票据确定。

(4)临时工程的维护费可根据临时工程的性质及实际情况由业主、承包商、监理工程师协商确定。

(六)延期付款利息

根据投标书附件中规定的延期付款利率和延期付款时间按单利法或复利法进行计算。

(七)赶工费

为抢工期而增加的周转性材料增加费、工效和机械效率降低费、职工的加班费、不经济地使用材料等赶工费,由业主、承包商、监理工程师根据赶工的工程性质以及当时当地的实际情况协商确定。

(八)其他费用

其他费用根据实际情况由业主、承包商、监理工程师协商确定。

四、避免工程索赔的措施

业主方是工程承包合同的主导方,关键问题的决策要由业主掌握。监理工程师受业主的委托,代表业主管理工程。因此,若业主和监理工程师都积极主动地采取预防措施,防止和避免一些不必要的索赔事件发生,将会大大减少索赔争端。

(一)由于意外风险和不可预见的地下条件发生的索赔事件

业主和监理工程师要加强工程的风险意识,及早了解自然界和社会风险来源的可能性,尽早采取措施,防患于未然。

(二)由于工程变更引起索赔

若监理工程师本身不是设计者,应尽量避免设计变更。作为业主,若提出变更,应尽可能通过监理工程师发出变更指令,向承包商说明支付方式,取得一致意见,并在申报月进度工程款时予以支付,避免工程变更的价格调整款变成索赔款。

(三)不要随意下达工程停工令干扰施工

有的业主随意要求增减工程或改变作业顺序,或不及时提供工程材料及必要的施工条件,从而引起工程延误。业主应该采取措施,创造良好的施工环境与条件,尽量避免工程延误而引起的索赔。

(四)避免由于业主违约引起的索赔

监理工程师要及时地为业主做好参谋,及时提醒业主搞好征地拆迁,让设计单位按合同规定准时交图,及时支付工程款,以免给承包商造成工程流动资金不足的困难。若长期大量拖付工程款,势必迫使承包商投入新的流动资金,或向银行贷款,引起工程成本增加,从而导致承包商的费用索赔。

(五)严格控制工程范围

因为工程范围的变化可能会引起工程费用失控,也会引起设计图样、技术规范、施工工期等一系列的变化，这些都有可能引发索赔事件。为了避免索赔事件的发生，就要求监理工程师工作应认真、细致和准确，基本上做到按投标文件施工；同时也要求业主不要轻易发出改变施工的指令，以免形成"可推定的工程变更"，导致承包商的索赔。

（六）应迅速及时处理好合同争端

在工程进展过程中，若发生业主和承包商双方的合同争端，业主首先要心平气和地与监理工程师一起，和承包商协商解决争端。争端的及时处理和解决，会有助于工程的顺利进行，也避免了许多不必要的索赔事件的发生。

（七）避免由于监理工程师失误和其他原因出现的索赔

如果由于监理工程师的指令错误而使工程受阻或损失，会严重影响监理工程师的威信。因此，监理工程师必须严守职业道德，加强自身业务能力，严格把关，谨慎处事，切不可粗心大意，使业主的利益受到影响，并在预防和避免索赔事件发生方面起积极作用。

【例 5-4】 某工程在一座桥梁引桥路堤施工到最高点时，其中一个桥台的桩柱出现裂痕，此裂痕是基底土沉陷所致。监理工程师于 4 月 1 日下令暂停有关工程。

4 月 15 日，监理工程师下令附近一座桥梁暂停施工，因为该桥可能会遇到同样的问题。

上述两座桥梁的桥台已经建成，而预应力大梁也准备妥当，随时可以开始安装。监理工程师应承包商的要求，于 4 月 20 日撤销大梁吊装的指令。5 月 30 日，监理工程师指令土方工程重新开始，并要求上述两座桥的引桥路基加上辅助桩，作为变更工程，价格由监理工程师与承包商议定。

5 月 10 日，承包商提出索赔意向通知，根据 FIDIC 条款第 40 条规定，就上述两项暂停指令要求补偿额外费用。索赔数额是中断工程期间的机械闲置费、雇人看管费用、吊装小组的员工费用等。

监理工程师答复如下：暂停施工是设计错误所致，根据 FIDIC 条款第 40 条规定，索赔原则上可以接受。但对第一次暂停的索赔不能接受，因为监理工程师下令暂停施工后 28 d 内承包商未提出索赔意向通知，第二次暂停命令后 25 d 提出了索赔意向通知，因此只接受第二次停工的索赔。

第二次停工导致的费用由监理工程师确定、业主支付。这些费用中包括管理费，利润则不包括在内。

第六节　工程分包与转让

分包与转让是承包合同履行中可能出现的现象，加强分包与转让的管理和控制，是关系到承包合同能否顺利履行、三大控制指标是否能够实现的问题。为此，FIDIC 条款也对此作出了相关规定。

一、工程分包

FIDIC 条款规定，获得整个工程或某一区段工程的承包商，可以将某一部分工程按专业性质或工程范围，分包给若干个专业性强的分包商去施工。在 FIDIC 条款中，将分包分成"一般分包"与"指定分包"两种，无论哪种形式的分包，都不能解除承包商对分包工程的责任和义务，承包商仍然对分包工程承担合同义务和违约责任，要对分包商的施工进行协调、督促和照管整个工程。

(一)一般分包

一般分包合同是指在执行工程承包合同过程中,承包商由于某些原因,将自己所承担的一部分工程,在经监理工程师批准后,分包给另外的分包商施工,在承包商和分包商之间签订的工程分包合同。

经监理工程师批准,从承包商那里分包一部分工程,并与承包商签订明确规定相互责任、权利和义务的分包合同的人或实体,被称为一般分包商。

(1)一般分包的规定在 FIDIC 条款第 4 条中对一般分包作出了明确规定:

①监理工程师应严禁承包商把大部分工程分包出去或层层分包。

②必须经监理工程师批准,并按规定办理分包工程手续,承包商才能将部分工程分包出去。

③监理工程师对分包的批准不解除承包商根据合同规定所应承担的任何责任和义务。

FIDIC 条款允许分包,是基于工程承包中某些专业工程公司更有专长,经验更丰富,比承包商能更好地胜任某部分工程或服务。但若放任分包现象,容易造成工程质量问题,因此 FIDIC 条款对工程分包作出了严格规定。通常要求承包商在其标书中说明准备将哪些分项工程或服务项目分包出去。若有可能,还要说明他准备选用的分包商的名称。

(2)一般分包的审批程序如下:

①承包商选择分包商,制订工程分包合同,上报监理工程师。

②承包商将选定的分包商的机械设备、技术力量、财务状况以及所承担过的工程情况等详细资料报监理工程师审查。

③监理工程师审查分包申请报告。

④经监理工程师书面批准后,承包商可同分包商正式签订工程分包合同,并将副本报送监理工程师一份,分包商进入工地施工。

(3)一般分包工程的管理。

监理工程师应通过承包商对分包工程进行管理,也可以直接到分包工程去检查,发现涉及分包工程的各类问题,应要求承包商负责处理;监理工程师也可以通过中期支付证书,由承包商对分包工程进行支付。

(二)指定分包

1. 指定分包的定义

根据 FIDIC 条款通用合同条件第 59.1 条规定,由业主或监理工程师指定、选定,并要求承包商将其承包的部分工程的施工或货物、材料、工程设备供应等,分包给指定分包商的合同称为指定分包合同。指定分包商与一般分包商负相同的责任。指定分包的金额在招标时列入到暂定金额中。

指定的分包商一旦被任命,分包商和承包商的关系就应在承包商和分包商签订的分包合同中作出规定。这样安排的一个重要原因是业主希望承包商统一负责分包合同的管理和协调,并只向承包商支付这些服务费。另外,由业主指定分包的原因还很多,如业主对整个工程按专业性质的顺序进行招标,特别是专业性较强的项目,如高速公路的收费站及系统、电力设施的安装等已另行招标,但业主还是希望搞土建项目的承包商进行总承包,以便统一协调整个工程的施工管理,因此要求承包商接受其他专业项目的承包商为指定分包商。

2. 指定分包的审批

指定分包合同一般应在业主同承包商签订承包合同后进行。最好在指定分包合同招标之前,受邀请投标的公司能得到业主和承包商的共同批准。指定分包合同的标书通常由监理工程师或业主拟定,并负责招标和接受中标事宜,接着由中标者与承包商签订指定分包合同。

3. 监理工程师对指定分包工程的管理

指定分包的工程,通常均有其特殊性,而且指定分包多是由业主决定的。为了有利于工程的顺利进行及确保指定分包工程的质量和业主的利益,现行《公路工程施工监理规范》(JTG G10—2006)中对监理工程师的工作作了如下规定:

(1)监理工程师宜设专人对指定分包工程进行管理。

(2)监理工程师应要求指定分包商提交一份证明其资格情况的资料,并要求指定分包商保护和保障承包商免于承担由于指定分包商的疏忽、违约造成的一切损失。

(3)监理工程师应明确指定分包工程所使用的技术规范与验收标准。

(4)监理工程师应审查承包商反对指定分包商的理由。确认反对合理时,建议业主对承包商的反对予以考虑,反之则应帮助说服承包商接受指定分包商。

(5)监理工程师对指定分包商的支付应按下述规定办理:

①监理工程师应通过承包商对指定分包商进行支付。

②监理工程师可要求承包商出示指定分包商得到承包商付款的证明。

③承包商无正当理由拒绝向指定分包商付款的,监理工程师必须帮助业主从中期支付证书中扣留指定分包商应得到的款项,直接向指定分包商支付。

二、工程转让

依据 FIDIC 合同条件,工程转让包括合同转让和分包商义务转让两部分。合同转让是承包合同的主体变更,转让后,原合同主体之间的法律关系全部消失或部分消失。

合同转让强调无业主同意,承包商不得将合同及合同名下的利益随意转让他人。原因是承包商在通过资格预审、评标、定标并被授予了承包合同后,承包商已被认定具有相应的合法资格和履约能力,但受让人并不一定具有相应的履约能力。因此,在承包商履行合同中,合同转让应有严格的限制,若承包商擅自转让合同,不管是全部转让,还是部分转让,也不管承包商是否从中获取了任何利益或好处,都将被视为一种严重的违约行为,业主有权终止与承包商的合同法律关系。

在工程承包中,若出现了以下几种特殊情况,经业主同意,承包商可以将合同全部或者部分进行转让。

(1)承包商濒临破产,无力经营,继续承包可能给业主造成很大损失。

(2)承包方的工程质量太差,无法满足工程技术上的要求。

(3)业主修改工程竣工时间,要求加快工程进度,提前完工,而承包商此时在技术和人力、物力资源上无法达到要求,双方协商达成一致意见。

无论什么原因引起合同的转让或部分转让,都会给合同管理工作增加难度,如引起额外费用的增加或拖延工程工期,或增加施工干扰等。因此,业主在处理转让的问题上应持慎重态度,审批权由业主掌握,一般不授权给监理工程师。

第七节　工程违约

在土木工程施工承包合同中，无论是业主还是承包商，只要不履约或者履约不符合约定的都属于违约。有因业主违约而迫使工程不能进展，使承包商不得不采取补救措施的情况，也有因承包商违约而影响工程进展的情况。

一、承包商违约与业主的对策

（一）承包商的违约

根据《公路工程施工监理规范》（JTG G10—2006）中有关规定，当承包商有下列事实时，监理工程师应确认承包商一般违约：

（1）给公共利益带来伤害、妨碍和不良影响。

（2）未严格遵守、执行国家及有关部门的政策与法规。

（3）由于承包商的责任，使业主的利益受到损害。

（4）不严格执行监理工程师的指示。

（5）未按合同规定照管好工程。

当承包商存在下列事实时，监理工程师应确认承包商构成了应被驱逐出场的严重违约：

（1）拒不拆除或拒不返工不合格工程。

（2）拒不运走、替换不合格材料和设备。

（3）承包商破产。

（4）承包商涉嫌腐败、欺诈。

（5）承包商违约分包、违约转让。

（6）承包商拒不执行开工通知令。

（7）承包商施工进度过慢。

（8）承包商不按投标文件的要约及时配备称职的关键管理人员和技术人员及关键的施工装备。

（9）承包商无视监理工程师的事先警告，固执地或公然地忽视履行合同所规定的义务。

（二）承包商违约处理

当监理工程师确认承包商属一般违约后，应采取如下措施进行处理：

（1）书面通知承包商在尽可能短的时间内，予以弥补与纠正。

（2）提醒承包商一般违约有可能导致严重违约。

（3）上述措施无效时，书面通知业主。

（4）确定因承包商违约对业主造成的费用影响，办理扣除相应费用的证明。

当监理工程师确认承包商的违约属于严重违约时，业主已部分或全部终止合同后，应采取如下措施：

（1）指示承包商将其为履行合同而签订的所有协议的利益转让给业主。

（2）认真调查并充分考虑业主因此而受到的直接的和间接的费用影响后，办理并签发部分或全部终止合同的支付证明。

（三）承包商违约后业主的对策

为了不影响工程的进展和工程竣工并投入生产运营，当发生上述承包商违约事件并终止了对承包商的雇用后，业主在进驻工程现场后，可以自己去完成该工程，也可雇用其他承包商去完成该工程。业主或其他承包商为完成该工程，可以使用合适数量的承包商的装备、材料或临时工程。同时，业主需对已完工程及使用承包商的装备、材料等进行计算估价，对合同终止后的付款进行清算以及协议利益进行转让等。

二、业主违约与承包商的对策

（一）业主的违约

根据 FIDIC 条款，凡业主发生下述情况，则认为属于业主违约：

（1）在不影响业主有权根据合同规定扣除承包商欠款的条件下，如果业主在 FIDIC 条款第 60.10 条所确定的支付到期时限之后的 28 d，还没有将应支付给承包商的款项支付给承包商。

（2）业主采用干涉、阻挠和拒绝监理工程师签发任何支付证书所需要的批准。

（3）业主宣告破产，或作为一家公司宣告停业清理。

（4）业主通知承包商由于不可预见的原因，或由于经济混乱，无法继续履行义务。

（5）暂停工程持续时间超过 FIDIC 合同条件规定的极限时间，监理工程师仍未发出复工的许可，承包商向监理工程师发出要求准许该已经暂停的工程继续施工的书面通知后 28 d，承包商仍未得到监理工程师的准许，且暂时停工的部分工程如果不能复工，其余部分将无法进行施工的，则承包商可以将此项停工视为业主违约。

（6）使用世界银行贷款的项目，如果世界银行通知中华人民共和国政府，世界银行将停止支付对本工程给予的贷款。

（二）业主违约后承包商的对策

当业主违约的事件发生后，承包商有权采取下列措施进行处理和补救：

（1）终止合同。

（2）撤离装备。

（3）暂停工程。

（4）复工。如果业主在收到承包商的暂停工程或减缓工程进度的通知后，恢复向承包商支付应付的款项，并包括延期付款利息。这时，若终止合同的通知尚未发出，承包商暂停工程的权利应予终止，并应尽快恢复正常施工程序。

（5）合同提前终止时的付款。业主除向承包商支付应付的款项外，还应支付对承包商的利润损失的补偿。

第八节　争端与仲裁

土木工程承包合同由于工程实施过程很长，技术和经济方面的争端在所难免。FIDIC 条款对争端事宜的解决作了明确的程序规定。

一、争端

业主、承包商、监理工程师之间因合同或工程施工出现分歧，并且对监理工程师的决定不接受而产生的争议，即为争端。

（一）常见争端内容

国际上多年土木工程承包合同的实践证明，许多技术、施工工艺、工程变更、经营管理上的争端案例，最终都集中在业主与承包商之间的经济利益方面。一般常见的争端有以下一些内容：

（1）业主根据监理工程师的证明，对承包商的严重施工缺陷或不合格材料和设备要求赔偿、折价或更换；承包商则认为缺陷已改正或性能试验方法错误等，不属于承包商的责任，不能达成一致意见。

（2）业主提出因承包商的原因引起的拖延工期，除要从承包商应得的款项中扣除施工期的违约损失赔偿金外，还要求对由于工期延误造成业主利益的损害进行赔偿；承包商则引用困难条款和免责条款提出反索赔，由此产生严重分歧。

（3）承包商依据 FIDIC 合同条件中的一些条款，向业主提出费用索赔，经监理工程师审查，上报业主后，业主不予以承认，或者业主同意支付的额外付款与承包商索赔的金额差距较大，双方达不成一致意见。

（4）承包商提出的延长竣工期限的索赔申请，业主方不予承认，双方对工期延误的责任持较大的分歧意见，如承包商认为工期延误是业主方延迟交付现场、延迟交图，监理工程师拖延现场的工序检验等造成的；而业主方则认为是承包商开工延误、劳力不足等造成的。

（5）关于合同中止或终止的争议，业主与承包商互相推卸责任等。

（6）关于工程变更、分包、合同转让等方面的争端。

（7）出现特殊风险和不可抗力后，善后处理方面所发生的争端等。

（二）争端处理

无论在工程实施期间还是在工程完工后，也无论是在合同废弃或终止以前还是以后，如果业主和承包商之间对有关合同或起因于合同或因工程实施发生任何争端，包括对监理工程师的任何意见、指令、决定、证书或价值的争端，首先应将有关争端的事实，用书面形式提交给监理工程师，并给另一方一份复印件。上述提交件应说明是按通用条件的规定作出的。监理工程师在收到这个提交件以后的规定时间内，应将他自己的裁定通知业主和承包商。这个裁定也应说明是按上述条款规定作出的。

除合同被废弃和终止外，在监理工程师的裁定没有改变，以及协商解决或者仲裁解决之前的任何情况下，承包商均应尽力继续精心实施工程。

无论是业主还是承包商，如果不满意监理工程师的任何裁定，或者监理工程师在收到提交件后，未能在规定的时间内发出他的裁定通知，则业主或承包商任何一方都可视情况就有关争端事实向另一方发出仲裁意向通知书，并给监理工程师一份复制件。该通知将确定提出仲裁该争端的一方按规定开始行使权力。如果未能发出此类的仲裁通知书，按照 FIDIC 通用条件的规定，有关争端的仲裁不能开始。

如果监理工程师已就争端的事实向业主和承包商发出了他的裁定通知，无论是业主还是承包商，在收到监理工程师的通知书后的规定时间之前，任何一方均未就此争端发出要求仲裁的意向通知，则上述裁定将作为最终的裁定，对业主和承包商均具有约束力。

二、仲裁

所谓仲裁，就是合同当事人双方按在签订合同时约定的或在争端发生以后达成的书面仲裁协议，自愿地将他们的争端交由双方一致同意的仲裁机构，并按双方一致同意的仲裁程序由仲裁员进行裁决，且双方要在仲裁协议中明确表示仲裁的裁决对双方都有约束力。

当合同一方提出仲裁要求时，监理工程师应在合同规定的期限内，对争议设法进行友好调解，同时督促业主和承包商继续遵守合同，执行监理工程师的决定。

在合同规定的仲裁机构进行仲裁调查时，监理工程师应以公正的态度提供证据和作证。同时，监理工程师应在仲裁后执行裁决。一般而言，仲裁人的裁决是最终裁决，对双方均有约束力，任何一方不能再诉诸法院或其他权力机构来改变此裁决。

第九节　工程保险

土木工程施工阶段的保险，是指通过专门机构——保险公司以收取保险费的方式建立保险基金，一旦发生自然灾害或意外事故，造成参加保险者的财产损失或人身伤亡时，即用保险金给以补偿的一种制度。

一、工程保险的定义和分类

保险也是一种契约。保险契约的当事人有：保险人，即保险公司；投保人，即和保险人订立契约并缴付保险费的人；被保险人，即受保险契约保障的人，是有权按照保险契约向保险人取得赔款及保险期满后给予付款的人；受益人，是在人身保险的被保险人死之后享受保险契约规定的利益的人。

凡是投标书中要求保险的项目一般都是强制性的，而另一些保险项目属于特殊风险的保险，如战争引起的损失和其他政治风险等，承包商可以根据自己的分析和估计来决定是否投保。

保险一般分为三类，即工程和装备的保险、人员伤亡或伤残事故的保险、第三方责任险。

（一）工程和装备的保险

工程和装备的保险是一种综合性的保险，是指对该项投保工程从工程开始到竣工移交整个期间的已完工程、在建工程、到达现场的材料、施工机具设备和物品、临时工程、现场的其他财产等任何损失进行保险。有时还包括缺陷责任期由于施工原因造成的已完工程损失的保险。

（二）人员伤亡或伤残事故的保险

业主一般要求承包商对其施工人员进行人身意外事故保险，要求承包商保证不因这类事故而使业主遭到索赔、诉讼和其他损失，即业主对承包商的雇员所受伤亡不负责任，除非该损伤是由业主的行动或失误造成的。

（三）第三方责任险

第三方责任险是指承包商应当以承包商和业主的联合名义进行“第三方责任保险”，而此保险金额至少应为投标书附件中所规定的数额，其赔偿限额由双方商定，费率一般为

2. 5‰ ~ 3. 5‰。在我国,第三方责任险也可作为工程一切险的附加保险,随同工程一切险一并投保。

二、监理工程师对工程保险的检查和处理

(一)检查保险

监理工程师应根据合同有关规定,从以下几个方面对承包商的保险进行检查。

(1)保险的数额应与实际价值相符。

(2)保险的有效期应不少于合同工期或修订的合同工期。

(3)承包商已在合同规定的时间内将保险单及保险费收据提交给业主,并保留复印件备查。

(二)落实保险

当监理工程师确认承包商未在合同规定的时间内,按合同规定的内容,向业主提交合格的保险单时,则应指示承包商尽快补办或补充办理保险;承包商拒绝办理时,监理工程师应通知业主并建议办理、签发扣除承包商的相应费用的证明;如双方均未办理,则应书面通知双方由此带来的危害,督促其尽快办理保险。

本章小结

本章主要从目前在公路工程建设中常用的 FIDIC《土木工程施工合同》出发,介绍了工程合同的概念、特点及 FIDIC 条款产生的历史背景、基本模式等,重点论述了在公路工程施工过程中监理工程师进行合同监理时常遇到的一些合同管理内容,如工程变更、工程延期、工程索赔、工程分包、工程违约、争端与仲裁、工程保险等的基本概念、分类、引发原因、处理程序、处理措施、注意事项等。

复习思考题

5-1　工程合同有哪些常见类型? 其特点是什么?

5-2　简述 FIDIC《土木工程施工合同》的主要内容构成。

5-3　FIDIC 条款基本模式下合同各方的主要工作内容有哪些?

5-4　工程变更的定义是什么? 工程变更的分类和内容主要有哪些?

5-5　简述工程变更估价的一般处理方法。

5-6　监理工程师在处理工程变更时的注意事项有哪些?

5-7　试述工程延期的定义和主要类型。

5-8　监理工程师受理工程延期的条件和审批工程延期的依据有哪些?

5-9　简述工程索赔的定义和分类。

5-10　监理工程师受理索赔的原则和程序是什么? 业主和监理工程师应如何避免索赔?

5-11　工程分包的分类有哪些? 对于一般分包有何规定? 监理工程师对一般分包应进

行哪些管理？

5-12　在什么条件下可以进行工程转让？

5-13　何谓违约？承包商的违约情况有哪些？监理工程师对承包商违约的处理措施有哪些？

5-14　何谓争端与仲裁？简述常见的争端内容和处理争端的措施。

5-15　工程保险主要分为哪几类？监理工程师应从哪几方面检查承包商的工程保险？

第六章 公路工程施工安全监理与环境保护监理

【知识要点介绍】

本章主要讲述公路施工安全监理的目的、施工安全监理控制的要求、施工安全事故的处理、安全监理的内容、安全审查的内容;施工环境保护监理的依据和任务、环境保护监理工作内容及方式、施工准备阶段与施工阶段的环境保护监理、环境保护工程监理、交工验收与缺陷责任期环境保护监理的要点。

第一节 公路工程施工安全监理

一、公路施工安全监理概述

(一)公路安全施工的目的和意义

安全生产是企业永恒的主题,企业应始终坚持"安全第一,预防为主"的方针,将安全工作当作重中之重,放在各项工作的首位。建立安全审查保证体系,将安全生产贯穿于公路施工的各个阶段、各个分部工程、分项工程和工序,对工程中的人、机、环境,以及施工全过程进行预测、评价、监控和监督,预防事故发生,制止工程施工中的盲目性、冒险性和随意性行为,有效地控制工程施工安全,以保障公路工程施工人员的安全,促进公路交通事业的发展。这是公路安全施工的最终目标。

随着社会的发展,对公路施工中设备和环境的人性化要求也越来越高,施工安全性也是引发企业亏损的最主要的因素。因此,如何在工程施工中进行安全系统的控制和管理是施工企业探索、实践、创新和发展的核心。

(二)公路安全施工控制的特点和要求

1. 公路安全施工控制的特点

(1)控制面广。

(2)控制的动态性。

(3)控制系统交叉性。

(4)控制的严谨性。

2. 公路安全施工控制的程序和基本要求

1)公路安全施工控制的程序

(1)确定建设工程项目施工的安全目标。按目标管理方法进行分解,确定每个岗位的安全目标,实现全员安全控制。

(2)编制工程项目施工安全技术措施计划。对生产过程中的安全风险进行识别和评价,对不安全因素用技术手段加以消除和控制,并形成文件。施工安全技术措施计划是进行工程项目安全控制的指导性文件。

(3)施工安全技术措施计划的实施。施工安全技术措施计划包括建立健全安全生产责任制、设置安全生产设施、进行安全教育和培训、沟通和交流信息、通过安全控制使生产作业的安全状况处于接受状态。

(4)施工安全技术措施计划的验证。施工安全技术措施计划的验证包括安全检查、纠正不符合情况,并做好检查记录工作;根据实际情况补充和修改安全技术措施。

(5)持续改进,直至完成工程项目的所有工作。在项目实施过程中,根据条件的变化,考虑是否对安全风险重新评价和是否有必要更改安全技术措施计划。

2)公路安全施工控制的基本要求

(1)各类作业人员和管理人员必须具备相应的执业资格才能上岗。

(2)特殊工种作业人员必须持有特种操作证,并严格按规定定期进行复查。

(3)对查处的安全隐患要做到"五定",即定整改责任人、定整改措施、定整改完成时间、定整改完成人、定整改验收人。

(4)必须把好安全生产"六关",即措施关、交底关、教育关、防护关、检查关、改进关。

(5)施工现场安全设施齐全,并符合国家及地方有关规定。

(6)施工机械(特别是现场安设的起重设备等)必须经安全检查,合格后方可使用。

(7)保证安全技术教育措施费用的落实,不得挪作他用。

(三)安全事故的分类和处理

1. 安全事故的分类

1)事故和事件

(1)事故:造成死亡、疾病、伤害、损坏或其他损失的意外情况。职业健康安全事故分为两大类型,即职业伤害事故与职业病。

(2)事件:导致或可能导致事故的情况。

2)职业伤害事故的分类

职业伤害事故是指因生产过程及工作原因或其他原因造成的伤亡事故。按事故后果严重程度分为6类。

(1)轻伤事故:造成职工肢体或某些器官功能性或器质性轻度损伤,表现为劳动能力轻度或暂时丧失的伤害,一般每个受伤人员应休息1个工作日以上,105个工作日以下。

(2)重伤事故:一般指受伤人员肢体残缺或视觉、听觉等器官受到严重损伤,能引起人体长期存在功能障碍或劳动能力有重大损失的伤害,或者造成每个受伤人员损失105个工作日以上的失能伤害。

(3)死亡事故:一次死亡1~2人的事故。

(4)重大伤亡事故:一次死亡3人以上(含3人)的事故。

(5)特大伤亡事故:一次死亡10人以上(含10人)的事故。

(6)急性中毒事故:指生产性毒物一次或短期内通过人的呼吸道、皮肤或消化道大量进入人体内,使人体在短时间内发生病变,导致职工立即中断工作,并须进行急救或死亡的事故;急性中毒的特点是发病快,一般不超过1个工作日,有的毒物因毒性有一定的潜伏期,可在下班后数小时发病。

2. 安全事故的处理

安全事故处理的原则(四不放过原则):事故原因不清楚不放过,事故责任者和员工没有受到教育不放过，事故责任者没有处理不放过，没有制订防范措施不放过。

安全事故处理程序：

(1)报告安全事故。

(2)处理安全事故，抢救伤员，排除险情，防止事故蔓延扩大，作好标识，保护好现场等。

(3)安全事故调查。

(4)对事故责任者进行处理。

(5)编写调查报告并上报。

伤亡事故处理规定：

(1)事故调查组提出的事故处理意见和防范措施建议，由发生事故的企业及其主管部门负责处理。

(2)因忽视安全生产、违章指挥、违章作业、玩忽职守或者发现事故隐患及危害情况而不采取有效措施造成伤亡事故的，由企业主管部门或者企业按照国家有关规定，对企业负责人和直接责任人员给予行政处分；构成犯罪的，由司法机关依法追究刑事责任。

(3)在伤亡事故发生后隐瞒不报、谎报、故意延迟不报、故意破坏事故现场，或者以不正当理由，拒绝接受调查以及拒绝提供有关情况和资料的，由有关部门按照国家有关规定，对有关单位负责人和直接责任人员给予行政处分；构成犯罪的，由司法机关依法追究刑事责任。

(4)伤亡事故处理工作应当在90 d内结案，特殊情况不得超180 d。伤亡事故处理结案后，应当公开宣布处理结果。

二、公路施工安全监理的内容

(一)公路施工安全审查保证体系

施工安全机构由安全管理组、安全监理组和施工安全组构成。施工安全机构的职能分工如下所述。

1. 安全管理组

安全管理组设置在业主项目经理部(业主)，由业主项目经理领导下的专职安全管理人员组成，主管项目的施工安全。负责审查和批准由安全监理组上报的“施工安全审查清单”。对照“施工安全审查清单”，随时检查施工安全施工管理、人员、设施和现场施工安全措施执行情况。对安全监理组审查提出的修改建议作出裁决，将裁决意见反馈给安全监理组和承包人。在施工中如因“施工安全审查清单”中的某项内容与施工现场不符，有权命令其停工。安全管理组具有对开工报告及进展报告的否决权。

2. 安全监理组

由项目监理设置安全监理办公室及安全驻地监理。安全监理组负责审查由施工安全组上报的“施工安全审查清单”，并上报业主安全管理组。随时审查施工安全组的安全施工管理和现场施工安全措施执行情况。审查人通过对图纸资料的审查和现场考察，对照安全审查表逐项审查施工中存在的不安全因素，提出建议，写成审查报告。通过和施工人员交换意见、讨论修改后，将安全审查表和审查报告提交业主安全管理组。如有安全隐患或没有按技术条款的要求去做，安全监理组有权命令其停工。

3. 施工安全组

承包人设置的由项目经理负责的施工安全组全面负责工地的安全施工，按技术条款的要求统一领导和管理本单位与分包单位的安全生产，对违章作业严重、发生重大事故的施工队，有权令其停工整顿或清退出场。每一个班组都设一名专职安全员，职责明确；每一个岗位、每一道工序都要求严格按照安全操作规程作业。在提交开工报告或分部、分项工程开工报告和进展报告的同时，向安全监理组上报审查合格的相应项目的"施工安全审查清单"，又称安全自检报告。如自检报告不合格，应修改、完善直至符合要求，方能上报。按安全管理组的裁决意见对施工安全措施进行弥补、改正。

（二）施工安全检查的类型和内容

安全检查的类型：

（1）日常性检查。

（2）专业性检查。

（3）季节性检查。

（4）节假日检查。

（5）不定期检查。

安全检查的内容：

（1）查隐患。

（2）查整改。

（3）查事故处理。

（三）承包人施工安全措施审查

1. 安全措施的范围

承包人施工组织实施计划或专项施工方案中应包括施工安全措施计划，内容应包括改善劳动条件、防止伤亡事故等，主要应从安全技术（如防护装置、保险装置、信号装置和防爆炸装置等）、职业卫生（如防尘、防毒、防噪声、通风、照明等措施）、辅助房屋及措施、宣传教育的资料及设施（如安全生产规章制度、安全操作方法训练设施）等方面抓起。

2. 监理规范的规定

工程开工前，监理工程师应审查承包人编制的施工组织设计中的安全技术措施或专项施工方案是否符合强制性标准，审查合格后方可同意工程开工。审查重点是：

（1）安全管理和安全保证体系的组织机构，包括项目经理、专职安全管理人员、特种作业人员配备的数量及安全资格培训、持证上岗情况。

（2）是否制定了施工安全生产责任制、安全管理规章制度、安全操作规程。

（3）承包人的安全防护用具、机械设备、施工机具是否符合国家有关安全规定。

（4）是否制订了施工现场临时用电方案的安全技术措施和电气防火措施。

（5）施工场地布置是否符合有关安全要求。

（6）生产安全事故应急救援方案的制订情况，针对重点部位和重点环节制订的工程项目危险源监控措施和应急方案。

（7）施工人员安全教育计划、安全交底安排。

（8）安全技术措施费用的使用计划。

第二节　公路工程施工环境保护监理

一、公路施工环境保护监理概述

(一)施工环境保护监理的意义和依据

1. 施工环境保护监理的意义

按照国家有关环境保护的规定,在公路建设项目的可行性研究阶段,应执行环境影响评价制度。通过环境影响评价,对项目存在的环境影响问题进行分析、预测,并针对不利于环境保护的影响提出防治措施,要求项目在规划设计阶段、实施阶段和建成运输阶段严格落实执行。特别是涉及亚洲开发银行和世界银行贷款的项目,对环境保护问题尤为重视,要求在环境影响评价报告的基础上,编制环境保护行动计划,以指导项目的整个实施过程。因此,在公路施工过程中实行施工环境保护监理,是对项目全过程进行环境保护管理不可缺少的重要环节,也完全符合国家关于环境保护必须与工程主体“同时设计、同时实施、同时交付使用”的三同时原则。

2. 施工环境保护监理的依据

(1)项目的环境影响评价报告书。

(2)项目的环境行动计划。

(3)国家有关资源环境保护法规。

(4)国家有关文物保护法规。

(5)国家有关环境质量法规。

(6)地方有关环境保护法规。

(二)施工环境保护监理的任务

施工环境保护监理,是指监理单位受业主的委托,依法对承包人在施工过程中影响环境的活动进行监督管理,确保各项环境保护措施满足环境保护的要求。

1. 环境保护达标监理

监理任务:对工程建设过程中污染环境、破坏生态的行为进行监督管理。

监理范围:工程及工程影响的范围。

2. 环境保护工程监理

监理任务:对与工程建设项目配套的环境保护工程进行施工监理。

监理范围:水处理工程、声屏障工程、绿化工程等。

(三)施工环境保护监理的工作程序

公路施工期环境保护监理工作实质上就是施工活动过程中的环境保护管理工作,必须与整个组织管理紧密结合。要以法制观念强化工程管理人员的环境保护意识,使环境保护管理工作制度化、规范化、合理化。施工环境保护监理一般应按照下列工作程序进行:

(1)依据监理合同、设计文件、环评报告、水土保持方案,以及施工合同、施工组织设计等编制施工环境保护监理规划。

(2)按照施工环境保护监理规划、工程建设进度、各项环境保护对策措施编制施工环境保护监理实施细则。

(3)依据编制的施工环境保护监理规划和实施细则，开展施工期环境保护监理。

(4)工程交工后编写施工环境保护监理总结报告，整理监理档案资料，提交业主。

(5)参与工程竣工环境保护验收。

(四)施工环境保护监理工作内容及方式

监理工程师对施工活动中的环境保护工作按照施工进程实施动态管理。环境保护达标监理的工作方式以日常巡视为主，辅以必要的环境监测，以便及时调整环境保护监控力度。环境保护工程监理从施工、计量到支付等都与其他工程的监理相似，工作方式与主体工程的监理方式相同。

1.施工环境保护监理的工作内容

施工期的环境保护监理，应体现出事前控制和主动控制的要求，一般应包括以下内容。

1)施工准备阶段的环境保护监理工作

(1)参加设计交底，熟悉环评报告和设计文件，掌握沿线重要的环保对象，了解建设工程的具体环境保护目标，对敏感的环境保护目标作出标识。

(2)审查承包人提交的施工组织设计和开工报告，对施工方案中环境保护目标和环境保护措施提出审查意见。

(3)审查承包人的临时用地方案是否符合环境保护要求，临时用地的恢复计划是否可行。

(4)审查承包人的环境保护管理体系是否责任明确，切实有效。

(5)参加第一次工地会议，提出施工环境保护监理目标及施工环境保护监理措施和要求。

2)施工阶段的环境保护监理工作

(1)审查承包人编制的分部(分项)工程施工方案中的环境保护措施是否可行。

(2)对施工现场、施工作业进行巡视或旁站监理，检查环境保护措施的落实情况。

(3)监测各项环境指标，出具监测报告或成果。

(4)向承包人发出环境保护工作指示，并检查指令的执行情况。

(5)编写环境监理月报。

(6)参加工地例会。

(7)建立、保管环境保护监理资料档案。

(8)处理或协助主管部门和业主处理突发环境保护事件。

3)交工验收与缺陷责任期的环境保护监理工作

(1)参加交工验收检查，确认现场清理工作、临时用地的恢复等是否达到环境保护要求。

(2)检查承包人的环境保护资料是否达到要求。

(3)评估环境保护任务或环境保护目标的完成情况，对尚存在的主要环境问题提出继续监测或处理的方案和建议。

(4)完成缺陷责任期环境保护监理工作。

2.施工环境保护监理的工作方式

监理工程师一般应常驻工地，对施工活动的环境保护工作进行动态管理。工作方式以巡视为主，根据施工区污染源分布情况，监理工程师定期巡视。对特别关键的节点可以进行旁站监理,必要时还可以进行环境监测。对巡视和旁站监理的情况,均应予以详细记录。

在监理过程中如发现环境污染和生态破坏等情况,监理工程师应立即通知承包人限期整改,一般性或操作性的问题,可以采取口头通知形式。口头通知无效或者有污染隐患时,应发出书面通知,要求承包人整改,并根据承包人的书面回复检查整改结果。对严重的问题,还应同时向业主汇报。如整改情况不理想,可以发布停工指令。

3. 环境污染和生态破坏事故处理

当工程施工过程中出现重大污染事故时,按如下程序处理:

(1)承包人在发生事故后,除在规定时间口头报告监理工程师外,还应尽快提出书面报告,报告应初步反映该工程名称、部位、污染事故原因、事故初步调查结果、环境保护应急措施等。

(2)立即汇报业主及向当地相关部门汇报,同时书面通知承包人暂停该工程的施工,并根据环境保护主管部门有关意见,采取有效的环境保护措施。

(3)监理工程师和承包人对污染事故继续深入调查,并和有关方面商讨,提出事故处理的初步方案后报告业主,交环境保护主管部门研究处理。

(4)督促承包人做好善后工作。

二、施工阶段的环境保护监理

由于篇幅有限,在此只介绍施工阶段的环境保护监理,其他内容可见《公路工程施工监理规范》(JTG G10—2006)。

(一)路基工程

1. 路基工程环境保护基本要求

1)场地清理

(1)公路用地及借土场范围以内的所有垃圾和非适用材料均应清除与移运到适宜的地方妥善处理。

(2)清除的表层腐殖熟土应集中堆放以备工程后期用于绿化,或用于弃土、渣场复土还耕。

2)防水、排水

(1)临时排水设施应与永久性排水设施相结合,污水不得排入农田、耕地和污染自然水源,也不得引起淤积和冲刷。

(2)在施工过程中,不论何种原因,在没确切得到有关管理部门的书面同意的情况下,各类施工活动均不应干扰河流、水道或现有灌渠、排水系统的自然流动。

(3)在路基和排水工程(涵洞、倒虹吸等)施工期间,应为邻近的土地所有者提供灌溉与排水用的临时管道。

3)路基挖方

(1)路基挖方施工和开挖方法应考虑对地下历史文物、自然保护区的保护措施,同时不得对邻近的设施及其正常使用产生破坏及干扰。

(2)挖方施工中产生的弃方不得弃入或侵占耕地、农田灌溉渠道、河道、现场通车道路等场所,必须运至指定的弃方场。

(3)弃土的堆放应整齐、美观、稳定,必要时坡脚应予加固处理。

4)路基填方

(1)在取土和运输过程中不得损坏自然环境。

(2)借土结束或借土场废弃,应对借土场地面进行修整和清理,在条件许可时最好在地表覆盖熟土还耕。

(3)在粉煤灰路堤施工中,运输和堆放的粉煤灰应处于潮湿状态,运输车辆周边密闭,顶面加盖,以防粉煤灰沿路散落飞扬而污染环境,防粉煤灰遭雨水冲刷流失而污染附近水源和农田等。

2.路基工程环境保护要点

路基施工应做好临时排水,并与永久性排水系统相结合,避免积水冲刷边坡,土场应做好水土保持工作,施工产生的振动、噪声、扬尘应减小到最低限度。

1)地表清理及结构物拆除环境保护要点

开挖施工中的表层土保护是环境保护的一个重点问题,表层土流失除引起水土流失外,也可能引发一系列生态平衡失调,如植被丢失、景观破坏等。地表清理将对沿线植被及动物栖息地造成永久性破坏,易造成土壤结构的破坏和肥力的下降。地表清理及结构物拆除潜在环境影响见表6-1。

表6-1　地表清理及结构物拆除潜在环境影响

序号	活动内容	潜在影响
1	清除草丛、树林等植被	①生态破坏;②水土流失
2	清淤	水土流失
3	结构物拆除	①扬尘;②噪声;③损害景观
4	场地积水处理	①水污染;②传播疾病
5	废弃物处理	①废弃物流失;②传播疾病

(1)在清除表层淤泥、杂草前,应明确清理对象和范围,不得仅考虑方便施工而任意破坏沿线两侧的植被。对于古树名木等有保存价值的植物,应事先联系当地林业部门,采取移植等异地保护的方法加以保护;树根挖除深度以正好挖出为宜。清除物中的树木、农作物、杂草,除部分可作为肥料外,应尽快运至经审批的水土保持方案所确定的弃渣场,不得随意丢弃。对于挖出的表土,应在施工区域附近选择地形平坦的地点集中堆置,可用于将来沿线绿化和地表恢复,堆置期间应有防雨设施覆盖,以防止雨水冲刷和水土流失,并设置相应的排水系统。不用于本地恢复的,可直接覆盖至可供耕作的其他地面。

(2)路基用地范围内的旧桥梁、旧涵洞、旧路面和其他障碍物的拆除,若周围30 m范围内有居民点,在拆除时,宜整体大部件吊装移除,减少粉尘排放,并且在拆除前应对被拆除体充分洒水,保持湿润并对正常排水作出妥善安排,拆除的废弃物应及时清运,以防造成二次污染。

(3)注意特殊对象的保护。

①热带植被。植被群落类型繁多,生态系统结构复杂,即使是少量植物的清除,也会导致局部生物多样性受损。因此,在热带森林,应充分考虑生物多样性的保护问题,对于施工区域内可保留的植被均应加以保护。由于热带雨量充沛,雨水对受干扰土壤的冲刷剧烈,因

此施工中应尽量减少对施工区域以外的土壤扰动。

②地被层的保护。热带或亚热带森林的多层特点,包括由凋落物所形成的地被层,不但保证了生物多样性存在的环境,而且对水土保持与土壤的发育有很大的作用。因此,在清理林下的植物或凋落物时,宜将清理物收集后重新散置于周边森林中。

③干旱河谷。四川和云南的西部沿大江两岸的谷地,有许多地方当地称之为"干热坝子",一般统称为"干旱河谷"。这些河谷比两侧山坡要暖和,年降水量比山地上部少,河谷中主要的植被是灌丛或草木,或混生了稀疏的乔木,这种植被截留地表径流能力差,地表凋落物少,分解快,土壤腐殖层发育差,保水性能弱;除阶地、台地外,山地一般较陡峭,物质移动快,只需中等程度的干扰,如开垦,山坡的稳定性即遭破坏,千百年来形成的土壤表土层即毁于一旦。

因此,在该类型区域,对表土的保护尤为重要,应将开挖的表土尽快散置于周边土层薄或林木稀疏的台地上,对于开挖边界的土壤创面,应及时进行恢复。由于降水量不足的限制,在恢复上主要是种植灌草,而不宜在原来不能生长森林的地方植树造林。

④风眼和沙尘暴。西北干旱区温暖带是我国的干旱中心,大部分地区年降水量在60 mm以下,植被稀疏,地表物质疏松,沙源丰富,该地带大风天数很多,主要发生在春季。当地天然植被的人为破坏是生态环境恶化的主要原因,植被遭受破坏后,常形成许多"风眼"(起沙突破口),引起风沙再起,导致土地沙漠化面积扩大。

沙尘暴是西北干旱区的主要气候灾害之一,也是该地区自古就有的气候灾害之一,故在地表清理过程中,要充分重视,避免引发土壤沙化,注意减少对干旱区域植被的破坏,减少沙源。

⑤青藏高原。青藏高原的森林主要集中分布在高原温带湿润地带,青藏高原的东部和南部。东起川西高原即横断山区的中北部,向西南延伸到喜马拉雅山区。森林上限变动于海拔4 100 ~4 300 m,林线附近的森林遭到破坏后更新困难,往往被灌丛草甸所替代,在云杉、冷杉分布区这一现象很普遍,森林的保护与更新任务在该地带十分艰巨。

青藏高原草地资源分布几乎覆盖整个高原的腹地及其西北部,分布面积最广的是高寒草甸,其次是高寒草原和高原荒漠类草地。青藏高原草地稀疏,覆盖度一般较低,产草量低,一旦草场遇到破坏就极难恢复。

由于恢复困难,地表受干扰后发生退化将是永久性的,因此应严格控制处理面积。将干扰限制在最小程度始终是这一区域作业的首要原则。

2)路基开挖环境保护要点

路基开挖潜在环境影响见表6-2。

表6-2　路基开挖潜在环境影响

序号	活动内容	潜在影响
1	土石方开挖	①生态破坏;②水土流失;③噪声;④扬尘;⑤损害景观
2	挖掘机、装载机等作业	①噪声;②漏油;③扬尘;④有害气体
3	土石方运输	①沿路撒落;②随意丢弃
4	运输车辆	①噪声;②尾气;③扬尘

路基开挖对沿线植被及动物栖息地将造成永久性的破坏，此外，土壤的剥离与开挖容易造成土壤结构的破坏和肥力的下降。

a. 土石方开挖

(1)将开挖范围严格控制在施工范围内，不能仅考虑方便施工而任意破坏施工范围之外的植被土壤。注意对图纸未示出的地下管道、光缆、文物古迹和其他结构物的保护。

(2)路基开挖，应有相应的土石方调配方案，开挖出的土石方尽可能利用。开挖应自上而下进行，不得乱挖和超挖。若发现实际与设计勘探的地质资料不符，特别是土质较设计松散时，应修改施工方案及挖方边坡，保证坡面稳定。施工过程中如修建平台边坡后仍然不能稳定或大雨后立即坍塌，应考虑修建石砌护坡，在边坡上植草皮或做挡土墙。在雨水充沛地区，应及时设置排水沟及截水沟，避免产生边坡崩塌、滑坡。对剥离表层土予以保护和利用，若不用于本地恢复，应在施工区域附近集中堆置，并设置相应的防雨和排水设施。

(3)对于施工取土，需做到边开采、边平整、边绿化，同时要做到计划取土，及时还耕。对公路两侧取土，要做好规划，需有利于荒地改造。南方地区可与修建养鱼、虾池有计划地结合起来，并与路基保留一定的距离。杜绝随意取土，禁止在河渠、沟堤取土。

(4)在挖、填方工程量过大的路段应避免雨季施工，尽可能安排在11月～翌年4月期间，避免雨季施工带来的严重水土流失。如不能避开雨季施工，应尽量减小施工面坡度，并做到填料的随取、随运、随铺、随压，以减少雨水冲刷侵蚀。

(5)开挖回填时应做好临时排水系统，雨季来临前，将开挖回填、弃方的边坡处理完毕。

(6)在有雨水地面径流汇集处开挖路基时，在临时土堆周围及有其他容易产生水土流失的地段，应设置沉淀池，作用是雨水流经时减慢流速使泥沙下沉，防止水土流失。泥土沉淀池沿路线长度视需要确定，沉淀池可用挖掘机在路基旁开挖出0.5～1 m深、20～30 m宽的凹地，并在沉淀池的出水一侧设置土工布围栏，使泥沙再次受到拦截。当路基建成、排水系统铺设完毕后，推平沉淀池。

b. 弃方的处理

(1)在有弃方的路段施工前，在施工组织设计中应明确弃方数量、调运方案、弃方位置及堆方形式、坡脚加固处理、排水系统的布置等相关安排。弃土堆应堆置整齐、稳定、排水畅通，避免对周围的建筑物、排水及其他任何设施产生干扰和破坏，避免造成环境污染。

(2)开挖中挖出的未被利用的剩余材料、清理场地的杂物和废料，以及不适合做路堤填料的材料，不得任意废弃，都应运送至图纸所示的地点(弃渣场)堆放。沿溪及沿山坡和图纸规定不能横向弃置废方的开挖路段，必须严格在指定的弃方场弃方。

(3)弃方运输过程中应有覆盖，并严格按照指定路线行驶，将因运输造成的沿线土壤和植被破坏控制在最小程度。运输路线经过住宅区、学校等敏感地区时，注意调整作业时间，避免交通噪声干扰人民生活。

(4)改河、放渠、改道开挖出的土石方除可利用外，应按弃方妥善处理。

c. 石方爆破

(1)凡不能采用机械或人工直接开挖的石方，才可采用爆破法开挖，石方爆破作业应查明空中缆线、地下管线的位置，确定爆破作业的危险区域，并采取有效措施防止人、畜、建筑物和其他公共设施受到危害和损失。在危险区域的边界应设置标志，建立警戒线，显示爆破时间的警戒信号，在危险的入口或附近应设置标志，并派人看守，严禁人员在爆破时进入危险区。在风景名胜等受保护区域附近进行爆破作业时，避免破坏保护对象，如采用减弱松动爆破都无法保证安全，可采用人工开凿、化学爆破或控制爆破。

（2）石方开挖，应充分重视挖方边坡稳定。在地形、地质、开挖断面适合时，应采取预裂、光面爆破技术开挖边坡，减少对山体的扰动，保持边坡稳定，石方爆破作业应以小型及松动爆破技术为主，减小爆破振动影响。路堑开挖前先挖截水沟，挖至设计高程后及时砌筑护坡、排水沟、急流槽等设施，并保证工程质量，防止坡面崩塌造成不必要的水土流失。

（3）需要爆破时，如附近有村庄，应尽可能以挖掘代替爆破，以多点少药代替大剂量炸药爆破，采用延时爆破技术等手段降低噪声和振动，夜间禁止开山爆破。在敏感点及文物保护单位附近禁止开山放炮，确需放炮作业的，应先检查被保护建筑是否属于危房，适当加固，并加以阻挡和防护，防止飞石，并减小振动对建筑物的影响。

（4）在山地或森林等野生动物分布较集中的区域，爆破前宜采用人工手段对爆破区内可能存在的野生动物进行驱赶，避免因爆破造成其意外死亡。

（5）开山施工应特别注意避免对特殊地貌景观的破坏以及避免引发泥石流等地质灾害。

d. 边坡修整

（1）边坡开挖后出露的块石及植物根系应尽量予以保留，以减少开挖面土壤的散落，开挖面的坡度应严格按照设计图纸设置，以免造成坍塌或加剧水土流失。

（2）合理安排各工序的施工时间和程序，分段施工，尽量减少工作面。在土方工程完成后，立即开始护坡、挡土墙、路基边坡草地、铺砌排水沟等工程，完成一段后再开始下一段施工。

（3）及时开始边坡的护坡工程和绿化植草，土木工程和生物工程相结合，这种综合治理的办法，可以有效地防止路堑边坡滑塌造成的水土流失，按照设计和规范要求控制好坡度。

（4）拟设挡土墙的路堑，为及时防护，可采取纵向分段挖掘法，以便同时分段修筑挡土墙。

（5）拟设防护工程的边坡，当防护工程不能紧跟开挖施工时，应暂时留下一定厚度的保护层或放缓坡度，待防护工程施工时再施工。

（6）在雨水充沛地区，及时设置排水沟及截水沟，避免产生边坡崩塌、滑坡。

e. 噪声控制

该阶段施工场界噪声限值为昼间 75 dB，夜间 55 dB。

3）路堤填筑环境保护要点

路堤填筑潜在环境影响见表 6-3。

表 6-3　路堤填筑潜在环境影响

序号	活动内容	潜在影响
1	借方作业	①噪声；②漏油；③扬尘；④有害气体
2	土石方运输	①沿路散落；②随意丢弃
3	运输车辆	①噪声；②扬尘；③尾气
4	压路机、夯实机械等	①噪声；②漏油；③有害气体
5	履带式设备行驶	对道路场地破坏
6	施工设备、车辆等维修保护	①机油洒弃；②零配件丢弃；③包装物丢弃
7	土工格栅等铺设	边料丢弃

路堤填筑应采取有效的环境保护措施防止水土流失、边坡冲刷，确保路基稳定。施工机械引起的振动、噪声、扬尘，应符合国家规定的相关要求，在学校、疗养院、居民区等敏感点附近，夜间应停止作业，若确需连续作业，应报环境保护部门批准，并公告公民。

（1）在路基施工中，应保持通行道路湿度，避免过往车辆卷起扬尘，污染周边空气环境。应严防施工机械跑、滴、漏油，以免造成对土壤和水环境的污染。运料车应加盖篷布，并按照指定路线在已建成的道路上行驶，应保持原有道路整洁畅通。

（2）填方工程量过大的路段应避开雨季施工，避免雨季带来的严重水土流失。在雨季来临之前将开挖回填土方的边坡排水设施处理好，并防止路基施工中发生污染农田事件。如不能避开雨季施工应尽量减少施工坡面，并做到施工用料的随取、随运、随铺、随压，以减少雨水冲刷侵蚀。

（3）雨季施工时，应及时掌握气象预报资料，以便按降雨时间和特点实施雨前填铺的松土压实等防护措施，减少水土流失。路堤填土后应立即整平顶面并压密实，保证适当的排水横坡，边坡铺砌前挖设临时急流槽并用塑料布铺底，雨季时用沙袋或草席压住坡面进行暂时防护，防止护坡面的水土流失。

（4）山区公路路基施工要先做初步挡护再进行开挖或填土，防止土、石进入河流或谷地影响水质和泄洪。

（5）借方土料场使用前，应将表土剥离并集中堆置，配以防雨排水设施（同挖方的表土处置）。

（6）填筑路基时，应分层碾压并检查压实度，填土层压实度达到要求后方能允许填筑上一层填土，只有分层控制填土的压实度，才能保证控制水土流失量。对填石路段，如采用冲击式压实机械，还应防止强烈的振动对周边结构物产生的危害。

（7）在粉煤灰路堤施工中，运输和堆放的粉煤灰应呈潮湿状态，运输车辆周边密闭，顶面加盖，以防止粉煤灰沿路散落飞扬而污染环境。同时在施工路堤两侧应有良好的排水设施和防雨水冲刷的措施，以防止粉煤灰污染附近水源和农田等。半填半挖交界处，或采用加筋挡墙的地段采用土工合成材料加筋时，边角料应回收，不得随意丢弃。

（8）对已成形的路段适时洒水，减轻扬尘污染。临时坡面应做排水槽，暴露面及时压实，及时洒水，注重水土保持工作，并控制扬尘污染。

（9）运输线路经过住宅区、学校等敏感地区时，注意调整作业时间，避免交通噪声干扰群众生活。

（10）该阶段施工场界噪声限值为昼间 75 dB，夜间 55 dB。

4）特殊路基处理

a. 软土、沼泽地区路基

软土、沼泽地区路基施工，应注意解决可能出现的路基盆形沉降、失稳和路桥沉降差等问题，路堤填筑前，应排除地表水，保持基底干燥。淹水部位填土应由路中心向两侧填筑，高出水面后，按要求分层填筑并压实。软土、沼泽地区路基应根据软土及淤泥的物理力学性质、埋层深度、路堤高度、材料条件、公路等级等因素，分别采取置换土、抛石挤淤、超载预压、反压护道、渗水及灰土垫层、土工织物、塑料排水板、轻质路堤、深层加固等措施。

b. 滑坡地段路基

滑坡是指在一定的地形地质条件下，由于各种自然的和人为的因素影响，山坡的不稳定土(岩)体在重力作用下,沿着一定软弱面或带作整体的、缓慢的、间歇性的滑动变形的现象。滑坡是山区公路的主要病害之一,对山区公路建设和交通设施危害很大,勘察工作繁重,防治工作艰巨。对大型滑坡应尽量绕避,当路线绕避困难,或经济上显著不合理而必须通过滑坡时,应根据滑坡规模的大小,进行具体方案的选择,采取综合治理并力求根治。软基处理潜在环境影响见表6-4。

表6-4 软基处理的潜在环境影响

序号	活动内容	潜在影响
1	砂砾垫层	①生态破坏;②水土流失
2	软土浅层处治	①生态破坏;②水土流失
3	轻质路堤及加筋路堤	边料丢失
4	反压护道	①生态破坏;②水土流失
5	顶压	
5.1	超载顶压和等载顶压	①生态破坏;②水土流失
5.2	顶压真空	①生态破坏;②噪声;③边料丢失
6	竖向排水体	
6.1	砂井	①生态破坏;②噪声
6.2	袋装砂井	①扬尘;②噪声
6.3	塑料排水板	①噪声;②边料丢失
7	粒料桩	①扬尘;②噪声
8	加固土桩	①扬尘;②噪声
9	强夯法	噪声
10	薄壁混凝土管法	①噪声;②漏油

(1)滑坡体未处治之前,禁止在滑坡体上施加荷载(如停放机械,堆放材料、弃土等)。

(2)滑坡直接影响到公路路基稳定时,不论采用何种方法处理,都必须做好地表水及地下水的处理。

(3)对于滑坡顶面的地表水,应采取截水沟等措施处理,不让地表水流入滑动面内,必须在滑动面以外修筑1~2条环行截水沟,对于滑坡体下部的地下水源应截断或排出。

(4)对于挖方路基上边坡发生的滑坡,应修筑一条或数条环形截水沟但最近一条必须离滑动裂缝面最少5 m以外,以截断流向滑动面的水流。滑坡上面出现裂缝时须填土进行夯实,避免地表水继续渗入,或结合地形,修建树枝形及相互平行的渗沟与支撑渗沟,将地表水及渗水迅速排走。

(5)当挖方路基上边坡发生的滑坡不大时,可采用刷方(台阶)减重、打桩或修建挡土墙等方法进行处理,以使路基边坡稳定,同时,宜修筑排水沟、暗沟(或渗沟)排出地下水。滑坡较大时,可采用修建挡土墙、钢筋混凝土锚索等方法处理,不论采用何种方法处理,其基础都必须置于滑动面以下的硬岩层上或达到设计要求的深度。同时,宜修筑渗沟、排水涵洞(管)或集水井等排除地下水或修建地下截水墙截断地下水。

(6)对于填土路堤发生的滑坡,可采用反压土方或修建挡土墙等方法处理。当滑坡较大时,可采用反压土方或修建挡土墙、钢筋混凝土锚固桩、预拉应力锚索等方法处理,修建构造物的基础必须置于滑动面以下的硬岩层上或达到设计要求的深度。

(7)对于沿河路基发生的滑坡,可采用修建河流调治构造物(如堤坝、丁坝、稳定河床等)、挡土墙等方法处理,其构造物的基础必须置于河流外刷线以下设计要求的深度或硬岩上。

(8)滑坡表面处治可采用整平夯实山坡、填筑积水坑、堵塞裂隙或进行山坡绿化方法固定表面。

c. 崩坍与岩堆地段路基

崩坍一般是指岩崩与坍塌的总称。在陡峻山岭地区修筑公路,由于地质历史与地质背景不同,以及受当地地形、气候、岩性、地层构造的特点及地震作用等因素的影响,斜坡上常遇到不同程度的崩坍现象。崩坍对路基的危害是不容忽视的。在公路勘察中应对崩坍作出预测和稳定评价,以采取有效的防治措施。

岩堆则是指陡峻山坡上,岩体崩坍物质经重力搬运,在山坡坡脚或平稳山坡上堆积的松散堆积体。在岩堆地段修建路基,必须采取有效的防治措施以求稳定。

(1)路基通过岩石容易崩坍地区,不论采用何种方法处治,都必须排除崩坍地段对路基造成损坏的潜在威胁或隐患,同时,必须采取预防岩石坍落的安全措施,保障施工中的安全。

(2)岩堆上部挖方地段,如有塌落危险的岩石,用一般防护工程不能防止塌落时,应采用清除的办法处理(在清除过程中,应做好安全防护措施,保障安全施工),或采用修筑防止落石工程如岩石加固(或锚固)工程(落石防护棚、防护栅)等进行防护。

(3)设置剖面或护面墙以阻止岩石表面风化发展,防治零星碎落。

(4)清除山坡或边坡坡面崩落的岩块,并放缓边坡。

(5)在基岩破碎严重、经常发生落石的路段,采用拦石墙与落石槽等拦截构造物。

(6)面对在边坡上局部悬空的岩石,可视地形和岩层情况采用钢筋混凝土立柱或水泥砂浆片石支顶。

(7)当边坡为软、硬岩层相间的地层,软岩部分风化严重形成凹壁时,可采用内部干砌片石、表面水泥砂浆砌片嵌补等方法。

(8)对有软弱结构面而易引起崩坍的高边坡,可采用锚杆喷射混凝土护坡,防止软弱结构面的张开和扩大。

(9)当崩坍量大、发生频繁而设拦截构造物有困难时,可采用明洞、棚洞等遮挡构造物。

(10)岩堆地段的路基处理宜在旱季施工,并符合设计和施工规范要求。岩堆地段的施工,应先做好临时排水系统。对于地表水应拦截引离,防止渗透;对于地下水应采取渗沟、盲洞及平孔等排水措施。禁止在岩堆处盲目加载,破坏岩堆的稳定性。

d. 泥石流地区路基

泥石流多发生在山区,路线通过泥石流沟时,应对地貌特征、泥石流的规模、危害程度、流体性质、物质组成、发展趋势等沿沟进行实地调查,掌握泥石流的具体情况,以确定适合的防治措施。对于穿过泥石流沟的路基应采取以下环境保护防治措施:

(1)采用桥梁、涵洞、过水路面、隧道、渡槽穿越泥石流沟。

(2)在桥涵进出口段设置排导沟,以减缓泥石流对路基的冲击。

(3)在泥石流沟内设置拦挡坝，防止泥石流沟床下切，山坡滑坍和挟带的冲积物危害路基。拦挡坝可用片石、混凝土、石笼、土等材料砌筑。坝顶应采用平顶式，当两端岸坡有冲刷可能时，应采用凹形。

(4)对于流石较小、大石块含量少的小型泥石流沟可设置格栅坝，可用钢轨、钢绳、粗钢筋或钢筋混凝土构件筑成。

(5)在泥石流范围内可采取水土保持或其他稳定山坡的措施。水土保持措施可与当地规划相结合，广泛植树造林、封山育林、平整山坡、修筑梯田、合理放牧，并视具体情况修建地表排水设施，使泥石流病害得到逐步治理。

e. 岩溶地区路基

石灰岩等可溶性岩层，在流水的长期溶解和剥蚀作用下，产生特殊的地貌形态和水文地质现象，统称为岩溶。岩溶对路基的危害，一般为溶洞顶板坍塌引起的路基下沉和破坏，岩溶地坍塌对路基稳定性的破坏，反复泉与间歇泉浸泡路基基底引起路基沉陷、坍塌或冒浆，突然性的地下涌水冲毁路基等。对岩溶地区路基，采取的环境保护防治措施包括以下几方面：

(1)路基基底的岩溶泉或冒水，不论用何种方法排出，均应保证路床范围的土石方不受浸润。当修建高级或次高级路面时，应保证不因温差作用而使水汽上升聚集在路面基层下。

(2)路基上方岩溶泉或冒水，可采用排水沟将水引离路基，不宜堵塞。对路基基底的岩溶泉或冒水，宜设涵洞(管)将水排除；对流量较大的暗洞及消水洞，可用桥涵跨越通过。

(3)对于路堑边坡上的干溶洞，洞内可用片石堵塞，洞口用干砌片石铺砌，砂浆勾缝或浆砌片石封闭。对位于路基基底或挡土墙基底的干溶洞，当洞口不大、深度较浅时，宜予回填夯实；当洞口较宽及深度较大时，采用桥涵跨越通过；当溶洞顶板太薄或岩层较易破碎时，可炸除后回填，或设桥涵跨越通过。

(4)为防止溶洞的沉陷或坍塌，以及处理岩溶水引起的病害，可视溶洞的具体情况分别采用洞内加固(如桩基加固、衬砌加固)、盖板加固、封闭加固(如锚喷加固)等方法。

(5)对影响路基稳定的人工坑洞(如煤洞、古墓、枯井、掏沙坑、防空洞等)，应查明后，参考岩溶处治方法进行处理。

f. 多年冻土地区路基

凡是土温等于或低于 0 ℃，且含有冰的土(石)称为冻土，这种状态保持 2 年及 2 年以上者称为多年冻土。多年冻土按其状态分为坚硬冻土、塑性冻土、松散冻土。

路线通过多年冻土地区，路基应尽量采用路堤形式，其最小填土高度应满足防止翻浆和冻胀的要求。在采取保护多年冻土和限制多年冻土融化深度地段，还应满足防止热融沉陷及控制热融沉陷的要求，路基的排水设施应尽量远离路基坡脚，以防止水流及其渗流影响冻土上限的变化。路基填料应选用保温隔热性能较好的土，以保证路基的强度和稳定性。

(1)施工必须严格遵循保护冻土的原则，使路基施工后仍处于热学稳定状态。路基原则上均应采取路堤形式，尤其在厚冰发育地段，应尽可能避免零填或浅挖断面，以免造成严重热融沉陷等病害。在弱融沉或不融沉的多年冻土地区，路基施工可按融化原则进行。

(2)排水与加固除满足水力和土力条件外，还应考虑由于施工因素如排水系统修筑等引起的热力变化，避免导致多年冻层上限下降。

(3)排水：当路基位于永久冻土的富冰冻土、饱冰冻土或含土冰层地段时，必须保持路基及周围的冻土处于冻结状态，排水系统与路基坡脚应保持足够距离。在高含冰量冻土集中路段，严禁坡脚带水、路侧积水，边坡应及时铺填草皮。

(4)处理：当填方基底为含冰过多的细粒土，且地下冰层不厚时，可挖除并用渗水性土回填压实，再填路基。当基底为排水困难的低洼沼泽地段时，其底部应设置毛细水隔离层，其厚度宜在路堤沉落后至少高出水面 0.5 m，并在其上铺设反滤层。泥沼地段路堤基底生长塔头草时，可利用其做隔温层。

(5)取土：宜设置集中取土场，富冰冻土、饱冰冻土及含土冰层路段，确需就近解决部分土源时，应在路基坡脚 10 m 以外取土；斜坡地表路堤，取土坑应设在上坡一侧。取土坑深度均不得超过当地多年冻土上限以上土层厚度的 80%，坑底应有坡度，积水应有出口，水能及时排出，同时取土坑的外露面宜用草皮铺填。

(6)填料：应选用保温保水性能均较好的细粒土，采用黏性土或透水性不良土填筑路堤时，要控制土的湿度，碾压时含水量不能超过最佳含水量的 ±2%。不得用冻土块或草皮层及沼泽地含草根的湿土填筑路基。通过热融湖(塘)地段的路堤，水下部分必须用渗水良好的土填筑，并应高出最高水位 0.5 m。

(7)侧向保护：靠近基底部位有饱冰冻土层且有可能融化时，宜设保温护道和护脚，保温材料宜就地取材。用草皮时，草根应向上一层一层叠铺，最外一层应带泥，以便拍实形成保护层，沿线两侧 20 m 内植被和原生地貌应严加保护。

(8)路基处于其他不良地质地段时，应按下列规定施工：

冰锥、冰丘地段采用冻结、拦截、截水墙、保温渗沟排水等方法处理；热隔湖(塘)地段的路堤水下部分应用渗水性土；松软基底两侧宜设反压护道；沼泽冻土地段路堤下部应设置隔离层和隔温层，并保护好两侧地表植被；水鼓丘较重路段，可在上游主流处设地下渗沟。

g. 黄土地区路基

黄土是一种以粉粒为主，多孔隙，天然含水量小，呈黄红色、含钙质的黏质土。天然黄土一般具有垂直节理，黄土陡壁多呈直立的特性，因此黄土路基挖方边坡常设计成陡坡。黄土在天然状态下具有多孔性和湿陷性，对地基应进行灌水预先浸湿以及对基底采用重型压实、强夯、挤密灰土桩等方法进行处理。对于路基的排水与防护工程，其设计要点是：防冲、防渗和有利于水土保持是目的，早接远送是措施，处理好进出水口是关键，否则会引起土体滑塌，坡面产生冲沟。

(1)路堤施工期间，应在两侧或一侧(超高段)设临时阻水、拦水没施，以防雨水冲毁边坡。路堤填至设计高程后，应根据设计及时修筑外侧边缘的拦水、截水沟构造物和急流槽，将水引至坡脚以外。对高度大于 20 m 的路堤应按设计预留竣工后路堤自重压密固结产生的压缩下沉量。

(2)土路堤施工时，应做好填挖界面的结合(纵向)，清除坡面杂草，挖好向内倾斜的台阶。如结合面陡立，无法挖成台阶时，可采用土工钉加强结合，黄土路堤的边坡应刷顺，整平拍实，并应及时予以防护，防止地表水冲刷。

(3)黄土地区应特别注意路基排水，对地表水应采取拦截、分散、防冲、防渗、远接远送的原则，根据设计及时做好综合排水设施，将水迅速引离路基。在填挖边界处引出边沟水时，应做好出水口的加固。

(4)若基底为非湿陷性黄土，且无地下活动，可按一般黏性土进行基底处理，同时做好两侧的施工排水、防水设置。

(5)若基底为湿陷性黄土,应采取拦截、排除地表水的措施,防止地表水下渗,减少地基地层湿陷性下沉。其他排水构造物与地表排水沟渠必须采取防渗措施。

(6)若地基土层具有强湿陷性或较高的压缩性,且容许承载力低于路堤自重压力,应考虑地基在路堤自重和活载作用下所产生的压缩下沉。除采取防止地表水下渗的措施外,可考虑采取重锤夯实、石灰挤压加固、换填土等措施。

(7)湿陷性黄土路基的地下排水管道与地面排水设施,应根据设计进行加固和采取防渗措施。

(8)黄土陷穴应进行处理。处理时,首先要查清陷穴的来源、水量发展方向及对路基可能造成的危害。黄土陷穴的处理方法和使用条件如下:回填夯实用于明穴,明挖回填夯实用于埋藏较深的暗穴,灌砂用于小而直的暗穴,灌泥浆用于大而深的暗穴。

(9)处理好的陷穴,其土层表面均应用石灰与土比例为3∶7的石灰土填筑夯实或铺填老黄土等不透水材料加以改善。石灰土厚度应按设计严格执行,如原设计无要求,其厚度不宜小于30 cm,并将流向陷穴附近的地面水引离,防止形成地表积水或水流集中产生冲刷。

h. 膨胀土地区路基

膨胀土是指含有较多的黏粒及亲水性较强的蒙脱石或伊利石等黏土矿物成分的土,它具有遇水膨胀、失水收缩的特点,是一种特殊膨胀结构的黏质土。对膨胀土路基,很难保证其稳定性,一旦病害发生,将会治理困难,耗资巨大。因此,对膨胀土地区,进行路基设计时一般与桥梁、隧道方案进行技术经济比较,择优选用。

(1)膨胀土地区的路基施工,应避开雨季作业,加强现场排水,保证地基和已填筑的路基不被水浸泡。膨胀土地区路基施工,开挖后各道工序要紧密衔接,连续施工,分段完成。路基填筑后不应间隔太久或越冬后做路面。

(2)路堑施工前,先开挖截水沟并铺设浆砌圬工,其出口应延至桥涵进出口。路堤、路堑边坡按设计修整后,应立即浆砌护墙护坡,防止雨水直接侵蚀。

(3)填高不足1 m的路堤,必须挖去地表30~60 cm厚的膨胀土,换填非膨胀土,并按规定压实。地表为潮湿土时,必须挖去湿软土层,换填碎石、砂砾或挖方坚硬岩石碎渣,或将土翻开掺石灰稳定并按规定压实。

(4)强膨胀土稳定性差,不应作为路堤填料;中等膨胀土宜经过加工、改良处理后作为填料;弱膨胀土可根据当地气候、水文情况及道路等级加以应用。当直接使用中、弱膨胀土填筑路堤时,应及时对边坡及顶部进行防护。

(5)路堤填成后,应立即作浆砌护坡封闭边坡。当填至路床地面时,应停止填筑,改用符合规定强度的非膨胀土或改性处理的膨胀土填至路床顶面设计高程并严格压实。如当年不能铺筑路面,作为封层的填筑厚度,不宜小于30 cm,并做成不小于2%的斜坡。

i. 盐渍土地区路基

路线通过盐渍土地区时,应查明沿线不同类型盐渍土的分布范围,含盐特征及地面水、地下水等情况。在盐渍土路基地下水位的最小高度应根据盐渍土的类型、公路等级、路面要求,结合毛细水上升高度、冻胀深度及安全高度三个因素确定。盐渍土地区路基应进行合理的排水组织设计,保证排水畅通,防止因积水使土中盐渍发生不利变化。

(1)盐渍土路基防治措施主要包括排除地面水、提高路基、换填渗水性土、铲除地表盐渍土、设置毛细水隔断层等。修筑的高速公路、一级公路的路肩及边坡均应采取加固措施,或加宽路基以保证路基的有效宽度。

(2)路线通过干涸盐湖地段,应查明岩盐的种类、工程性质、溶蚀情况及地下水位、含盐特征等,以采取相应工程措施和排水设施,保证路基的强度和稳定性,防止冻胀、翻浆及盐胀危害路基。

(3)盐湖地表下有饱和盐水时,应采用设有取土坑及护坡道的路基横断面。地表有溶蚀、溶沟、溶塘时,应根据填料填补,并洒饱和盐水,分层夯实。

(4)内陆盆地干旱地区,如当地无其他适用的填料,需用易溶盐含量超过规定值的土作填料时,应根据当地气候、水文地质等条件,通过试验确定填筑措施。

(5)施工中应及时合理地布置好排水系统,不应使路基及其附近有积水现象。

(6)施工季节,在地下水位高的黏性土地区,以夏季施工为宜;强盐渍土地区,在表层含盐量较低的地区,以春季施工为宜。

j. 风沙地区路基

风沙地区是沙漠和沙地的统称,在我国分布范围较广,主要集中在内陆干旱、过干旱地区。风沙地区的主要特征为:

(1)气候干燥,降雨量小。

(2)温差大,冷热变化剧烈。

(3)风沙大,沙多。

(4)土中含易溶盐多。

(5)植被稀疏、低矮。

防治沙害的措施有以下几点:

(1)风沙地区,路基宜在少风、风速较小或有雨季节分段集中施工,并在大风来临前配套完成。对沿线路两侧地表原有的植被和地表硬壳,施工前应准备充分的防护材料,予以保护。

(2)取土要根据当地风向情况选择取土坑位置。在单一风向地区,取土坑应设在路堤下风一侧,距路堤坡脚至少 5 m;在有反向风交替作用地区,取土坑可设在路堤两侧,施工完后其边坡修成缓坡,使其断面成为浅槽形。

(3)对路基的压实,应根据现场自然条件、沙的特性及水源分布等情况确定压实机械和压实办法,宜采取以机械振动压实为主,结合蓄水、快成型、快防护的施工方法,当采用沙填筑路堤时,应分层压实。

(4)对缺水、缺土、压实有困难的风沙路基,可采用土工合成材料(如编织袋、编织布)对路基进行加固。

(5)地形开阔的风沙流地段,需将路基两侧 20 ~ 50 m 范围内可引起积沙的小沙滩、弃土堆、小土丘等阻碍物予以清除。

(6)对路线主要控制桩、护桩、水准点、路基边桩等应设置明显的标志,妥善保护,以防被沙埋没。

(7)对路肩、边坡坡面和平台进行全面防护,以防止风蚀。

(8)在风沙流比较严重的地区,为根治沙害,除对路基本身进行防护外,还应在路侧建立完善的防沙体系,包括整平带、防护带和植被保护带等。

(9)填方路基设计成流线型,以利于风沙流顺利通过路基,减轻积沙的危害。

(10)路侧防沙工程可概括为固、阻、输、导四种类型。固主要是指固沙和设置立式沙障,植物固沙是防治沙害的根本措施。阻主要指拦截风沙和限制积沙移动,阻沙沙障一般可分为墙式、堤式、栅式、带式四类。输主要指通过增强风力或改变地表面性质,使流沙顺利通过路基而不产生堆积。导是指在路基迎风侧采取导沙措施,借助风力作用,改变风沙流或沙丘的移动方向。

k. 雪害地段路基

公路雪害有积雪和雪崩两种形式。积雪包括自然积雪和风吹雪;雪崩是指在重力影响下,山坡积雪的崩塌。公路的防治雪害主要是防治风吹雪和雪崩。自然雪一般不采取工程措施,当路面积雪厚度较大,造成行车困难时,可采用机械除雪或用除雪剂除雪。除雪剂主要指氯化钙、氯化钠、氯化镁等。防治雪害的措施主要有以下几点:

(1)路堤设计时,使路堤高度大于当地最大积雪深度。路线纵坡设计时要满足风雪留在公路上顺利通过的要求,减少或避免路面上积雪。

(2)采用防雪栅。

(3)设置密闭式或透风式下导风板。

(4)在山坡上修筑台阶,稳定山坡积雪,防治小型雪崩。

(5)修筑防雪走廊隧道等遮蔽建筑物。

3. 路基工程环境保护监理要点

(1)在路基开工前,监理工程师应审批承包人编制的施工组织方案,对其环境保护措施提出审查意见,对特殊区域的路基工程,监理工程师应及时提醒承包人注意可能出现的环境保护问题。

(2)监理工程师应根据工程情况,确定本阶段施工环境保护监理的巡视、旁站计划。对承包人环境保护措施的执行效果进行检查。

(3)挖除地表土,并将地表土搬运到经监理工程师同意的储料堆。

(4)地表清理遇到古树名木或珍稀植物,采取移植等异地保护措施时,监理工程师应审查其移植方案,并对移植过程全程旁站监理。

(5)监理工程师应严格控制路基开挖,在用地范围内分段进行,同时配合挡土墙、边坡防护的修筑。

(6)弃土弃渣的堆放地点应事先经监理工程师同意,监理工程师应督促承包人在堆放地点预先采取排水和挡土措施,防止水土流失或对水源和灌溉渠道造成污染及淤塞。

(7)对施工过程中不符合环境保护要求的行为,监理工程师可以发出监理指令,责令改正。

(8)在施工过程中监理工程师应关注扬尘、噪声、废水、石油类等环境监测指标,必要时可根据需要进行现场监测。

(二)路面工程

1. 路面工程环境保护基本要求

1)拌和场

(1)拌和场选址应遵从远离自然村落,并布置在其常年主导风向下风口的原则。

(2)拌和设备应配装有集尘装置。

2) 路面摊铺

在沥青路面和水泥路面摊铺施工过程中，剩余废弃料必须及时收集运到废弃料场集中处理，不得随意抛弃。

2. 路面施工环境保护要点

路面拌和场地应硬化处理。沥青路面拌和设备配置除尘装置，应保持良好的除尘效果，施工过程中剩余的废弃料必须及时收集到弃料场集中处理，不得随意抛弃。路面施工应与路基桥梁施工有合理的配合，减少交叉施工引起的环境污染。

1) 路面基层施工环境保护要点

路面基层施工潜在环境影响见表6-5。

表6-5　路面基层施工潜在环境影响

序号	活动内容	潜在影响
1	拌和场场地平整	①植被破坏；②水土流失
2	拌和场搬运、安装	①扬尘；②噪声
3	拌和场运行	①噪声；②水泥、沥青等泄漏，污染土质；③清洗拌锅、皮带等所产生的废水排放；④有害气体
4	混合料运输	沿路撒落
5	场地碎石、砂堆放	扬尘
6	石灰矿粉	①石灰矿粉撒落，污染空气；②土壤污染
7	破碎机、振动筛	①扬尘；②噪声；③振动
8	各类运输车辆	①扬尘；②噪声；③有害气体；④漏油
9	路面摊铺、压实设备运行	①扬尘；②噪声；③有害气体；④漏油
10	夜间拌和场强光直照	强光

(1)混合料拌和与运输。

①水泥稳定混合料或二灰稳定混合料的拌和应采用厂拌法。

②拌和场应配备临时污水汇集设施，对拌和场清洁砂石料的污水应汇集处理后回收利用，不得直接排到施工现场以外的地方。拌和场所产生的废水，应处治后排放，不得直接排入鱼塘、河流和农田。

③对装载机和运输车辆的装卸料、运输产生的扬尘，可在现场设置喷水装置洒水，增加洒水频率来控制无组织排放的扬尘，使扬尘减少至最低限度。石灰、粉煤灰应有防尘、防雨设施，散装水泥出料门应有围护措施，减少扬尘。混合料应由封闭型载货汽车进行装载运输，并严格按照指定路线行驶，运输易引起扬尘时车辆应备有盖布及类似物进行遮盖。

④运输路线经过住宅区、学校等敏感地区时，注意调整时间，避免交通噪声干扰人们生活。

(2)初期养护。基层应采用土工布或棉毡进行覆盖养护，减少水分蒸发。养护应控制水量，避免溢出。在养生结束后，覆盖物应定点堆存。在运输和存放过程中，应注意对周边植被和土壤的保护，在存放点应有防雨和排水设施。

(3)噪声控制。该阶段施工场界噪声限位为昼间 70 dB，夜间 55 dB，采取控制作业时间等措施，保证居民夜间休息不受打扰。

2)沥青混凝土路面施工环境保护要点

沥青混凝土路面施工潜在环境影响见表6-6。

表6-6　沥青混凝土路面施工潜在环境影响

序号	活动内容	潜在影响
1	拌和场场地平整	①植被破坏;②水土流失
2	拌和场搬运、安装、维修	①扬尘;②噪声
3	拌和场运行	①噪声;②烘干筒热辐射;③废尘、回收粉的排出污染环境;④沥青挥发、泄漏有害气体;⑤燃料燃烧排出有害气体;⑥排尘不净,污染环境
4	场地碎石、砂堆放	扬尘
5	石灰、矿粉	①石灰矿粉撒落,污染空气;②土壤污染
6	沥青废料	液体废弃物
7	破碎机、振动筛	①扬尘;②噪声
8	沥青混合料运输	沿路撒落
9	路面摊铺、压实设备运行	①扬尘;②噪声;③有害气体;④漏油
10	各类运输车辆	①扬尘;②噪声;③有害气体;④漏油
11	夜间拌和场强光直照	强光

(1)混合料的拌和。

①沥青混凝土拌和场不得设在饮用水源地保护区内。

②要充分考虑沥青烟气的有毒有害性,结合项目环境影响报告书中关于沥青搅拌场的影响分析和选址意见,在其下风向重点考虑避开人类活动密集区、养殖场及敏感植物类群。

③沥青拌和设备、沥青、导热油、燃油储存罐及连接管道应确保密封,防止泄漏。应配干沙和足够的灭火器,以保证产生意外时的应急处理。应配置除尘器以及沥青烟气处理装置,设备污染物排放应符合相关国家标准的规定(沥青烟尘≤150 mg/m³)。沥青混凝土的采购合同中应明确对供货单位的环境保护要求。

④拌和场除尘系统每天将产生大量回收粉尘,经试验室试验分析,塑性指数等指标符合沥青路面施工技术规范相关要求时,尽量回收利用,若不能使用,应制订相应的处理措施,不得随意倾倒。

(2)混合料的运输。

混合料应按指定路线运输,运输路线经过住宅区、学校等敏感地区时,注意调整作业时间,避免交通噪声干扰居民生活。

(3)沥青混合料摊铺和碾压。

摊铺和碾压的机械应保证正常使用,噪声控制应执行建筑施工场界噪声限值标准。摊铺作业时会产生沥青烟气等有害有毒气体,承包人必须为作业人员提供有效的劳动保护用品,以保证施工人员的健康。

(4)沥青洒布。

①沥青洒布时,应确保设备完好,事先周密计划,尽可能缩短时间,减轻对周围人群及施

工人员的健康影响。

②位于沥青洒布处置区周边的土壤表面应铺设临时覆盖物加以保护，对于沥青可能溅到的植物，应有临时覆盖物加以包裹或遮挡。洒落的沥青应进行收集并运送至弃渣场。

③摊铺施工剩余废弃料必须收集，运到废弃料场集中处理，不得随意抛弃。

（5）废弃料。拌和场调试、使用过程中的废弃料或因不同原因造成的废弃混合料，应及时收集并运送至弃渣场，避免随意弃置污染土壤或破坏植被。

（6）噪声控制。该阶段施工场界噪声限值为昼间70 dB，夜间55 dB。

3）路面施工环境保护监理要点

（1）在路面工程开工前，监理工程师应审批施工方案的环境保护措施，尤其是对沥青拌和场选址方案的审批。要求沥青拌和场布置在远离人群活动的地点，并配置除尘设备。

（2）监理工程师根据工程情况，确定本阶段施工环境保护监理的巡视、旁站计划，对承包人环境保护措施的执行效果进行复核。

（3）监理工程师应规定沥青拌和料废料的处置方法，并随时对执行情况进行巡检。

（4）监理工程师应特别注意沥青烟气的污染防治，在靠近水源的地区施工时，还应注意水源保护问题。施工时应有重点地对沥青洒布过程进行旁站检查，防止沥青污染。

（5）对施工过程中不符合环境保护要求的行为，监理工程师可以发出监理指令，责令改正。

（三）桥涵工程

1. 桥涵工程环境保护基本要求

（1）桥基础施工钻孔桩必须设置泥浆沉淀池，不得将钻孔泥浆直接排入河水或河道中。

（2）桥基施工现场材料应堆放整齐有序，废弃的包装等材料应坚持每日清理收集。

（3）施工现场应设置简易临时厕所，以防粪便侵入河体污染河水。

（4）桥梁预制厂必须设置排水系统，防止产生的废水随意溢流，有条件者，也可采取废水回收处理措施后循环使用。

2. 桥涵工程环境保护要点

桥涵施工应充分了解设计提供的工程地质资料，根据当地的气候及周边环境在施工组织设计中制订相关的环境保护措施。桥涵工程潜在环境影响见表6-7。

表6-7　桥涵工程潜在环境影响

序号	活动内容	潜在影响
1	基坑开挖	①生态破坏；②污水排放、淤泥堆积、围堰作业等污染环境
2	钻孔机和打桩机作业	①噪声；②漏油；③钻孔作业时排放污水；④桩基对河床的破坏；⑤泥浆外泄对土壤和河道水质的污染
3	打桩机械维修保养和进出场运输	打桩机械维修保养时机油、废油泄漏和粉尘撒落
4	水泥混凝土拌和与浇筑	①水泥浆搅拌和输送噪声；②水泥倾倒、拆袋有扬尘污染；③振捣机振捣噪声；④商品混凝土运输、泵送噪声；⑤振捣机维修滴油、配件丢弃；⑥浇筑时混凝土落于河道，污染河水

续表 6-7

序号	活动内容	潜在影响
5	钢筋作业	①装卸搬运噪声、扬尘；②锈蚀产生锈水；③钢筋焊接产生废气和焊渣；④焊接产生电火花、电弧光；⑤钢筋切断机、弯曲机使用产生机械噪声；⑥零星废钢筋等
6	钢模板	①搬运、搭拆噪声；②打磨噪声；③脱模剂（油）污染；④腐蚀产生锈水
7	钻孔平台搭设	使用后处置
8	机械设备作业与维修	①漏油污染；②废配件丢弃
9	各类运输车辆	①噪声；②扬尘；③有害气体；④漏油
10	钢管支架作业	①装卸噪声、扬尘、防锈漆振落；②搬运噪声；③支模架搭拆噪声、扬尘；④钢模钢管扣件遇水腐蚀产生锈水；⑤零星扣件散落
11	工程船舶作业	①船舶生活废物；②抛、起锚的噪声；③主铺机运行时噪声、有害气体；④油料泄漏，污染水源

1）明挖基础

在明挖基础施工过程中，应核对地质水文资料，若得知基础地基下有涌泉、流砂、溶洞等地质情况，承包人应考虑采取有关防治措施。

a. 围堰

围堰施工应考虑流速增大对河床集中冲刷、通航及导流的影响。

（1）明确围堰用的土袋、板桩或套箱的数量，对围堰材料进行编号，保证施工前后数量一致，避免遗留在水体中，阻碍行洪或航运。

（2）施工现场材料应堆放整齐有序，废弃的包装材料应每日清理收集。

（3）施工结束后，废弃的材料应及时运送至弃渣场。

b. 基坑外挖

（1）采用先进的施工工艺，如沉井法施工，减少作业面和影响面。

（2）保护地表水体，开挖的工程弃方不能随意丢弃在河流中或岸边，应暂时堆放在距离水体较远的地带，防止冲刷或塌落进入水体。

（3）基坑开挖出的土壤、泥炭、岩石等，应集中后运送至弃渣场，其中对于湿度较大的泥炭或底泥，应先运至低洼地进行自然吹干，待吹干后再进行运输，对于有机质含量较高的底泥和泥炭等，经自然吹干后也可运至需要的单位进行土壤育肥。

（4）旱桥桥墩基础开挖的土石方集中堆放，周边用临时设施拦阻，桥墩基础浇筑完成后回填，剩余部分可用于附近低洼地的整平，多余材料一律运至弃土（渣）场。

（5）旱桥施工中只允许砍伐墩、台等永久施工部分的植被，桥跨范围内的植被不得砍伐、清除，尽可能保留桥跨部分的原生植被，减少桥梁墩、台施工对地表原生植被的破坏。

2)钻孔灌柱桩基础

a. 泥浆制作准备

(1)在现场选择或开挖一低洼地作泥浆沉淀池,用于储存将来使用后废弃的泥浆。泥浆池应选在不易外溢的地段。

(2)当现场没有可以利用的低洼地时,应自行挖掘或砌筑泥浆池。

(3)泥浆池周围应设置良好的排水系统,以免雨水过大而造成泥浆外溢,破坏当地环境。

b. 钻孔施工

(1)钻孔桩必须设置泥浆沉淀池,不得将泥浆直接排入河水或河道中,经沉淀后的清水可排放,减小悬浮固体的排放量。大型桥梁通常利用钢护筒作泥浆储备周转,并采用泥浆过滤设备,清除残渣。

(2)废弃的钻孔泥浆以及其他废弃物,应运至事先准备的沉淀池临时储存,待吹干后,运往弃渣场,不得弃于河道或河滩地,以防抬高河床,淤塞河道。

(3)在水上钻孔时,一般应采取平台施工,采取围堰或筑岛进行清理,以免破坏水生环境,影响行洪。

(4)应对施工机械及船只进行严格检查,防止油料泄漏,严禁将废油、施工垃圾等随意抛入水体。

(5)挖孔桩施工时,应选择合适的孔壁支护类型。挖孔时,应注意施工安全,挖孔工人必须配有安全装备,提取土渣的机具要经常检查。进口围护应离地面 20 ~ 30 cm,防止土、石、杂物落入孔内伤人。

c. 混凝土浇筑施工

灌注混凝土时,溢出的泥浆应引流至事先准备的适当地点处理,待吹干后,运往弃渣场,以防止污染环境或堵塞河道和交通。

3)沉入桩

沉入桩一般用于特大桥梁的水中部分,沉柱施工对环境的影响主要是船只和打桩机械的油料泄漏、废渣处理以及噪声影响。应严格进行机械保养,严禁将废油、施工垃圾等随意抛入水体。

4)沉井基础

沉井施工前,应对沉井要通过的地面及沉井底面的地质资料进行分析,对河流的洪汛、凌汛、河床冲刷、通航、漂流物等情况进行调查。制订施工方案,对于不被水淹没的岸滩或位于浅水区的岸滩,可就地整平夯实,做沉井或水中填土筑岛,制作沉井、筑岛的材料应用透水性好且易于压实的砂土或碎石,并在临水面形成一定的坡度,使岛体坡面、坡脚不被冲刷。浮式沉井应随时观测由于沉井下沉的阻水和压缩流水断面引起流速增大而造成的河床局部冲刷。沉井正常下沉出土,应由船运送到指定堆放地点,不得卸至井外占用河道。采用吸泥吹砂等方法下沉时,吸出的泥浆应进行过滤、沉淀,不得直接排入河流中。施工结束后沉井井体应予拆除。

沉井封底混凝土施工的环境保护可参照钻孔灌注桩。

5)桥梁下部构造

(1)混凝土浇筑时应做好防护措施,防止混凝土落入周边水体。

(2)护岸开挖时,应按照设计图纸严格控制开挖界限,不得任意扩大开挖范围,将两栖动物生活环境的受影响范围控制在最小程度。

(3)桥梁墩、台修筑完毕,及时清除围堰等临时工程的堆积物,并将施工产生的废浆、弃土和废弃物及时运至弃土场,恢复河道畅通。

6)混凝土搅拌、运输和养护

(1)混凝土的搅拌、运输、振捣、摊铺等作业中的防粉尘及防噪声(振动)措施有以下几点:①采用商品混凝土,用密罐车运输;②场界设置临时隔声设施;③作业时间避开下风向、100 m内人群密集的地段等;④混凝土搅拌车应定点清洗,设置临时沉淀池,清洗水经沉淀处理后方能外排,有条件者,也可采取废水回收处理措施后循环使用。

(2)混凝土搅拌站不得设在饮用水源地保护区内,搅拌站的排水、混凝土养护水等含有害物质的废水不得排入地表水Ⅰ~Ⅲ类水源地保护区。

7)生态保护

(1)注意对湿地和滩涂的保护,避免在湿地和滩涂设置临时料场、便道和厕所。限制不必要的施工设备和人员进入湿地,禁止猎取野生保护动物。

(2)在渔区或鱼类洄游河道施工,应尽可能避开鱼类繁殖期,无法避开时,应留一洄游通道。

(3)涵洞出路基后与附近河道、沟渠顺连,防止冲刷下游农田、道路等,并及时连通河道和沟渠,确保汛期及时排洪排涝。

8)环境和噪声影响

(1)施工污水不得排入《地表水环境质量标准》(GB 3838—2002)中所规定的Ⅰ、Ⅱ类水域。排入其他水域时,必须符合相应的水质标准,不符合时要进行水质处理。

(2)对桥梁施工机械、船只应进行严格检查,防止油料泄漏,严禁将废油、施工垃圾等随意抛入水体内。

(3)桥梁打桩噪声的场界限值为昼间85 dB,夜间禁止打桩。其他阶段噪声限值为昼间70 dB,夜间55 dB。

3. 桥涵工程环境保护监理要点

(1)在桥涵工程开工前,监理工程师应审批施工方案的环境保护措施。要求承包人对基础开挖、围堰、钻孔桩施工过程,采取周密的水环境保护措施。

(2)监理工程师根据工程情况,确定本阶段施工环境保护监理的巡视、旁站计划,对承包人环境保护措施的执行效果进行检查。

(3)基坑开挖的弃土堆放地点应事先经监理工程师同意,监理工程师应督促承包人在堆放地点预先采取排水和挡土措施。

(4)监理工程师应经常巡视检查钻孔桩泥浆水的处理效果,对发生泄漏或任意排放的,应当场责令承包人改正,并旁站监督整改过程。

(5)需要围堰施工的,因事先取得当地水利部门的许可,手续完备并经监理工程师审查后才能施工。在进行水产养殖的河道进行围坝时,监理工程师应要求施工单位根据上下游的污染情况,提出合理的围堰方案,以免影响养殖,造成纠纷。

(6)对施工过程中不符合环境保护要求的行为,监理工程师可以发出监理指令,责令改正。

(7)监理工程师在本阶段应注意水环境质量的色度、石油类等监测指标,避免施工对水体造成影响,必要时可进行现场监测。

(四)隧道工程

1.隧道工程环境保护基本要求

(1)隧道凿岩施工必须采用湿法钻孔,必须保证能够有效地通风除尘,并置换新鲜空气进入作业面。

(2)作业面应有瓦斯监测报警装置,以防瓦斯浓度超过警戒浓度,威胁施工人员生命及造成安全生产事故。

(3)隧道弃渣应充分予以利用。多余的弃渣应堆放在指定的弃渣场,并堆放整齐、稳固,修建必要的排水设施,禁止在洞口随意堆弃。

(4)隧道施工废水应经过处理后再进行排放,不得对附近居民生活用水造成污染。

2.隧道工程环境保护要点

修建隧道比路基开挖对生态环境的影响要小,但易引起水资源的严重流失,会对隧道顶部的水利设施产生极大的影响,会使隧道范围内的田地枯干、植物枯黄,甚至引起较大的地表塌陷。隧道施工中生产的污水、粉尘、噪声、振动及弃渣对环境影响较大,应作为重点防治对象,落实相应措施。隧道工程潜在的环境影响见表6-8。

表6-8　隧道工程潜在的环境影响

序号	活动内容	潜在影响
1	隧道开挖	①噪声;②扬尘;③生态破坏;④废弃物处置;⑤有害气体;⑥弃渣
2	废渣料装卸、运输	同路基工程
3	隧道支护、衬砌	①噪声;②有害气体
4	防水、排水	同排水工程
5	隧道路面	同路面工程

1)洞口工程

(1)严格控制隧道口开挖和隧道施工的影响范围,不应仅考虑方便施工而任意破坏施工场地以外的植物。

(2)洞门开挖前应先在开挖面上修建截水沟,以防止水土流失,并尽可能避开雨季施工。洞口尽量减少开挖面积,洞顶采取护挡结构以保护自然坡面。

(3)保证边坡仰坡稳定,防止塌方,避免大挖大刷。要求承包人在指定的范围和时间内,按照图纸的要求,用获准的方法保护边坡、仰坡开挖面。

(4)洞门开挖面的地表清理工作同路基开挖。

(5)隧道施工时应注意保护隧道口的自然植被,施工后清理废弃物,尽量减少人为活动的痕迹,尽早恢复自然景观。洞口结构形式及附属设施应与当地景致相协调。

2)洞身工程

(1)选择低噪声设备进场施工,空压机、发电机等的基础要埋入半地下,并铺砂石垫层,以减少噪声和振动。

(2)设置隔音屏或利用绿化带减少噪声传播。合理安排作业时间,减少同时作业的机械台数，对产生噪声大的作业，不安排夜间和节假日施工。

（3）隧道施工时可能造成地下水变化，导致顶部生态变化和破坏当地村民水源。隧道位置若处在浅水层，应重视地下水渗漏问题，一旦发生处在浅水层的渗漏，应立即采取措施止水。对高切坡处出现的地下涌水也应采取止水措施。

（4）洞门开挖前的地表清理工作同路基开挖。

（5）凿岩施工应采用湿法钻孔。严禁干孔施钻，应改进爆破方法，采取松动爆破、无声振动等技术，减少施工粉尘。采用光面爆破技术，通过试验，选择炸药品种，调整用药量，减少一次齐发的药量，以减少爆破振动及对周围岩体的振动。隧道内通风量必须保证能够有效的通风除尘并置换新鲜空气进入作业面。

（6）煤系地层中存在瓦斯溢出，易导致人员窒息或燃烧爆炸，作业面应有瓦斯监测报警装置，以防瓦斯超过警戒浓度，危及施工人员生命及造成安全事故。

（7）渣石应充分纵向调运利用，不能随便堆放，严禁向河谷倾倒弃渣，以免堵塞河谷，造成水土流失或占有当地农田。废渣应设合理的弃渣场，根据山谷的特点，按照设计要求堆放整齐，分层碾压，并确保能防止两岸及下游出现各种水害。修建排水管、盲沟、截水沟等设施，加固弃渣堆坡脚，以确保弃渣的稳定，防止发生人为的灾害。有条件时，可在弃渣上覆盖30 cm以上厚度的耕植土，改土造地或种植绿化。

（8）酸性岩区和沉积岩体有较高含量的放射性元素氡、钍、镭，对环境产生不利影响，应经严格测定后，依据含量或浓度确定处置措施。

（9）在防渗漏和加固地层时所采用的化学浆料，尽量选用毒性小、污染少的注浆材料，尽量减少配制浆液过程的洒漏和注浆过程漏浆。对进入排水系统的有害物质作净化处理，避免浆液流入地面水系和人工饮用水水源。

（10）浅埋隧道施工时，为防止开挖施工引起地表水流失和地层下陷，可结合地下水位涨落及水力坡度的变化情况，对地面下沉与掘进段及衬砌衔接关系的观测，采取超前支护方法实施预注浆措施，对洞身周围岩体进行加固，有条件时应选择盾构法或浆结法施工。

（11）当隧道穿过与地表水连通的破碎带时，为防止突发性的泥石涌入和流失地表水，可根据探水孔流出的水量、水压变化，采取洞内超前帷幕注浆措施，以加固破碎带和封堵水路。

（12）如预计隧道会与地下水径流相遇，应尽早采取拦、堵、截保护措施，以减少水源高度损失。一旦出现水源经隧道漏失情况，可利用地形地质等有利条件，设置蓄水池将未经污染的水流经过沟、槽或专设管路提升，引入蓄水池供给用户。

（13）对于地层发育良好、层序完整、界线清楚、化石丰富以及地层对古生物有研究价值的地段，应采取有效措施进行保护，并报告业主和文物保护单位。

（14）对优质石渣可加以利用，如防护用的片石、路丛填料、路面粗集料和混凝土集料可分类堆放，以便充分利用。在有利荒沟中筑坝填入废渣，变荒沟成良川，增加耕地。路边临时堆放的零星废渣，在公路封闭前应全部清理完毕，以免公路全封闭后难以清理。隧道装饰材料的余料应及时回收，不得随意丢弃。

（15）隧道建设中所需的石料，在选料时应远离隧道，采取集中料场取料，切忌随意布置小料场。对山坡及其植被不得肆意破坏，以免影响环境面貌，也容易产生塌方滑坡。开采用的商品石料，应在采购合同时提出对临时料场的环境保护要求。

(16)弃渣场应根据设计或水保文件明确选址范围。

3)废水处理

(1)对隧道涌水量大的地段,设截水管,由衬砌背后引出,并导入蓄水池,避免与洞内施工污水汇合外排,可减少污水处理量,也可充分利用水资源充实施工用水。

(2)利用洞外自然沟部地形,设置渗水处理设施,对地形条件十分困难的地区,采用平流斜板一级处理池。

(3)混凝土搅拌站不得设在饮用水源地保护区内。搅拌站的排水、混凝土养生水等含有害物质的废水不得排入地表水Ⅰ~Ⅲ类水源地保护区。

(4)施工废水经过沉淀等处理后方可排放,废水不得排入《地表水环境质量标准》(GB 3838—2002)中所规定的Ⅰ、Ⅱ类水域。排入其他水域时,必须符合相应的水质标准;不符合时应进行水质处理,并注意排放过程不应对田地、坡脚造成水毁。

4)通风与防尘

(1)隧道施工坑道内氧气含量、有害气体浓度应符合国家卫生标准,噪声不宜大于90 dB。

(2)承包人应将施工期间通风设计方案提交监理工程师批准,并需为每座隧道的掘进提供已批准的通风设施。风速和风量要求:全断面外挖(包括竖井)时应不小于0.15 m/s,坑道内应不小于0.25 m/s,但均不得大于6 m/s,供风量应保证每人供应新鲜空气不小于3 m^3/min。

(3)压入式进风管门或吸出式出风管门应设在洞外适当位置,并作成烟囱式,防止污染空气再回流入洞内。压入式进风管的出风口距工作面不宜大于15 m,吸出式出风管吸风口不宜大于5 m。采用混合式通风时,若一组风机向前移动,另一组风机的管路即相应接长,始终保持两组管道相邻段交错不小于20~30 m。局部通风时,吸出式出风管的出风口应引入主风流循环的回风流中。

(4)通风机应装有保险装置,当发生故障时能够自动停机。通风设备应有适当的备用数量,一般为计算能力的50%。通风系统应定期测试通风的风量、风速、风压,检查通风设备的供风能力和动力消耗。

(5)如通风设备出现事故或洞内通风受阻,所有人员应撤离现场,在通风系统未恢复正常工作和经全面的检查确认洞内已无有害气体以前,任何人均不得进入洞内。如风机假日停止运转,在假日过后进入隧道工作以前,风机应至少提前2 h启动,并要进行上述同样检查工作。

(6)掘进工作中施工环境保护监理工程师或技术员应连续监测瓦斯,在其他时间内也需经常监测,以确保洞内工作安全,同时记录测试数据,随时提交监理工程师核查。在每班工作期间,应用手持式风速仪或能上能下托管风速量测计,对风道内的风量至少测一次,如有通风不足,应予记录并立即报告监理工程师。承包人应提供瓦斯浓度、缺氧及游离二氧化硅等检测试验所需的设备,还应为检测试验人员提供批准使用的防毒面罩。

(7)隧道施工必须采用机械通风。在进口和出口处设置消声器,施工现场的噪声不得超过90 dB。无论采用何种通风方式,通风管均宜采用钢制可拆装的刚性管,也可用不可燃性材料制作的管,刚性管道节长不超过6 m。

(8)施工期间洞内任何部位和工作面处,空气中的有毒气体和可燃气体的浓度都不得超过国家卫生标准,并且任何汽油动力设备都不允许放在隧道内或在隧道内使用,任何情况下都不允许将汽油运到洞内。

(9)在隧道掘进或出渣期间,用沉积板或粉尘粒计数器在隧道开挖面附近测定粉尘含量,应制订相应的降低粉尘含量的措施。

要控制粉尘产生,钻眼作业必须采用湿式凿岩,仅可在水源缺乏、容易冻结或岩石性质不适于湿式凿岩的地段采用有捕尘设备的干式凿岩,但所采取的防尘措施不能达到规定的粉尘浓度标准时,严禁采用干式凿岩。

凿岩机在钻眼时,必须先送水后送风,放炮后必须进行喷雾、洒水,出渣前应用水淋湿全部石渣和附近岩壁。当新鲜风流连续经过几个工作面时,在两个工作面间和混合式通风系统中两组风管交错的距离间,根据防尘效果,应适当增设喷雾器,以净化风流中的粉尘。施工人员应佩戴防尘面罩。

通过调整隧道供风的风速以排除粉尘,最佳的排尘风速宜通过现场试验认定。

5)隧道工程环境保护监理要点

(1)在隧道工程开工前,监理工程师应审批施工方案的环境保护措施,特别注意对当地生态环境的保护,落实好珍稀物种的保护、弃渣和废水处理以及施工现场劳动防护等措施。

(2)对洞口临时堆放弃渣或就近设置轧石场的方案,应要求承包人同时提出环境保护措施和环境恢复方案。

(3)对爆破方案的审查,监理工程师应明确提出防治噪声和扬尘的要求。在距离居住区较近的地区施工,还应要求承包人注意防止振动造成影响。

(4)监理工程师根据工程情况,确定本阶段施工环境保护监理的巡视、旁站计划,对承包人环境保护措施的执行效果进行复核。

(5)施工区域如果发现国家保护的珍稀物种,监理工程师应全过程参与物种的保护,做好全过程的监理。

(6)对施工过程中不符合环境保护要求的行为,监理工程师可以发出监理指令,责令改正。

(7)监理工程师在本阶段应关注扬尘、噪声环境监测指标,必要时可进行施工现场监测。

(五)其他工程

1.排水工程环境保护要点

排水工程包括地表排水和地下排水,是水土保持的必要措施。

地表排水设施包括边沟、排水沟、跌水与急流槽、蒸发池、油水分离池、排水渠等,应结合地形和天然水系进行布设,并做好进出口的位置选择和处理,防止出现堵塞、滥流、渗漏、淤积、冲刷和冻结等现象。

地下排水设施包括暗沟(管)、渗沟、渗水隧洞、渗井、仰斜式排水孔、检查井等类型,应根据工程地质和水文地质条件确定,并与地表排水设施相协调。排水工程潜在环境影响见表6-9。

(1)及时沟通排水系统,为邻近的土地所有者提供灌溉与排水用的临时管道。临时排水没施与永久排水设施相结合,应有合适的泄水断面和纵坡,临时用作排水渠道时,应适当加大泄水断面,并采取加固措施,使水流畅通,不产生冲刷和淤塞。污水不得排入农田和污染自然水源，不得引起淤积和冲刷。

表 6-9　排水工程潜在环境影响

序号	活动内容	潜在影响
1	挖掘机、装载机	①噪声；②漏油；③扬尘；④有害气体
2	土石方运输	①沿路撒落；②随意丢弃
3	运输车辆	①噪声；②尾气；③扬尘
4	夯实机械	①噪声；②漏油；③有害气体
5	砂浆拌和机搅拌	①噪声；②砂浆外漏
6	砂浆喷射机	①噪声；②砂浆外漏
7	清洗砂浆设备污水	水污染

(2)截水沟设置在无弃土堆的情况下，截水沟的边缘离开挖方路基坡顶的距离视土质而定，以不影响边坡稳定为原则，如系一般土质至少应离开 5 m，对黄土地区不应小于 10 m，并进行防水渗加固，截水沟挖出的土，应运到指定地点。

(3)在施工过程中应采取措施，控制扬尘、噪声、振动、废水、固体废弃物等污染，防止或者减轻施工对水源、植被、景观等自然环境的破坏，改善、恢复施工场地周围的环境。不论何种原因，在没有得到有关管理部门同意的情况下，各类施工活动不应干扰河流、渠道或排水系统的自然流动。

(4)在路基和排水工程(涵洞、倒虹吸等)施工期间，应为邻近的土地所有者提供灌溉与排水用的临时管道。

(5)将弃土、弃渣于指定地点堆放，并采取防护措施，避免其被冲刷流入水体。

(6)该阶段施工场界噪声限值为昼间 70 dB，夜间 55 dB。

2. *挡土墙、防护及其他砌筑工程环境保护要点*

挡土墙施工应综合考虑工程地质、水文地质、冲刷深度、荷载作用情况、环境条件和施工条件，结合施工进度，同步实施。挡土墙施工应采用合理的施工方法，尽量减少对环境和相邻路基段的不利影响。防护工程潜在环境影响见表 6-10。

表 6-10　防护工程潜在环境影响

序号	活动内容	潜在影响
1	地基承载力和基础埋置深度	①冲刷；②墙体稳定
2	挖掘机、装载机等	①噪声；②漏油；③扬尘；④有害气体
3	土方运输	①沿路撒落；②随意丢弃
4	运输车辆	①噪声；②尾气；③扬尘
5	夯实机械	①噪声；②漏油；③有害气体
6	砂浆拌和机搅拌	①噪声；②砂浆外漏
7	砂浆喷射机	①噪声；②砂浆外漏
8	清洗砂浆设备污水	水污染

(1)当地基承载力小于设计要求时,应及时与设计单位联系,确定开挖底线。

(2)基础埋置深度应根据设计要求和现场情况确定基底高程。

(3)当冻结深度小于或等于 1 m 时,基底最小埋置深度不小于 0. 25 m,并应符合基础最小埋置深度不小于 1 m 的要求。

(4)当冻结深度超过 1 m 时,基底最小埋置深度不小于 1. 25 m,还应将基底至冻结线以下 0. 25 m 深度范围的地基土换填为砂砾石等材料。

(5)受水流冲刷时,应按路基设计洪水频率计算冲刷深度,基底应置于局部冲刷线以下不小于 1 m。

(6)路堑地段的挡土墙基础顶面应低于路堑边沟底面不小于 0. 5 m。

(7)在风化层不厚的硬质岩石地基上,基底一般应置于岩石表面风化层以下;在软质岩石地基上,基底最小埋置深度不小于 1 m。

(8)在施工过程中,应当采取措施,控制扬尘、噪声、振动、废水、固体废弃物等污染。防止或者减轻施工对水源、植被、景观等自然环境的破坏,改善、恢复施工场地周围的环境。

(9)根据水土保持方案,检查水土保持措施落实情况。

(10)将弃土、弃渣在指定地点堆放,并采取防护措施,避免其流入水体。

(11)该阶段施工场界噪声限值为昼间 70 dB,夜间 55 dB。

3. 交通安全设施施工环境保护要点

交通安全设施工程潜在环境影响见表 6-11。

表 6-11　交通安全设施工程潜在环境影响

序号	活动内容	潜在影响
1	拌和场	①扬尘;②废水;③噪声
2	预制场	①废水;②噪声
3	基础工程	①噪声;②扬尘;③废弃物处置;④有害气体
4	焊接	①有害气体;②废弃物处置;③光辐射
5	油漆和表面处理	①有害气体;②废弃物处置

(1)拌和场、预制场、基础工程的防治措施同前文。

(2)外购材料应提供生产商环境保护达标要求的证明材料。

(3)防撞护栏柱打设应防止油污染,合理安排时间,减少噪声对居民的影响。

(4)焊接的废弃物如电焊渣、废弃的焊材,应收集处理。

(5)油漆应妥善存放和使用,避免滴漏影响水体和土壤。油漆包装物应统一收集处理,不应随意抛弃。

4. 取、弃土场环境保护要点

公路工程尤其是山岭重丘区的公路工程,弃土(渣)量较大,据有关资料,在黄河流域废弃的土方量有 10% ~30% 成为水土流失量,南方降水及暴雨较多的地区,弃土的冲刷程度也比较严重,因此要特别重视取、弃土场的环境保护。

(1)取、弃土(渣)场的选址参见前面所述。

(2)在路侧选用田地取土时,取土厚度应在当地地下水位线以上至少 0. 3 m,防止地下水出露影响植被类型。

(3)禁止废渣及土石等向洞口、水体、山涧随意丢弃和无序倾倒。废渣不得弃入或侵占耕地、渠道、河道、道路等场所,必须运至指定的废渣场。

(4)为了防止固体废弃物堆积体被冲蚀或发生滑塌、崩塌,应贯彻“先挡后弃”的原则,设置拦渣坝。拦渣工程选址、修建,应少占耕地,尽可能选择荒沟、荒滩、荒坡等地方。拦渣坝坝型主要根据拦渣的规模和当地的建筑材料来选择,一般有土坝、干砌石坝、浆砌石坝等形式。选择坝型时,应进行多方案比较,做到安全经济。均质土坝构造简单,便于施工,尤其是在高速公路项目区,多具有大型推筑、碾压设备,最适于修筑土坝。

(5)废渣应在指定范围内严格按照设计技术要求进行堆置。堆放应整齐、稳定,不遗留陡坡、滑坡、塌方等隐患,并且排水通畅。河道不得弃渣。桥头弃土不得挤压桥墩、阻塞桥孔。

(6)对于取、弃土(渣)场的边坡,都应在工程防护的基础上,尽可能创造条件恢复植被,特别是草灌植物的应用,尽力把工程措施和植物措施很好地结合起来。这不仅能控制水土流失,维护坡面稳定,而且对生态环境改善具有重要意义。

(7)在施工结束后,应对取、弃土场进行修整及清理和生态恢复,包括复耕或绿化等,并必须有相应的水土保护措施。可按要求在地表覆盖熟土还耕或绿化,或与当地土地管理部门商议后,对取土坑进行改造,放缓边坡,使边坡稳定,或开发成水源、鱼塘。

5. 其他工程的环境保护监理要点

(1)在各单位工程开工前,监理工程师应审批施工方案中的环境保护措施,确定环境保护措施满足工程要求。

(2)监理工程师根据工程情况,确定本阶段施工环境保护监理的巡视、旁站计划,对承包人环境保护措施的执行效果进行复核。

(3)监理工程师应对取、弃土场的环境保护措施执行情况进行巡检,特别注意取、弃土场的排水及挡土措施。在对取、弃土场生态恢复(植树绿化)阶段,监理工程师应根据工程实际情况,有重点地旁站监理。

(4)在特殊生态保护地区,监理工程师应禁止承包人将施工废弃料弃置在野地,并随时巡视检查执行效果。

(5)对施工过程中不符合环境保护要求的行为,监理工程师可以发出监理指令,责令改正。

(6)监理工程师可以根据需要进行现场环境监测,复核环境保护措施的成效。

本章小结

公路安全施工控制的特点是控制面广、控制的动态性、控制系统交叉性、控制的严谨性。

公路安全施工控制的基本要求是各类作业人员和管理人员必须具备相应的执业资格才能上岗;特殊工种作业人员必须持有特种操作证,并严格按规定定期进行复查;对查处的安全隐患要做到“五定”,即定整改责任人、定整改措施、定整改完成时间、定整改完成人、定整改验收人;必须把好安全生产“六关”,即措施关、交底关、教育关、防护关、检查关、改进关;施工现场安全设施齐全,并符合国家及地方有关规定;施工机械必须经安全检查,合格后方可使用;保证安全技术教育措施费用的落实,不得挪作他用。

施工安全检查的内容包括查隐患、查整改、查事故处理。

职业伤害事故按事故后果严重程度分为6类:轻伤事故、重伤事故、死亡事故、重大伤亡事故、特大伤亡事故、急性中毒事故。

路基挖方的环境保护基本要求:

(1)路基挖方施工和开挖法应考虑采取对地下历史文物、自然保护区的保护措施,同时不得对邻近的设施及其正常使用产生破坏和干扰。

(2)挖方施工中产生的弃方不得弃入或侵占可耕地、农田灌溉渠道、河道、现场通车道路等场所,必须运至指定弃土场。

(3)弃土的堆放应整齐、美观、稳定,必要时坡脚应加固处理,并保证排水通畅。

路面工程拌和场环境保护基本要求:

(1)拌和场选址应遵从远离自然村落,并在其常年主导风向下风口处的原则。

(2)拌和设备应配装有集尘装置。

桥涵工程的环境保护基本要求:

(1)桥基础施工钻孔桩必须设置泥浆沉淀池,不得将钻孔泥浆直接排入河水或河道中。

(2)桥基施工现场材料应堆放整齐有序,废弃的包装等材料应坚持每日清理收集。

(3)施工现场应设置简易临时厕所,以防粪便侵入河体污染河水。

(4)桥梁预制厂必须设置排水系统,防止产生的废水随意溢流。有条件者,也可采取废水回收处理措施后循环使用。

隧道工程的环境保护基本要求:

(1)隧道凿岩施工必须采用湿法钻孔,必须保证能够有效地通风除尘,并置换新鲜空气进入作业面。

(2)作业面应有瓦斯检测报警装置,以防瓦斯浓度超过警戒浓度,威胁施工人员生命及造成安全生产事故。

(3)隧道弃渣应充分予以利用。多余的渣应弃放在指定的弃渣场,并堆放整齐、稳固,修建必要的排水设施,禁止在洞口随意堆弃。

(4)隧道施工废水应经过处理后再进行排放,不得对附近居民生活用水造成污染。

复习思考题

6-1　为什么要对施工安全进行监理?

6-2　施工安全控制的基本要求是什么?

6-3　什么是安全技术措施计划?

6-4　安全技术措施计划包括什么内容?

6-5　安全检查的主要内容有哪些?

6-6　施工环境保护监理最主要的依据有哪些?

6-7　施工生活区对生态环境会有哪些影响?如何避免?

6-8　施工道路对生态环境会有哪些影响?如何避免?

第七章　公路工程施工监理信息管理

【知识要点介绍】

工程施工的有关信息，收集施工信息的方法，对所收集的施工信息的处理。

第一节　概　述

一、监理信息的概念、任务和类型

（一）信息及信息管理的概念

1. 信息的概念

信息，是指可以用语言、文字、数据、图表、音像或其他可以让使用者识别的信号来表示，并可以进行传递、处理与应用的能帮助人们作出正确决策的知识、消息或情报。

（1）信息的过去时是知识。知识是对前人经验的总结，是人类对自然界规律的认识和掌握，是一种系统化的信息。

（2）信息的现在时是数据。数据是人类生产实践中不断产生的信息的载体，要用动态的眼光来看数据，把握数据的动态节奏。数据是信息的主体，比知识更难掌握，也是信息系统的主要组成部分。

（3）信息的将来时是情报。情报代表信息的趋势和前沿，情报往往要用特定的手段获得，有特定的使用范围、特定目的、特定时间、特定传递方式，带有机密性。

信息既是监理控制、管理、协调的依据，又是监理工作的结果。

2. 信息的特点

1）真实性

事实是信息的基本特点，也是信息的价值所在。要千方百计找到事物真实的一面，为决策和管理服务。不符合事实的信息不仅无用反而有害，真实、准确地把握好信息是处理数据的最终目的。

2）系统性

在工程实际中，不能片面地处理数据，片面地产生、使用信息。信息本身就需要全面地掌握各方面的数据后才能得到。信息是系统的组成部分之一，要求从系统的角度来对待各种信息，才能避免工作的片面性。在监理工作中要求全面掌握投资、进度、质量、合同等各式各样各个角度的信息，才能做好工作。

3）时效性

由于信息是在工程实际中不断变化、不断产生的，这就要求我们及时处理数据，及时得到信息，才能做好决策和工程管理工作，避免事故的发生，真正做到事前管理。信息本身有极强的时效性。

4)不完全性

使用数据的人对客观事物的认识是有局限的、不完全的,我们应该认识到事物的客观规律,避免不完全性。

5)层次性

不同的决策、管理需要不同的信息,因此针对不同的信息需求必须分类提供相应的信息。

一般把信息分成决策级、管理级、作业级三个层次,不同的层次在信息内容、来源、精度、使用时间、使用频度上是不同的。决策级需要更多的外部信息和深度加工的内部信息。例如:对设计方案、新技术、新材料、新设备、新工艺的采用,工程完工后的市场前景。管理级需要较多的内部数据和信息。例如:在编制监理月报时汇总的材料、进度、投资、合同的执行的信息。作业级需要掌握工程各个分部分项每时每刻实际产生的数据和信息,该部分数据加工量大、精度高、时效性强。例如:土方开挖、混凝土浇筑、材料供应保证等具体事务的数据。

3. 信息系统的概念

信息是一切工作的基础,信息只有组织起来才能发挥作用。信息的组织由信息系统完成。

信息系统是由人和计算机等组成,以系统思想为依据,以计算机为手段,进行数据收集、传递、处理、存储、分发、加工产生信息,为决策、预测和管理提供依据的系统。信息系统的作用是通过对数据进行综合处理,得到信息。

监理信息系统是建设工程信息系统的一个组成部分,建设工程信息系统由建设方、勘察设计方、建设行政管理方、建筑材料供应方、施工方和监理方各自的信息系统组成。监理信息系统是建设工程信息系统的一个子系统,也是监理单位整个管理系统的一个子系统。作为前者,它必须从建设工程信息系统中得到所必需的政府、建设、施工、设计等各个方面提供的数据和信息,也必须送出相关单位需要的相关的数据和信息;作为后者,它也从监理单位得到必要的指令、帮助和所需要的数据与信息,向监理单位汇报建设工程项目的信息。

4. 信息管理的概念

信息管理是对信息进行收集、整理、分析、处理、存储、检索、传递与应用等一系列工作的总称,是业主、承包人和监理工程师在实施工程日常管理工作中的一个重要组成部分,具有全方位、全过程的特征。

信息管理的目的是通过有组织的信息流通,使决策者能及时准确地获得相应的信息,从而正确决策,以避免失误。

(二)工程项目信息管理的基本任务及工作原则

1. 基本任务

(1)组织项目基本情况信息的收集并系统化,编制项目手册。

(2)对项目报告及各种资料的规定,如资料的格式、内容和数据结构要求。

(3)按照项目实施、项目组织、项目管理工作过程建立项目管理信息系统流程,并保证这个系统正常运行,控制信息流。

(4)文件档案管理工作。

2. 信息管理工作的原则

对于大型项目,产生的信息数量巨大,种类繁多。为便于信息的收集、处理、存储、传递

和利用,监理工程师在进行信息管理实践中逐步形成了以下基本原则:

(1)标准化原则。要求在项目的实施过程中对有关信息的分类进行统一,对信息流程进行规范,产生控制报表。力求做到格式化和标准化,通过建立健全的信息管理制度,从组织上保证信息生产过程的效率。

(2)有效性原则。监理工程师提供的信息针对不同层次管理者的要求进行适当加工,针对不同管理层提供不同要求的信息。例如:对于项目高层管理者而言,提供的决策信息应力求精练、直观,尽量采用形象图表来表达,以满足其战略决策的信息需要。这一原则是保证信息产品对于决策支持的有效性。

(3)定量化原则。信息不应是对项目实施过程中产生数据的简单记录,还应经过信息处理人员的比较与分析。

(4)时效性原则。考虑工程项目决策过程中的时效性,信息管理工作也应具有相应的时效性。信息都有一定的生产周期,如月报表、季报表、年报表等,这都是为了保证信息产品能够及时服务于决策。

(5)高效处理原则。通过采用高性能的信息处理工具,尽量缩短信息在处理过程中的延迟,监理工程师的主要精力应放在对处理结果和控制措施的制订上。

(6)可预见原则。信息作为项目实施的历史数据,可以用于预测未来的情况。监理工程师应通过采用先进的方法和工具为决策者制订未来目标和行动规划提供必要信息。如通过对以往投资执行情况的分析,对未来可能发生的投资进行预测,作为事先控制的依据,这在工程项目管理中也是十分重要的。

(三)工程信息的类型

工程信息贯穿于工程项目管理的每一个环节,且不同的监理范畴需要不同的信息,所以将信息按照一定标准进行分类有助于根据监理工作的不同要求,提供适当的信息。监理信息的分类有多种。

1.按监理目标分类

按监理目标不同,工程信息分为投资控制信息、质量控制信息、进度控制信息、合同管理信息,这种分类有利于监理机构内部管理的职责分工和日常资料整理归档。

1)投资控制信息

投资控制信息指反映工程投资管理控制的信息。它包括现行工程预算定额、原材料价格、物价指数、新开征税费、工程量清单、合同规定的工程计量方法、施工过程中的变更费用、索赔费用和竣工决算等。

2)质量控制信息

质量控制信息指反映质量状况和服务于质量控制的信息。它包括技术规范、施工图纸、质量控制,以及施工过程中的检查、检验、试验记录,事故处理报告,质量评定,鉴定成果等。质量数据是质量信息的重要组成部分,在施工过程的信息总量中占有非常重要的地位。

3)进度控制信息

进度控制信息指反映工程进度控制的信息。它包括招标文件中的工程分阶段控制目标,监理工程师审核的总体进度计划,年、季、月进度计划,关键线路网络控制,工程量和工作量完成月、季、年统计,进度计划跟踪分析报告,工程开、竣工报告,与计划适应的人、机、料投放情况等。

4)合同管理信息

合同管理信息的范围很广。广义上,投资、质量、进度信息都不同程度地涉及合同管理信息。如因工程进度过慢而采取的赶工措施,包含进度控制、质量控制和合同管理等多方面的信息。狭义上,合同管理信息包括招标文件、合同条件(含投标书附件数据表)、工程分包、风险管理、违约责任、索赔、延期等贯穿于工程项目管理的信息资料。

2.按稳定性分类

1)静态信息

静态信息指在工程整个建设过程中或某一时段内相对稳定不变的信息。如工程进度目标或分阶段控制目标,各种定额和标准,工作制度和程序。

对于静态信息,监理人员应熟记。

2)动态信息

动态信息指在不断变化着的信息。如项目实施过程中的质量、进度、投资和统计数据,直接反映某一阶段的实际进展和计划完成情况,引起延期、索赔、违约责任等合同事务的发生、发展等。

对于动态信息,监理人员应时刻注意其变化,经常性地与静态信息所确定的目标和标准比较,控制动态信息变化的幅度。

3.按照工程监理信息的来源分类

1)项目内部信息

项目内部信息来自工程建设项目本身。如工程概况、设计文件、合同、合同管理制度、会议制度、监理机构及监理人员的构成、项目的投资控制目标、项目的质量目标、项目的进度目标等。

2)项目外部信息

从项目外部环境中所获取的信息称为外部信息。如国家、部、省(市)有关的政策及法规、国内及国外市场上原材料及机构设备的价格、外汇汇率、物价指数、类似工程造价、类似工程进度、投标单位的实力、投标单位的信誉、工程沿线各单位情况、工程沿线的民风民俗等。

另外,按信息的性质,工程监理信息可划分为生产信息、技术信息、经济信息、资源信息。

综上所述,我们不难看出,不同的监理范畴需要不同的监理信息。按照一定的标准将工程监理信息予以分类,并根据监理工作的不同要求提供合适的信息,对完成工程监理信息管理的基本任务具有举足轻重的作用。

二、监理信息管理的实施方法

信息管理的基本方法是建立信息的编码系统,明确信息流程,制定相应的信息采集制度,利用高效的信息处理手段处理信息,为监理工程师的决定提供有力依据。

(一)人员配备和设备准备

无论采取何种模式的监理组织机构,人员和设备都应考虑信息管理工作的需要。

1.信息管理人员的配备与培训

一般在每一级监理机构中,应设一至两名信息管理人员。信息管理人员应掌握信息管理的知识和工作方法,熟悉本工程合同条款中关于信息管理的要求,具备一定的文字水平和计算机操作能力。为达到信息管理的目的，工作一线的管理人员要了解并掌握信息管理的实施方法及岗位职责。

1)信息管理的实施方法

信息管理的实施方法包括：①了解和掌握信息的来源，并对信息进行分类；②掌握信息流中的各个环节，如信息的收集、分析、处理、存储、检索、传递和应用等，并建立相应的信息管理系统；③掌握并能正确应用信息管理的各种手段。

2)信息管理人员的岗位职责

(1)协助监理工程师制定信息管理的有关规章制度。

(2)收集、整理、分析、处理信息，提供决策。

(3)维护信息系统，保证信息的安全、准确、保密。

(4)协调信息管理，确保提供的信息及时、准确。督促监理人员在规定的时间内，以规定的形式向信息管理系统提供标准化信息。

2. 设备准备

根据工程规模、工期和预计信息量，应为信息管理工作人员配备适量的车辆、电话、传真机、微型计算机、打印机、复印机等设备。

目前，计算机网络信息系统已经逐步应用于工程项目的管理中，在有条件的情况下，计算机网络设备也成为信息流需要的物质技术条件。

(二)建立顺畅的监理信息流通渠道

工程管理信息在上下级、组织内部与外部环境之间流动，是参与工程建设的各部门、各单位之间关系的反映。只有信息流通渠道通畅才能良好地发挥信息的作用。

1. 监理工程师是监理信息流的中心

合同条款和监理服务协议明确赋予监理工程师直接监督、管理工程实施的职责，施工过程中有关质量、进度、费用等信息需通过监理工程师贯通，监理工程师即处于监理信息流的中心。

2. 信息流畅通的保障措施

保证信息流畅通是信息管理所必需的，工作实践中应注意以下几点：

(1)理顺信息流动的渠道。监理机构上下级之间形成垂直信息流，机构内部分工之间形成横向信息流。在一般情况下，建立健全监理组织机构和监理工作制度并认真执行，比较容易使信息流渠道畅通。

实际工作中，应注意根据工程实际需要，不断完善监理工作制度，明确监理岗位职责，有章必循，加强监理内部工作配合，及时沟通信息，避免垂直信息流的越级流动。

(2)确保物质技术条件。信息流的顺利贯通依赖一定的物质技术条件，应注意技术设备的实用性。随着办公条件的现代化和计算机的普及，计算机网络信息系统逐步应用于工程项目的管理中，在有条件的情况下，计算机网络设备也成为信息流需要的物质技术条件。

(三)健全信息管理基本制度

信息管理制度是信息管理的基础之一，在工程准备阶段，管理工程师应结合工程特点和监理控制的重点，制定信息管理制度，并在施工期内检查执行情况，收集反馈意见，适时修订和完善。

信息管理的基本制度有如下几种。

1. 监理文档(文件、资料、档案)管理制度

资料档案是监理工程师执行施工合同,有效控制工程质量、进度、费用,正确评价工程,处理合同纠纷和索赔的依据,也是工程竣工后道路养护工作重要的数据资料。监理工程师应按制度规范资料档案管理,且符合以下基本要求:

(1)资料所反映的工程项目情况和有关合同内容必须真实、准确、完整,签章有效、齐全。

(2)资料的制作有利于长期保存,表面整洁,字迹清晰,无随意涂改。若有涂改,涂改处应有签章。

(3)资料必须以规定表格或监理工程师认可的形式填写,纸张大小一致。

(4)资料的签发手续符合合同规定,不得无理由拖延或扣压。

(5)各类资料的归档按时间、编号或项目等顺序依次存放,便于查询。

(6)借阅规定明确,手续完善,符合保密规定。

2. 收发文制度

收发文件符合国家有关公文处理的一般规定。

3. 监理月报制度

1)报告程序

驻地高监办应每月以报告书的形式向总监办报告监理执行情况。总监办汇总各高监办的监理报告向业主提交监理报告,同时报告公司。月报告陈述的问题仅指正存在的事件或将对工程造价、质量及工期产生实质性影响的事件,报告能使业主对工程质量现状有一个比较清晰的了解。监理报告对承包商工程进度比原定计划落后的工程项目,应说明延迟的原因以及挽回这种局面已采取或将要采取的措施,还应报告承包人主要职员和监理工程师的变动情况及已完成的主要分项工程和细目等。

2)报告时间

总监办月报告应于业主规定的日期前报送业主,各高监办月报告应在业主规定报送时间的前5天报到总监办。

3)报告内容

具体内容见本章第三节。

4. 监理日志制度

(1)监理日志记录监理活动的全部主要内容。它包括监理人员自身的工作情况,监理工程师与承包人、业主的有关工作。因此,监理人员本身工作的备忘录,是考查业绩的依据,也是分析研究承包人施工管理和业主项目管理的参考资料。监理日志将作为原始资料归入竣工资料备查。

(2)监理日志的检查和签认。每个监理人员都必须逐日记录监理日志,并实行检查签认制度。专业监理工程师检查监理员的监理日志,并进行签字认可。驻地高监必须每周检查专业监理工程师的监理日志,并签字认可。总监办每月对驻地高监的监理日志进行检查签认,同时对专业监理工程师、监理员的监理日志进行抽查。

(3)监理日志注意事项。①逐日记录,一日一记,记下当天监理主要活动。②按发生的实际情况如实记录。一事一条,条理分明,便于考查。③内容全面、记录简洁、重要事件详细记载。④以文字记录为主,对结构物的检查则用图形和数据记载。对有关证据则应转录凭证摘要。⑤监理日志应编页码,扉页后第1、2页逐行填写目录摘要,例如工地会议、某大桥、

某段填方等。每行最后一格填写日志目录页码，便于查找。⑥监理日志应妥善保管，每日送监理组汇总主要事件。

(4)日志的保管与保密。监理日志作为监理活动的原始记录是监理的档案之一，应妥善保管，不得遗失。监理日志应有保密要求，不得在非本组监理人员中传阅转抄，若有必要向业主出示，应事先取得组长同意或事后报告。

第二节　公路工程施工监理信息的收集与处理

信息从收集、加工整理、存储到成果发布、检索、传递、使用即信息的处理过程，应达到准确、完整、及时的基本要求。

一、信息的收集

明确采集渠道，及时收集数据资料是信息管理的第一步。收集工作的质量直接影响信息管理的质量。在不同施工阶段，信息收集的内容和侧重点不同。

(一)施工准备期

施工准备期监理工程师的主要工作任务有：熟悉合同文件、进行现场复审、查看施工环境、制订监理图表、审批施工总体计划等。信息主要来源于合同文件、投标书、地质勘测资料、复测记录、临时和永久占地计划协议书、施工单位提交的进度计划等。

(二)施工期

施工期监理工程师应围绕质量、进度、费用三大控制目标的实现采集信息。这一阶段，伴随工程的进展，信息量加大，来源复杂，监理工程师应以各种检查及检测记录、监理日志、工地会议纪要、往来文件和施工与技术报表等为信息的主要来源，将各方面信息综合分析，去伪存真，利用有效信息。

(三)缺陷责任期

监理工程师在缺陷责任期内监督承包人履行缺陷责任期的合同义务，尽快完成交工验收时未完工程和处理遗留工程缺陷，定期检查工程完成情况，记录监理日志等资料，是这一时期主要的信息资料。

二、信息的加工与整理

收集到的信息需经过过滤、排序、计算、比较、选择等步骤加工整理成有实际效力的信息。信息加工整理方法在质量管理中有排列图法、直方图法、相关图法、控制图法等质量数据的分析方法，在费用和进度管理中有“S”形曲线法、“香蕉”形曲线法、横道图法、网络技术等分析方法，合同管理中有数据对比等一些抽象的信息分析方法。

三、信息的存储

信息的存储是按不同的方式将信息归档保存在不同部门的过程。监理工作要求将大部分信息存储在文件或表格中，或以计算机存储器存放工程质量检测、试验数据并建立质量数据库。一部分信息可用挂图、图片等形式存储。信息管理部门应存储有关工程监控管理的全部信息，其他职能部门应根据需要存储业务范围内的必要信息。

四、信息的传递

信息借助一定的载体传递到特定的部门中，形成信息流。信息管理部门是信息传递的必经部门，由其将信息用各种适用的方式，如书面报表、文件、电报、传真或电子邮件等传递给监理工程师或需要信息的部门，成为监理工作的依据。

五、信息的检索与使用

当前有用的信息将被立即用于指导施工，暂时不用的信息存储后，在使用时，通过信息检索而被调用。对信息进行编码或分类，可大大节约存储空间和检索时间。信息使用时应注意保护和保密，尤其是将文件形式的信息借阅给相关的部门时，应记录信息的去向和复制的份数，防止信息丢失或遗漏。有一些特殊的信息仅在监理部门内部使用。

工程监理信息流程见图 7-1。

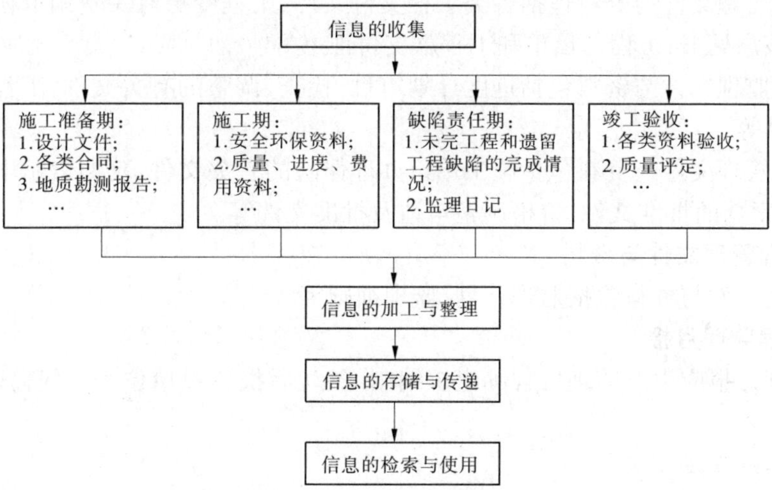

图 7-1　工程监理信息流程

第三节　工程监理文档管理

工程建设监理文档管理，是指监理工程师受业主的委托，在进行工程建设监理的工作期间，对工程建设实施过程中形成的文件资料进行收集积累、加工整理、立卷归档和检索利用等一系列工作。

工程建设监理文档管理的对象是监理文件资料，它们是工程建设监理信息的载体。工程建设监理文档管理是工程建设信息管理的一项重要工作，是监理工程师实施工程建设监理，进行目标控制的基础性工作。工程建设监理组织中必须配备专门的人员负责监理文件资料的管理和保存工作。

一、监理档案的构成

(一)合同文件档案

(1)施工合同文件及委托监理合同、投标书、指标文件、分包单位资格报审表。

(2)勘察设计文件、设计交底与图纸会审会议纪要、测量核验资料。

(3)施工组织设计(方案)报审表、工程进度计划。

(4)监理工程师通知单、监理工作联系单、来往函件。

(二)监理文件与资料

(1)会议纪要、巡视记录、旁站记录。

(2)监理工作指令、工程变更令、工程分项开工的申请批复、试验抽检的原始记录、报验申请表等。

(3)质量监理文件与资料包括质量监理措施、规定及往来文件、试验检测资料、监理抽检资料、交工验收工程质量评定资料。如质量缺陷与事故的处理文件,分部工程、单位工程等验收资料,工程项目施工阶段质量评估报告等专题报告。

(4)施工安全监理与环保监理文件包括安全管理的规章制度、措施、会议记录、检查结果、安全事故的有关文件及施工环境保护规划、环境保护措施、环境保护检查等。

(5)费用监理文件与资料包括各类工程支付文件、工程变更有关费用审核意见书、工程竣工决算审核意见书、工程计量单和工程款支付证书等。

(6)进度监理文件与资料包括进度计划审批、检查、调整的有关文件,工程开工/复工令及工程暂停令等。

(7)合同管理文件与资料包括施工单位办理保险的有关文件、延期索赔申请、分包资质资料、延期和索赔的批准文件、价格调整申请及批准文件等。

(三)监理管理文件与资料

监理管理文件与资料包括监理计划、监理细则等。

(四)工程监理月报

工程监理月报应由总监理工程师组织编制,签认后报建设单位和上级监理机构。其内容如下。

1. 本月工程描述

工程监理月报的正文前应附有一张工程位置图,图中应清晰地标明工程的具体位置。

工程描述通常是简述合同的内容,第一份监理月报的工程描述应提供以下资料,后期的月报,应视情况适当进行增减:①地理位置;②计划全长;③标准横断面数据;④路线及结构物所在位置的地质情况;⑤对主要结构物的类型及数量的描述;⑥线形及重要设计指标;⑦合同的签订日期;⑧项目名称及合同号;⑨承包商或联合承包商的名称及牵头人;⑩对较小结构物及道路设施的描述;⑪合同总价;⑫开工通知书发出的日期及开工日期;⑬合同规定的工期;⑭修订的完工期,从开工到现在已过去的时间。

2. 工程进度

工程进度应提供工程整体进度及每一个主要分项工程的实际进度和计划进度。主要分项工程包括路基土石方、路面、大中小桥、隧道、涵洞通道、排水、防护工程及道路设施等,应按上述顺序详细说明本月的施工情况:①本月实际完成情况与计划进度比较;②对进度完成情况及采取的措施和效果的分析。

3. 工程质量

工程质量简要说明设备配置、材料进场情况、劳动力安排、工程质量检测试验评价及其他(如质量事故、安全状况等)。①本月工程质量情况分析;②本月采取的工程质量措施及效果。

4. 工程计量与支付

工程计量与支付应说明本月的支付金额和累计支付金额，计日工使用及意外费用支付情况，调整的现金流动预测，价格调整，索赔处理及工程师同意的其他费用。①工程量审核情况；②工程款审批情况及月支付情况；③工程款支付情况分析；④本月采取的措施及效果。

5. 合同其他事项的处理情况

（1）工程变更。

（2）工程延期。

（3）费用索赔。

6. 监理工作执行情况

本部分简要描述各级监理工程师办公室的服务情况，包括各级监理组织机构的在岗人数，出勤情况，工作计划安排及监理工程师的办公室、住房、设施和车辆等的状况和存在问题，以及对工程产生的或将要产生的影响。

7. 本月监理工作小结

本部分概略评述有关承包商履行合同义务的工程施工计划安排设想等。①对本月进度、质量、工程款支付等方面情况的综合评价；②本月监理工作情况；③有关本工程的意见和建议；④下月监理工作的重点。

8. 附录

本部分说明存在的主要问题，采取或拟采取的措施和今后设想。在月报的最后应附有合同执行表，主要进场机械表，主要工程概况表。

（五）监理工作（总结）报告

工程结束时，监理工程师应提交监理工作（总结）报告，其内容包括：

（1）工程基本情况。

（2）监理机构及工作起止时间，投入的监理人员、设备和设施。

（3）关于工程质量、安全、环保、费用、进度监理及合同管理执行情况。

（4）分项、分部、单位工程质量评估。

（5）工程费用分析。

（6）工程建设中存在问题的处理意见和建议。

（7）有关照片、音像资料。

（六）监理日记（志）

1. 主要内容

（1）日期、星期、天气、巡视重要工点的时间。

（2）巡视工程的名称、里程桩号。

（3）施工情况：包括工程质量、进度、进场材料规格质量，机械和人员配备、安全施工、拆迁，环保措施。现场主要工程是否有技术管理人员，承包现场质检人员是否到场，业主在工地的指示，变更设计现场处理结果，下达停工、复工令的工程项目及命令编号。

（4）会议：包括监理工程师参加的生产会议，业主或承包人召开的有监理工程师参加的会议，监理工程师邀请承包人参加的会议，总监或总监代表召开的监理会议，监理组内部召开的会议，工地会议等。

(5)工程质量检查或验收。包括主持单位、参加单位、检查主要人员、检查项目、检查和验收结论。

2. 其他内容

日志是监理人员本身工作的备忘录,因此凡是与监理工作有关的活动均可以在日志中记录下来,以备考查,例如:①本人会议发言提纲;②本人短期或长期工作安排;③本人在工地下达的口头指令及意见回返;④向业主报告监理情况备忘录;⑤本人在工地对某变更设计的决定或指令;⑥其他认为有必要记录的事项。

(七)竣工文件

详见本节“四、竣工文件”。

二、监理档案的管理

(一)工程监理档案管理的基本要求

1. 健全制度

监理机构应建立健全监理文件与资料管理制度,并应根据工程建设需要建立文件资料的计算机管理系统,由总监理工程师负责,并指定专人具体实施。

2. 建立各类台账

监理工程师应建立材料、试验、测量、计量支付、工程变更、安全、环保等各项台账。

3. 及时整理归档

监理文件与资料应及时整理,分类有序、系统、完整、妥善存放和保管。

4. 资料真实完整齐全

监理资料应内容完整、填写认真、审批意见与签认齐全。

(二)工程建设监理文档管理的主要内容

工程建设监理文档管理的主要内容包括监理文件资料传递流程的确定,监理文件资料的登录与分类存放,以及监理文件资料的立卷归档等。

1. 工程建设监理文件资料的传递流程

工程建设监理组织中的信息管理部门专门负责工程建设信息管理工作,其中包括监理文件资料的管理。因此,在工程建设全过程中形成的所有文件资料,都应统一传递到信息管理部门,进行集中收发和管理。如图 7-2 所示,信息管理部门是监理文件资料传递渠道的中枢。

图 7-2 明确了工程建设监理文件资料的传递流程。首先,在监理组织内部,所有文件资料都必须先送交信息管理部门进行统一整理分类,归档保存,然后由信息管理部门根据总监理工程师的指令和监理工作的需要,分别将文件资料传递给有关的监理工程师。当然,任何监理人员都可以随时自行查阅经整理分类后的文件资料。其次,在监理组织外部,发送或接收业主、设计单位、承包商、材料供应单位及其他单位的文件资料时,也应由信息管理部门负责,这样使所有的文件资料只有一个进出口通道,从而在组织上保证了监理文件资料的有效管理。

工程建设监理文件资料的管理和保存,主要由信息管理部门中的资料管理人员负责。作为文件资料管理的监理人员,必须熟悉各项监理业务,通过分析研究监理文件资料的特点和规律,对其进行系统、科学的管理,使其在工程建设监理工作中得到充分利用。除此之外,

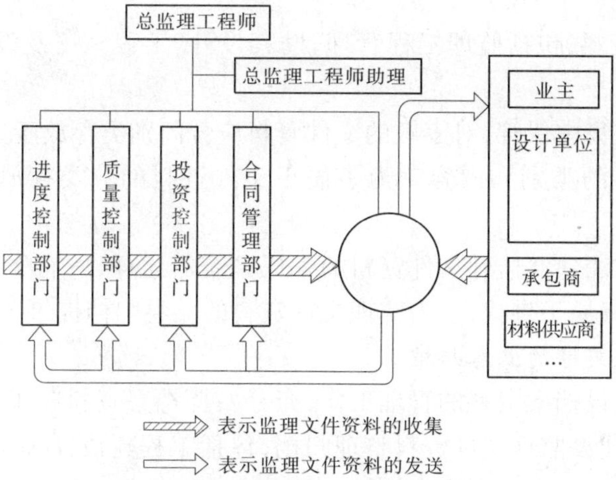

图 7-2　工程监理文件资料传递流程

监理资料管理人员还应全面了解和掌握工程建设进展与监理工作开展的实际情况，结合对文件资料的整理分析，编写有关专题材料，对重要文件资料进行摘要综述，包括编写监理工作月报、工程建设周报等。

2. 工程建设监理文件资料的登录与分类存放

工程建设监理信息管理部门在获得各种文件资料之后，首先要对这些资料进行登记，建立监理文件资料的完整记录。登录一般应包括文件资料的编号、名称和内容、收发单位、收发日期等内容。对文件资料进行登录，就是将其列为建设监理单位的正式财产。这样做不仅有据可查，而且便于分类、加工和整理。此外，监理资料管理人员还可以通过登录掌握文档资料及其变化情况，有利于文件资料的清点和补缺等。

随着工程建设的进展，所积累的文件资料会越来越多，如果随意存放，不仅查找困难，而且极易丢失。因此，为了能在工程建设监理过程中有效地利用和传递这些文件资料，必须按照科学的方法将它们分类存放。工程建设监理文件资料可以分为以下几类：

(1)监理日常资料文件，包括监理工作计划、监理工作月报、工程施工周报及工程信函等。

(2)监理工程师函件，包括监理工程师主送业主、设计单位、承包商等有关单位的函件。

(3)会议纪要，包括监理工作会议、工程协调会议、设计工作会议、施工工作会议及工程施工例会等会议的纪要。

(4)勘察、设计文件，包括勘察、方案设计、初步设计、施工图设计及设计变更等文件资料。

(5)工程收函，包括业主、勘察设计单位、承包商等单位送交的图文。

(6)合同文件，包括监理委托合同、勘察设计合同、施工总包合同和分包合同、设备供应合同及材料供应合同等文件。

(7)工程施工文件资料，包括施工方案、施工组织设计、答证和核定单、联系备忘录、隐蔽工程验收记录及技术管理和施工管理文件资料等。

(8)主管部门函文，包括省、市计委、建委、公用市政及有关部门的函文。

(9)政府文件，包括有关审理文件、勘察设计和施工管理办法、定额取费标准及文明、安全施工等方面的规定。

(10)技术参考资料,包括监理工程管理、勘察设计、工程施工及设备、材料等方面的技术参考资料。

上述文件资料应集中保管,对零散的文件资料应分门别类存放于文件夹中,每个文件夹的标签上要标明资料的类别和内容。为了便于文件资料的分类存放,应利用计算机进行管理。

应按上述分类方法建立监理文件资料的编码系统。这样,所有文件资料都可按编码结构排列在书架上,不仅易于查找,也为监理文件资料的立卷归档提供了方便。

3. 工程建设监理文件的立卷归档

为了做好工程建设档案资料的管理工作,充分发挥档案资料在工程建设及建成后维护中的作用,应将工程建设监理文件资料整理归档,包括工程建设监理文件资料的编目、整理及移交等工作。

1)编制案卷类目

案卷类目是为了便于立卷而事先拟订的分类提纲。案卷类目也叫"立卷类目"或"归卷类目"。工程建设监理文件资料可以按照工程建设的实施阶段以及工程内容的不同进行分类。

根据监理文件资料的数量及存档要求,每一卷文档还可再分为若干分册,文档的分册可以按照工程建设内容以及围绕工程建设进度控制、质量控制、投资控制和合同管理等内容进行划分。

2)案卷的整理

案卷的整理一般包括清理、拟题、编排、登录、书封、装订、编目等工作。

(1)清理。即对所有监理文件资料进行彻底的整理。它包括收集所有的文件资料,并根据工程技术档案的有关规定,剔除不归档的文件资料。同时,要对归档范围内的文件资料再进行一次全面的分类整理,通过修正、补充,乃至重新组合,使立卷的文件资料符合实际需要。

(2)拟题。文件归入案卷后,应在案卷封面上写上卷名,以备检索。

(3)编排。即编排文件的页码。卷内文件的排列要符合事物的发展过程,保持文件的相互关系。

(4)目录。每个案卷都应该有自己的目录,其简介文件的概况,以便于查找。目录的项目一般包括顺序号、发文字号、发文机关、发文日期、文件内容、页号等。

(5)书封。即按照案卷封皮上印好的项目填写,一般包括机关名称、立卷单位名称、标题(卷名)、类目条款号、起止日期、文件总页数、保管期限,以及由档案室写的全宗号、目录号、案卷号。

(6)装订。立成的案卷应当装订,装订要用棉线,每卷的厚度一般不得超过 2 cm ,卷内金属物均应清除,以免锈污。

(7)编目。案卷装订成册后,就要进行案卷目录的编制,以便统计、查考和移交。目录项目一般包括案卷顺序号、案卷类目号、案卷标题、卷内文件起止日期、卷内页数、保管期限、备注等。

3)案卷的移交

案卷目录编成后,立卷工作即宣告结束,然后按照有关规定准备案卷的移交。

文档案卷应一式两份,一份移交业主,一份由监理单位归档保存。

工程建设监理资料,是在建设监理单位对工程项目实施监理的过程中直接形成的,是工程建设过程真实、全面的反映,工程建设监理资料的管理水平反映了工程建设监理单位的管理水平及工程项目监理的质量和水平。因此,加强对工程建设监理资料的管理是十分重要的。

(三)工程监理文档的管理制度

许多部门、地方政府主管部门非常重视工程建设监理资料的管理,作出了明确规定和要求,多数监理单位也都制订了工程建设监理资料的管理规定和办法。

1.监理文件管理中监理工程师权限

(1)不能超越合同授予的权限。如果行使合同没有授予监理工程师的权限或超出合同明确的职责,就称监理工程师违约。因此,监理工程师要摆正自己的位置,谨慎、严肃地履行职责。

(2)监理文件内容的表达要符合合同文件。合同条款的每一条、每一款的概念和指令含义都有定义和标准的解释。监理工程师在依据条款下达指示、指令时,一定要引用准确,对任何问题的批复、答复、意见、建议等均应符合合同文件,而且应概念清晰,一事一条,一事一议,用词明确,不能模棱两可,意见模糊。

(3)在合同约束的时间内下达指示。监理文件的时间性是考核监理工作的重要方面。合同文件在涉及监理工程师必须作出指示的地方,一般都注明了时间约束条件。如果监理工程师不能按合同规定的时间把文件送给承包商,承包商就可能把监理工程师的某些口头指示或承包商的某些请示、建议、要求当作监理工程师的书面指示来遵守,这是十分危险和有害的。所以,监理工程师必须遵守合同约束的时间。

(4)监理文件要保持前后一致,注意决策的连贯性。合同文件包括技术规范、合同条款、工程量清单、图纸等,覆盖项目实施的各个领域和全过程。文件互相关联、互相依托,牵一发而动全身。因此,监理工程师在下达某一个具体指令时,一定要照顾到涉及横向其他各方面的规定,处理不当就可能引发合同纠纷;另外,监理工程师在作出任何一项决定时,一定要照顾到以前曾有的类似决定,并注意如今及再遇类似问题是否会带来不良效果。

(5)监理文件要程序化、规范化。监理工程师签发的文件代表了合同法律,其严肃性也说明了对合同的责任。各级授权签发的监理文件在格式上、行文规范上一定要保持良好文风,主送、抄送、抄报都要严格推敲。被授权的总监代表或驻地监理工程师要签字盖章。

2.监理档案管理的注意事项

1)明确职责,协调配合

监理组织机构应建立资料、文件管理制度,明确档案管理要求,设资料、文件管理岗位,配备专职或兼职人员,承担工程监理资料档案管理工作,定期督促检查承包人的内业管理,完善监理机构内部文件资料的管理,组织审查承包人提交的竣工文件。各级监理人员应管理职责范围内的资料,独立存档。部门之间建立资料借阅记录台账。

2)加强督促检查,规范档案管理

通过检查、考核、交流等办法,加强监理内业管理和监督。定期按照监理资料、文件管理的统一要求，对文件资料的内容、准确性、及时性和外观质量等方面检查评价，发现问题及时提示和整改，不断规范管理。

3）学习业务，提高管理水平

监理档案管理是一门专业技术，要组织人员学习档案管理知识，特别应向档案管理部门学习或咨询，改进管理，提高理论水平。

三、监理表格的管理

监理表格是监理档案的组成部分，它的规范化、标准化是监理工作有秩序进行的基础，是监理信息科学化管理的一项重要内容。

施工阶段监理工作的基本表式分为 A 类表（承包单位用表）、B 类表（监理单位用表）和 C 类表（各方通用表）。

（一）监理表格构成

监理表格分为五大部分，即监表、支表、检表、试表和评表。

1. 监表

监表是监理工程师在履行监理职责、进行工程监控时使用的表格。常用的监表如下：

监 1－1　施工图审查申报表

监 1－2　进场材料申报表

监 2　施工放样报验单

监 3　工程变更令

监 4　工程变更申报表

监 5　分部（项）工程开工通知

监 6　分部（项）工程开工申报表

监 7　承包人每周工作计划

监 8　检验申请批复单

监 9　工作指令

监 10　工地会议纪要

监 11　中间交工证书

监 12　分包申请报告单

监 13　工程暂时停工指令

监 14　复工指令

监 16　工程交工证书

监 17　工程缺陷责任期终止证书

监 18　每日施工活动报表

监 19　施工技术方案报审表

监 20　监理日报

2. 支表

支表是进行工程计量和支付申请与审批的用表。常用的支表如下：

支表－1　工程进度表

支表－2　中期支付证书

支表-3　清单支付报表

支表-4　工程变更一览表

支表-5　单价变更一览表

支表-6　永久性工程材料到达现场计量表

支表-7　扣回材料设备预付款一览表

支表-8　扣回动员预付款一览表

支表-9　中间计量表

支表-10　中间支付汇总表

3. 检表和试表

检表和试表主要是承包单位自检使用的表格，监理工程师也可以此做旁站监理记录和抽查检验使用。见附录表式目录。

4. 评表

评表是工程项目中间或全部交工后，将检表和试表的结果汇总，按照《公路工程质量检验评定标准》(JTG F80/1—2004)规定对分项、分部、单位工程和整个工程质量进行评定的用表。见附录表式目录。

(二)监理表式的制订和修订程序

1. 制订时间

在工程准备阶段，监理机构应依据《公路工程施工监理规范》(JTG G10—2006)组织编制监理表式。表式应规范、标准、齐全、适用，以信息管理部门为主，其他技术、试验部门协助共同编制，最迟于工程开工前完成。

2. 发放时间

在第一次工地会议上，监理工程师应向承包人印发监理表式，说明编制要求、提交程序、份数、范围、时限等。

3. 及时修订和补充

在施工过程中，监理工程师应针对使用监理表式不符合规定的情况向监理人员或承包人做进一步的解释，并听取对表式的反馈意见，适时对监理表式进行修订或补充。对于因情况变化已不适用于实际工程的表式，应及时修订和补充，进一步完善表式系统。

四、竣工文件

竣工文件全面反映工程建设过程中的质量、进度、投资状况，记载合同履约的执行情况，为工程竣工后的管养运营提供备查信息。按照施工合同条款和交通部《公路工程竣(交)工验收办法》(交通部令[2004]第3号)及《公路工程竣(交)工验收办法实施细则》(交公路发[2010]65号，含3个重要附件)的规定，竣工文件的编制应由业主组织，业主、监理工程师、承包人根据编制要求和内容分别承担，共同完成。

(一)竣工文件构成体系和编制责任

竣工文件由七部分组成，各部分内容和编制责任人如表7-1所示。

表 7-1　竣工文件组成及编制责任人

文件名称			编制责任人
一、综合文件	1. 竣工验收文件	(1)竣工验收鉴定书	验收小组
		(2)交工验收报告	业主
		(3)竣工验收申请	
	2. 工作总结	(1)施工总结	承包人
		(2)监理总结	监理单位
		(3)设计总结	设计单位
		(4)建设单位总结	业主
		(5)质量监理总结	质量监督部门
	3. 征地拆迁资料	(1)征地拆迁资料	业主
		(2)征地批文	
		(3)征用土地数量	
		(4)占地图及土地证	
	4. 上级批准文件和有关指标		
	5. 项目承发包合同、协议文件		
	6. 工程交接表	(1)综合指标数据表	承包人编制、监理审核
		(2)路基工程交接表	
		(3)路面工程交接表	
		(4)桥梁、交叉工程交接表	
		(5)工程质量评定成果表	
二、竣工决算	1. 编制说明		承包人编制，监理审查，业主汇总
	2. 单位工程决算表		
	3. 劳动力、主要材料实际消耗一览表		
	4. 机械台班消耗一览表		
	5. 最终支付证书		
	6. 工程变更及费用增加一览表		
三、竣工图表	1. 竣工总说明		承包人编制，监理审查
	2. 竣工图纸		
四、设计施工文件	1. 技术、设计文件	(1)审批的设计及有关文件	业主和监理依审批权限而定
		(2)审批的设计变更及有关文件	承包人
		(3)设计、施工中重大技术问题的往来文件、会议纪要等	
	2. 施工文件	(1)工程质量文件	承包人编制，监理审查
		(2)试验、检测报告	
		(3)隐蔽工程检查记录	
		(4)成品、半成品检查记录	
五、进度控制文件	1. 总进度图(表)		承包人编制，监理审查
	2. 计划批准文件		
	3. 分期进度图(表)、(月、季、半年、年)计划、批准文件		
	4. 开工报告和批复文件		
	5. 有关进度的往来文件		
六、投资控制文件			承包人编制，监理审查
七、施工原始记录	1. 施工日志、记录日记		承包人编制，监理审查
	2. 开、完工记录		
	3. 天气、温度及自然灾害记录		
	4. 各工序施工原始记录		
	5. 各工点、各工序测量原始记录		
	6. 施工照片集		
	7. 其他各种原始记录(含音像资料)		

（二）竣工文件编制程序

1. 前期准备工作

（1）工程准备期，制订监理表格并及时下发。

（2）明确单位、分部、分项工程的划分。

单位、分部、分项工程的划分以《公路工程质量检验评定标准》(JTG F80/1—2004)为依据。对于特大桥等工程，也可根据具体情况另行划分。在工程开工之前，监理工程师应督促承包人按合同规定并结合工程特点进行分项、分部、单位工程的划分。监理工程师审核同意分部、单位工程的划分后，报业主批准。当工程规模较大、承包人较多时，为便于统一划分口径，应由监理工程师提出划分方案和建议，征求承包人意见后决定。施工期间的文件、报表按此归档。

（3）下发《竣工文件编制方法》。

《竣工文件编制方法》(简称《编制办法》)内容应包括竣工文件构成体系和编制责任人、各卷组成和使用的表格或图表、归卷要求和份数等。《编制办法》应由业主或业主委托监理单位编制，编写完成后，应征求业主和档案管理部门的意见，最终定稿，并尽快印发给各监理机构和承包人。以2年工期为例，宜在开工后的半年内编写完成。

2. 施工期的竣工资料

监理单位和承包人的竣工文件应按《编制办法》的要求，在施工过程中逐步形成。监理工程师应在施工过程中对资料整理、档案管理定期检查督促。在《编制办法》印发后，应和承包人就《编制办法》的规定统一认识，明确要求，必要时应制订补充规定或组织研讨。在路基、小桥涵基本完成和路面工程完工时，应组织全面检查，审查资料的完整性、准确性以及与编制办法要求的符合性，督促监理机构和承包人对存在的问题及早整改。

3. 交工资料

工程交工资料是交工验收的必备资料，是竣工文件的基础部分。在工程交工验收之前，按照交工条件的要求，承包人和监理机构除应完成项目实施过程中的检测、试验和合同、支付等资料的汇编外，还应按编制要求完成工程项目的质量评定和各类汇总报表(如质量评定成果、工程交接表和工程总结等，编制竣工图表，完成竣工决算的基础资料，收集施工过程中的原始记录，完成各种文件的整理分类等)。

4. 竣工文件

竣工文件应在交工资料的基础上，补充缺陷责任期中完成的项目资料，必要时修订交工资料中的某些数据报表，以使资料与实际情况相符，并按照竣工文件的编制体系，将各自承担的部分进一步完善。承包人和监理机构应于竣工验收之前2~3个月内将竣工文件提交给业主，由业主按照案卷归档的要求将全部资料统一装订组卷，编排档号和总目录。

（三）竣工文件编制注意事项

1. 分包工程的竣工文件编制

因指定分包而出现施工交叉时，由分包人完成的工程资料应由分包人整理，质量评定应依据单位、分部、分项工程的划分，确定是由承包人还是由分包人进行。竣工决算、竣工图表宜由双方共同完成。

2. 编制人员的管理

竣工文件编制人员应定人、定岗、定责，避免因中途更换人员而造成编制工作脱节，一般由负责日常文档管理的人员主持竣工文件的编制工作。

3. 分阶段实施，集中整理

在施工过程中，承包人的现场质量检查、质量验收资料必须按划分的分项、分部和单位工程收集归档。每完成一分项工程，应及时评定工程质量，并将该工程的资料(包括原始记录)按竣工文件的编制要求进行初步整理，逐步完善每一单位工程乃全线的基础资料。施工结束时，填报编制综合类文件，再集中整理，以完全符合编制要求。

(四)监理工程师在竣工文件编制中的工作

1. 审查承包人的工程决算表

竣工决算是竣工文件的重要组成部分，包括工程决算和财务决算。监理工程师的主要职责是审查承包人的工程决算，工程决算内容如表 7-1 所示。监理工程师审查的重点应放在最终支付证书、工程变更及费用增加一览表和工程索赔一览表上。最终支付证书是由总监理工程师签发并经业主批准的最后支付证书，应与工程竣工结算单和清账书中所列的工程款一致。工程变更和工程索赔一览表中的项目应有相应的批准文件，数量和款额计算正确，附有关依据或证明，无漏项和重复列支，并有确认再无任何追加项目的说明。

2. 审查承包人的竣工图表

监理工程师审查竣工图表时应掌握以下几个要点：

(1)竣工图表应完整、准确，全面反映工程竣工的实际情况。各项数据如长度、宽度、厚度、高程、坡度、角度、地质情况等要与竣工部位的实际完成情况一致。

(2)凡竣工项目均必须有竣工图。竣工图要求图面清晰，线条、字迹、图表等工整、清楚、干净。竣工图应逐张加盖竣工图章。

(3)依据竣工数据绘制竣工图，应遵循以下原则，并重点审查变更工程项目的图表：①如果某项工程完全按照原设计图纸施工，没有变化，可利用原设计图纸，加盖竣工图章；②在施工中如设计图无变更，仅有工程数量的变化，则仅制作竣工工程数量表并将其装入竣工图内；③若实际工程与原设计图不符，发生工程变更，则必须重新绘制竣工图。

3. 提交监理工作(总结)报告

工程结束时，监理工程师应提交监理工作总结报告。

本章小结

公路工程施工监理的工作内容可以概括为："五控、两管、一协调"，信息管理工作涉及监理工作的方方面面。信息管理是对信息进行收集、整理、分析、处理、存储、检索、传递与应用等一系列工作的总称。建立一个科学、先进、流畅、规范的信息管理系统对提高监理工作的质量和效率具有重要作用。本章主要阐述工程信息管理的基本任务，工程信息的分类、处理，监理文档的管理。

复习思考题

7-1　什么是信息？什么是信息管理？

7-2　工程信息管理的基本任务是什么？

7-3　按监理目标划分，工程信息可分为哪几类？
7-4　监理信息处理包括哪些过程？
7-5　监理表式由哪几部分构成？
7-6　工程竣工文件由哪几部分构成？
7-7　监理工程师在竣工文件编制中的工作内容有哪些？

第八章　公路工程施工组织协调

【知识要点介绍】

协调就是沟通，沟通确保了项目各项活动正常有序的展开，以实现预期目标。本章在介绍组织协调的类型与层次的基础上，重点论述了组织协调工作的方法，并扼要介绍了工地会议的组织与召开。

公路工程建设项目目标的实现，需要参与项目建设的各方责任主体同心协力地围绕项目开展工作。为了有效地控制项目的工程质量、工程进度和工程费用，确保施工监理工作法制化、标准化、规范化、程序化，各级监理机构必须联合所有力量，协调好项目内部、外部的种种关系。组织协调能力是衡量监理工程师素质的一项重要指标。工程监理实践表明：专业知识易学，协调能力难得。

第一节　组织协调及其类型

一、组织协调的概念

所谓组织，是指按照一定的目的、任务和形式加以编制，安排事物，使之有系统或构成整体；所谓协调，即协商与调解，指为了取得一致意见而共同商量以便使双方和解。组织协调是围绕项目的各项目标，以合同管理为基础，组织协调各参建单位、相邻单位、政府部门全力配合项目的实施，形成高效的建设团队，确保能够适时对项目信息进行收集、分发、储存和处理，并对可预见的问题进行必要的控制，顺利实现项目目标。

组织协调工作贯穿于工程建设项目的全过程，渗透到工程建设项目的每一个环节，如协调日常施工干扰和相关单位或层次的协作配合，平衡调配资源供给，协调设计变更引起的施工组织、施工方案和费用的调整，协调工程建设外部条件及其他重大问题等。

二、组织协调的类型与层次

一般认为，协调的范围可以分为系统的内部协调和系统的外层协调。对于项目监理组织来说，系统的内部协调包括项目监理组织内部协调、项目监理组织与监理企业的协调；从项目监理组织与外部世界的联系程度看，项目监理组织外层协调又可以分为近外层协调和远外层协调。近外层协调和远外层协调的主要区别是，项目监理组织与近外层关联单位一般有合同关系，包括直接的和间接的合同关系，如与业主、设计单位、总包单位、分包单位等的关系；与远外层协调关联单位一般没有合同关系，但却受法律、法规和社会公德等的约束，如与政府、项目周边居民社区组织、环保、交通、环卫、绿化、文物、消防、公安等单位的关系。项目监理组织协调的类型与层次如图 8-1 所示。

组织协调工作均应遵守以下原则：

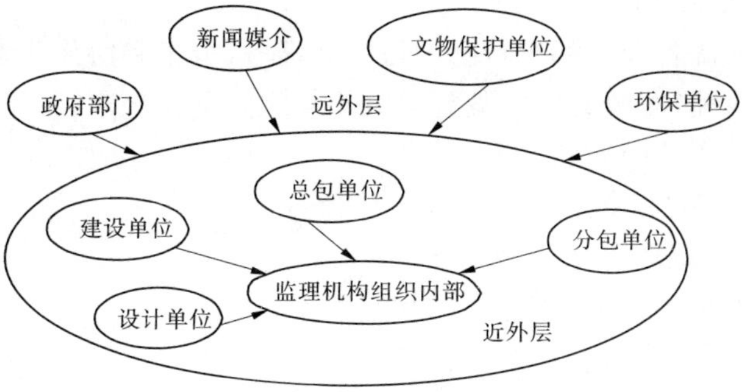

图 8-1　项目监理组织协调的类型与层次

(1)守法。必须在国家和地方有关工程建设的法律、法规的许可范围内去协调、去工作。

(2)公正。要站在项目的立场上,公平地处理每一个纠纷,一切以最大的项目利益为原则。按照合同的规定,维护合同双方的利益。

(3)协调与控制目标一致。在工程建设中,应该注意质量、工期、投资、环境、安全等目标的统一,不能有所偏废,不能脱离建设目标去协调。

第二节　组织协调的方法

一、监理组织内部的协调

监理组织内部协调包括人际关系和组织关系的协调。监理组织内部的人际关系协调,是指协调项目监理组织的内部成员之间以及项目总监和下属之间的关系总和。监理组织内部的组织关系协调,是指监理组织内部各部门之间工作关系的协调,如监理组织内部的岗位、职能、制度的设置等,具体包括各部门之间的合理分工和有效协作。

(一)内部人际关系协调

内部人际关系协调主要是通过各种活动进行交流,不断增进相互之间的了解和认识,促进相互之间的支持和帮助。工作效率的高低,在很大程度上取决于人际关系的协调程度。

(1)人员安排要量才录用。对各种人员,要根据每个人的专长进行安排,做到人尽其才。人员搭配应注重能力和性格的互补,少而精。

(2)工作分工要职责分明。对组织内的每一个岗位,都应制订明确的目标和岗位职责,确保管理职能不重不漏,做到事事有人管,人人有专责。

(3)效率评价要实事求是。每个员工都希望在自己的工作岗位上做出成绩,并得到组织的认可。但工作成绩的取得,不仅需要个人的主观努力,而且还需要成熟的环境条件及他人的配合协作。评价一个人的成绩应实事求是,以免无功受禄或有功受委屈,这样才能让每个员工热爱自己的本职工作,并对其充满信心和希望。

(4)矛盾调解要恰到好处。员工之间产生矛盾是在所难免的,一旦出现矛盾就应当及时进行调解。调解要注意方法策略,如果通过及时的沟通、个别的谈话甚至是必要的批评,还无法解决矛盾,可采取必要的岗位变动措施。针对上下级矛盾要区别对待,是上级的问题应作自我批评,是下级的问题应启发引导,对无原则的争论应当批评制止,创造团结、和谐、热情的工作氛围。

(二)内部组织关系协调

项目监理组织内部各部门都有自己的目标和任务,分工和协作非常重要,合理的分工能保证任务之间平衡匹配,有效的协作既能避免相互之间利益分割,又能提高工作效率。组织关系的协调主要从以下几个方面入手:

(1)明确每个部门的职责。

(2)设置各部门要以职能划分为基础。

(3)通过制度明确各部门在工作中的相互关系。

(4)建立信息沟通制度,制订工作流程图。

(5)及时灵活解决工作中的矛盾和冲突。

二、项目近外层的协调

近外层协调包括与建设单位、总包单位、分包单位和设计单位等的关系协调。这些单位在签订合同和履行合同的过程中,为保证工程项目的顺利实施,需要互相支持和配合协调。能否如期实现项目监理目标,近外层协调是协调工作中的重中之重。

(一)与建设单位的协调

建设监理是受建设单位的委托而独立、公正地进行工程项目的监理工作。

(1)监理工程师要理解项目总目标和建设单位的意图。未能参加项目决策过程的监理工程师,必须了解项目构思的基础、起因、出发点,了解决策的背景,否则可能对监理目标及完成任务有不完整的理解,给工作造成很大的困难。

(2)利用工作之便向建设单位做好监理宣传工作,增进建设单位对监理工作的理解,特别是对项目管理各方职责及监理程序的理解;主动帮助建设单位处理项目中的事务性工作,以规范化、标准化、制度化的工作去影响和促进双方工作的协调一致。

(3)尊重建设单位,尊重建设单位代表,让建设单位一起投入项目全过程。尽管有预定的目标,但项目实施必须执行建设单位的指令,使建设单位满意。对建设单位提出的某些不适当的要求,监理工程师不能一味迁就,否则可能引起施工单位对监理工作的公正性产生怀疑。可在适当的时机,采取适当的方法加以说明和解释,尽量避免发生误解,以使项目进行顺利。

(二)与施工单位的协调

监理目标的实现与施工单位的工作密切相关,监理工程师对质量、进度、投资的控制都是通过施工单位的工作来实现的。监理工程师要依据工程监理合同对工程项目实施建设监理,对施工单位的工程行为进行监督管理。

(1)对承包单位的协调,应坚持原则,实事求是,严格按规范、规程办事,讲究科学态度。监理工程师尽量少对施工单位行使处罚权,在观念上应该认为自己的工作是提供监理服务,强调各方面利益的一致性和项目总目标;鼓励施工单位积极汇报项目实施状况、实施结果及遇到的困难和意见,在工作上加强了解,减少对抗。

(2)对分包单位的协调,主要是对分包单位明确合同管理范围,分层次管理。将总包合同作为一个独立的合同单元,不直接与分包合同发生关系。分包人在施工中发生的问题,由总包人负责协调处理,必要时,监理工程师帮助协调。当分包合同与总包合同相抵触时,以分包合同为准。

(3)协调不仅是方法问题、技术问题,更是语言艺术、感情交流和用权适度问题。在协调工作中,方法灵活,多换位思考,多交流感情,会起到事半功倍的效果。

(4)协调的形式可采取口头交流、会议制度和监理书面通知等。寓监于帮,树立良好监理形象,加强对施工方案预先审核,对可能发生的问题和处罚可事先口头提醒,督促改进。

(三)与设计单位的协调

设计单位为工程项目建设提供图纸,编制工程概(预)算,以及修改设计等,是工程项目主要相关单位之一,监理单位必须协调设计单位的工作,以加快工程进度,确保质量,降低消耗。

(1)配合设计进度,组织设计单位与有关部门,如环保、防汛、供水、供电、通信等部门间的协调工作。

(2)组织各设计单位之间的协调工作。在设计过程中,定期召开各专业设计协调会,及时解决问题,避免各专业设计之间的矛盾。

(3)主动向设计单位介绍工程进展情况,以便促使设计单位按合同规定或提前出图。对施工中发现的设计问题,应及时向设计单位提出,以免造成较大损失;主动向设计单位推荐新技术、新工艺、新结构、新材料、新设备等,支持设计单位技术革新;可与设计单位约定出图时间,为修改设计留出余地。

(4)尊重设计单位意见。组织设计单位向施工单位介绍工程概况、设计意图、技术要求、施工难点等;图纸会审时,请设计单位交底,明确技术要求,把设计标准过高、遗漏、图纸差错等解决在施工前;结构工程验收、专业工程验收、竣工验收等,约请设计代表参加。若发生质量事故,认真听取设计单位的处理意见。

三、项目远外层的协调

远外层关联单位与项目监理组织没有合同关系,只通过法律、法规和社会公德来进行约束,各单位应相互支持、密切配合,共同服务于项目目标。在处理关系和解决矛盾过程中,应充分发挥中介组织和社会管理机构的作用。一个工程项目的开展还存在政府部门及其他单位的影响,如政府部门、金融组织、社会团体、服务单位、新闻媒介等,对工程项目起着一定的或决定性的控制、监督、支持、帮助作用。

(一)与主管部门的协调

积极争取国家主管部门的支持,必须采用程序化的手段进行协调,如请示、汇报、报告、送审资料等。在项目建设过程中遇到重大技术问题或特殊困难时,应主动争取相关行业部门的协作配合,尤其是主管部门的协调帮助。

(二)与政府部门的协调

(1)争取各级地方政府的支持,是改善建设环境的重要环节。建设工程合同应当送公证机关公证,并报政府建设主管部门备案;征地、拆迁、移民安置要争取政府有关部门的支持和协调;现场消防设施的配制,应请消防部门检查认可;另外,对外交通保障、工地治安、桥梁加固的大件配件运输、建筑材料的调配供应等问题的妥善解决,都离不开地方政府的支持,都需要做好与地方政府的协调工作。

(2)监理单位在进行工程质量控制和质量问题处理时,要做好与工程质量监督站的交流与协调。工程质量监督站是由政府授权的工程质量监督的实施机构,对委托监理的工程,质量监督站主要是核查勘察设计、施工承包单位和监理单位的资质,监督项目管理程序和抽样检验。当参加验收各方对工程质量验收意见不一致时,可请当地建设行政主管部门或工程质量监督机构协调处理。

(3)当发生重大质量、安全事故时,监理单位在配合承包单位采取急救、补救措施的同时,应督促承包单位立即向政府有关部门报告情况,接受检查和处理,应当积极主动地配合事故调查组的调查。如果事故的发生涉及监理单位的责任,应当主动要求回避。

(三)与金融机构的协调

协调好与金融机构的关系如与投资公司、银行的关系,及时报告工程进展和资金使用情况,接受金融系统对建设资金的监督,按期归还建设贷款,建立良好的信誉,实事求是地反映资金供应上的困难,对于确保建设资金按时到位具有十分重要的意义。

(四)与新闻媒介及其他社会团体的协调

争取新闻机构的支持,利用广播、报纸、电视等宣传项目建设的意义、建设进度、取得的成绩、项目建设对地方经济发展的贡献等,有利于得到社会各界的支持,从而增加建设者的工作热情,顺利实现建设目标。

根据目前的工程监理实践,对外部环境的协调,由建设单位负责主持,监理单位主要是针对一些技术性的工作协调。为避免两者产生分歧,可在委托监理合同中特别标明,有条不紊地开展远外层的协调工作,积极争取相关部门和组织的支持,对项目目标的顺利实现是不可或缺的一个重要环节。

第三节　工地会议

组织协调工作千头万绪,涉及面广,受主观因素和客观因素影响较大。这就要求监理工程师具有较强的人际关系能力和组织协调能力,因地制宜、因时制宜地处理问题。在公路工程建设项目的施工过程中,工地会议是项目协调最常用的一种方式。通过工地会议,有利于监理工程师对施工进度和质量的矛盾进行协调,同时方便建设单位和施工单位之间进行各种信息传递和交流,从而确保监理工作的顺利开展。一般来说,工地会议可分为第一次工地会议、监理例会、专题现场协调会三种形式。

一、第一次工地会议

(一)会议组织

第一次工地会议应在工程正式开工前召开。总监办应事先将会议议程及相关事项通知建设单位、施工单位及其他有关单位并做好会议准备。会议应由总监理工程师主持,建设单位、施工单位法定代表人或授权代表必须出席。各方在工程项目中担任主要职务的人员及分包单位负责人应参加会议。第一次工地会议应邀请质量监督部门参加。

(二)会议内容

(1)在第一次工地会议上,各方应介绍各自的人员、组织机构、职责范围及联系方式。建设单位应宣布对监理工程师的授权,总监理工程师应宣布对驻地监理工程师的授权,施工单位应书面提交对工地代表(项目经理)的授权书。

(2)施工单位应陈述开工的各项准备情况,监理工程师应就施工准备以及安全、环保等予以评述。

(3)建设单位应就工程占地、临时用地、临时道路、拆迁、工程支付担保情况以及其他与开工条件有关的内容及事项进行说明。

(4)监理单位应就监理工作准备情况以及有关事项进行说明。

(5)监理工程师应就主要监理程序、质量和安全事故报告程序、报表格式、函件往来程序、工地例会等进行说明。

(6)总监理工程师应进行会议小结,明确施工准备工作还存在的主要问题及解决措施。

(三)会议记录

第一次工地会议记录应由项目监理机构负责起草,并经与会各方代表会签。

开工条件具备的可下达开工令。

二、监理例会

(一)会议组织

监理例会是工程开工后举行的一种例行会议,由总监理工程师或驻地监理工程师组织和主持。召开时间根据工程进展情况安排,宜每月召开一次,也有周、旬、半月等几种。参加者有总监理工程师代表及有关监理人员、承包单位授权代表及有关人员、建设单位代表及有关人员。主要目的是检查上次会议议定事项的落实情况,并就工程质量、安全、环保、费用、进度及合同其他事项等进行讨论,提出解决问题的措施,并确定下一步工作的具体安排和要求。

(二)会议内容

会议按照一定程序召开,一般由施工单位逐项陈述并提出问题和建议,监理工程师逐项组织讨论并作出决定或决议意向。主要内容如下:

(1)检查上次会议中存在问题的解决情况和纪要的执行情况。

(2)审查工程进度。

(3)检查现场人力和设备投入情况、材料的质量和供应情况。

(4)审查工程质量。

(5)讨论工程费用事项。

(6)讨论延期和索赔。

(7)审查安全事项。

(8)讨论施工环境问题。

(9)解决其他需要协调的事项。

(10)对下一步工作作出具体安排和要求。

(三)会议记录

会议记录由监理工程师形成纪要,经与会各方认可,然后发给各有关单位。会议纪要主要内容如下:

(1)会议时间和地点。

(2)出席者姓名、职务及代表单位。

(3)会议中发言者的姓名和发言主要内容。

(4)决定事项。

(5)诸事项分别由何人何时执行。

监理例会举行次数较多,一定要注意防止流于形式。监理工程师应对每次会议预先详细筹划,使内容丰富,针对性强,真正发挥协调作用。

三、专题现场协调会

在整个建设工程施工期间,除定期召开工地监理例会外,针对一些重大技术问题和管理问题,如对复杂施工方案或施工组织设计审查、复杂技术难题研讨、重大工程质量事故的分析和处理、工程延期、费用索赔等,以及不宜在工地例会上解决的问题,可以根据需要召开专题现场协调会。

专题现场协调会一般由监理单位(或建设单位、承包单位)提出后,由总监理工程师及时组织。参加人员根据会议内容确定,除建设单位、承包单位和监理单位的有关人员外,必要时还应邀请有关专家参加。

由于专题现场协调会主要研究重大、复杂问题,会前应与有关单位一起,做好充足准备,如充分调查、收集资料,也可以预先磋商,以利于在会议上有限的时间内,让有关人员充分研究并得出结论。在会议过程中,监理工程师应能驾驭会议局势。

会议记录和纪要由监理工程师存档备查。

本章小结

本章主要介绍了公路工程施工中的组织协调工作,包括其概念、内容及方法,并阐述了工地会议的三种形式,即第一次工地会议、监理例会、专题现场协调会。

复习思考题

8-1　组织协调的概念和类型是什么?

8-2　组织协调的方法包括哪几种?

8-3　工地会议的形式有哪几种?

8-4　第一次工地会议的主要内容有哪些?

8-5　监理例会与专题现场协调会的区别有哪些?

附　录

________公路改建工程

工程监理使用表格汇编

________公路改建工程监理办公室

目　录

常用支表

支表－1　工程进度表
支表－2　中期支付证书
支表－3　清单支付报表
支表－4　工程变更一览表
支表－5　单价变更一览表
支表－6　永久性工程材料到达现场计量表
支表－7　扣回材料设备预付款一览表
支表－8　扣回动员预付款一览表
支表－9　中间计量表
支表－10　中间支付汇总表

施工监理表

监1－1　施工图审查申报表
监1－2　进场材料申报表
监2　施工放样报验单
监3　工程变更令
监4　工程变更申报表
监5　分部(项)工程开工通知
监6　分部(项)工程开工申报表
监7　承包人每周工作计划
监8　检验申请批复单

监 9　工作指令
监 10　工地会议纪要
监 11　中间交工证书
监 12　分包申请报告单
监 13　工程暂时停工指令
监 14　复工指令
监 15　工程质量事故报告单
监 16　工程交工证书
监 17　工程缺陷责任期终止证书
监 18　每日施工活动报表
监 19　施工技术方案报审表
监 20　监理日报

工程师月度报告

报 1　合同执行概况表
报 2　施工人员状况表
报 3　主要进场机械设备表
报 4　承包商试验仪器设备状况表
报 5　监理机构框图
报 6　为工程师提供的测量仪器状态表
报 7　气象及施工活动报告
报 8　施工测量形象进度图
报 9　工程进度概况表(1、2、3、4)
报 10　承包商施工测量概况表
报 11　施工试验检测概况表
报 12　监理独立测量概况表
报 13　监理工程师独立试验概况表
报 14　承包商混凝土、砂浆试验件概况表
报 15　工程事故一览表
报 16　工程延期/索赔一览表
报 17　工程变更汇总表

路线用表

路线 -01　路线导线网、点测量(复测)报表
路线 -02　路线水准点测量(复测)报表

交通工程设施用表

交通－01　交通标志安装现场质量检验报告单
交通－02　标线喷涂与安装现场质量检验报告单
交通－03　视线诱导标现场质量检验报告单

路基用表

路基－01　路基、构造物、路面施工增加水准点测量报表
路基－02　路基、构造物、路面高程测量报表
路基－03　路基、路面中线平面位置检测表
路基－04　路基填筑松铺厚度检查表
路基－05　路基、路面宽度检测表
路基－06　路基、路面随机取样位置计算表
路基－07　土方分层压实度检验签证表
路基－08　路基分层压实度检验汇总表
路基－09　填前场地清理施工原始记录
路基－10　路基、路面横坡度检测表
路基－11　路基、路面平整度检测表
路基－12　路基边坡坡度检测表
路基－13　路基、路面回弹弯沉检测表
路基－14　路基、路面回弹弯沉检测结果报告
路基－15　路基、构造物、路面材料试验委托单
路基－16　路线施工测量放线检测表
路基－17　土的颗粒大小分析记录
路基－18　路基、路面粒径分配曲线表
路基－19　易溶盐总量及钙镁离子测定试验记录
路基－20　路基、路面有机质含量试验记录
路基－21　路基、路面硫酸根试验记录
路基－22　碳酸根、碳酸氢根和氯根试验记录
路基－23　路基、路面易溶盐试验报告
路基－24　路基材料试验报告
路基－25　路基、构造物、路面击实试验记录
路基－26　最大干密度试验记录
路基－27　路基、路面液限、塑限联合试验记录
路基－28　路基、路面标准密度试验结果汇总表
路基－29　路基、路面量砂密度检验报告
路基－30　路基、构造物压实度检测表（环刀法）
路基－31　路基、构造物、路面压实度检测一览表（灌砂法）

路基－32　路基、路面压实度检测表（核子仪法）
路基－33　路基、构造物、路面含水量试验记录
路基－34－1　石灰化学成分（CaO＋MgO）含量试验记录
路基－34－2　稳定土中石灰或水泥剂量测定试验报告
路基－35　土方路基分项工程质量检验评定表
路基－36　石方路基分项工程质量检验评定表
路基－37　路基边坡现场质量检验报告单
路基－38　路缘石铺设分项工程质量检验评定表
路基－39　路肩质量分项工程质量检验评定表
路基－40　现场CBR值测定记录

路面用表

路面－1　水泥混凝土面层现场质量检验报告单
路面－2　沥青混凝土面层和沥青碎（砾）石面层现场质量检验报告单
路面－3　沥青贯入式面层（或上拌下贯式面层）现场质量检验报告单
路面－4　沥青表面处治面层现场质量检验报告单
路面－5　水泥土基层和底基层现场质量检验报告单
路面－6　水泥稳定粒料基层及底基层现场质量检验报告单
路面－7　石灰土基层和底基层现场质量检验报告单
路面－8　石灰稳定粒料基层和底基层现场质量检验报告单
路面－9　石灰、粉煤灰土基层和底基层现场质量检验报告单
路面－10　石灰、粉煤灰稳定粒料基层和底基层现场质量检验报告单
路面－11　级配碎（砾）石基层和底基层现场质量检验报告单
路面－12　填隙砾石（矿渣）基层和底基层现场质量检验报告单
路面－13　路槽现场质量检验报告单
路面－14　路缘石铺设现场质量检验报告单
路面－15　路肩现场质量检验报告单
路面－16　无侧限抗压强度试验
路面－17　石灰未消解含量试验
路面－18　间接抗压强度试验（劈裂试验）
路面－19　沥青物性试验1（沥青针入度试验、沥青软化点试验、沥青延度试验）
路面－20　沥青物性试验2（沥青加损失试验、沥青密度试验）
路面－21　沥青物性试验3（沥青闪点和燃点试验、沥青含水量试验）
路面－22　沥青物性试验4（沥青溶解度试验、沥青黏度试验）
路面－23　沥青黏附性试验（水煮法）
路面－24　沥青含蜡量试验（蒸馏法）
路面－25　浮化沥青试验
路面－26　沥青混凝土矿料组成试验

路面 - 27　沥青混合料马歇尔试验（蜡封法）
路面 - 28　沥青混合料马歇尔试验（水中重法）
路面 - 29　沥青混合料中最佳沥青用量试验
路面 - 30　沥青混合料中沥青用量选定图
路面 - 31　沥青混合料抽提试验
路面 - 32　沥青技术性能试验汇总表 1（针入度、延度、软化点、溶解度、闪点等）
路面 - 33　沥青技术性能试验汇总表 2（石料磨耗率、压碎值、针片状含量等）
路面 - 34　矿粉亲水系数及含水量试验
路面 - 35　路面结构层压实度检验汇总评定表
路面 - 36　沥青碎石路面密度试验记录表（蜡封法）
路面 - 37　沥青碎石路面密度试验记录表（体积法）
路面 - 38　沥青碎石路面密度试验记录表（表干法）
路面 - 39　沥青封面施工前下承层处理记录
路面 - 40　路面厚度检查表
路面 - 41　沥青碎石施工前场地清扫记录

桥涵用表

桥涵 - 01　泥浆比度、稠度和含砂试验
桥涵 - 02　孔道压浆水泥浆试验记录
桥涵 - 03　混凝土抗折强度试验报告单
桥涵 - 04　钢筋焊接试验报告
桥涵 - 05　构造物、路面用水泥物理力学性能试验报告
桥涵 - 06　路基、路面用水泥物理力学性能试验记录
桥涵 - 07　钢筋拉力及弯曲试验报告
桥涵 - 08　水泥混凝土细集料技术性能试验记录（一）
桥涵 - 09　水泥混凝土细集料技术性能试验记录（二）
桥涵 - 10　水泥混凝土细集料技术性能试验报告
桥涵 - 11　水泥混凝土粗集料技术性能试验记录（一）
桥涵 - 12　水泥混凝土粗集料技术性能试验记录（二）
桥涵 - 13　水泥混凝土粗集料技术性能试验记录（三）
桥涵 - 14　水泥混凝土粗集料技术性能试验报告
桥涵 - 15　水泥混凝土配合比设计表
桥涵 - 16　水泥混凝土配合比报告
桥涵 - 17　集（石）料的毛体积密度试验记录
桥涵 - 18　石料抗压强度试验记录
桥涵 - 19　石料试验报告
桥涵 - 20　集料筛分检测表
桥涵 - 21　集料含泥量检测表

桥涵－22　构造物、路面粗集料针片状颗粒含量检测表（游标卡尺）
桥涵－23　构造物、路面粗集料针片状颗粒含量检测表（规测仪）
桥涵－24　构造物、路面集料压碎值检测表
桥涵－25　混凝土、砂浆施工配合比通知单
桥涵－26　混凝土拌和物坍落度试验记录
桥涵－27　水泥混凝土（砂浆）抗压强度检测表
桥涵－28　水泥混凝土（砂浆）抗压强度汇总评定表
桥涵－29　金属洛氏硬度试验报告
桥涵－30　回弹法测试水泥混凝土结构或构件强度检测表
桥涵－31　回弹法测试水泥混凝土结构或构件强度计算表
桥涵－32　明挖基坑基础检查表
桥涵－33　模板、拱架及支架制作记录
桥涵－34 －1　模板安装检查表
桥涵－34 －2　预制构件底座检查表
桥涵－35　混凝土施工原始记录
桥涵－36　砌石施工原始记录
桥涵－37　桥涵及构造物轴线放样检查表
桥涵－38　倒虹吸压水试验原始记录
桥涵－39　钻孔灌注桩钻孔原始记录
桥涵－40　钻孔桩灌注混凝土施工前检查表
桥涵－41　水下混凝土灌注检查表
桥涵－42　无破损检测基桩报告
桥涵－43　支座安装检查表
桥涵－44　张拉设备校验表
桥涵－45　预应力钢筋冷拉检测表
桥涵－46　先张预应力钢筋（丝）张拉检测表
桥涵－47　后张预应力管道检查表
桥涵－48　后张预应力钢筋（丝）张拉记录
桥涵－49－1　预应力孔道压浆检测表
桥涵－49－2　封端现场质量检查表
桥涵－50　混凝土钻芯取样检测表
桥涵－51　桥（涵）台回填检查表
桥涵－52　浆砌砌体和混凝土挡土墙质量检验评定表
桥涵－53　锥、护坡分项工程质量检验评定表
桥涵－54　干砌片石分项工程质量检验评定表
桥涵－55　导流工程分项工程质量检验评定表
桥涵－56　桥梁总体分项工程质量检验评定表
桥涵－57　钻孔灌注桩分项工程质量检验评定表
桥涵－58　桩或双壁墩分项工程质量检验评定表

桥涵－59－1　顶推台座、导梁安装质量检查表
桥涵－59－2　箱梁顶推质量检查表
桥涵－60　挖孔桩分项工程质量检验评定表
桥涵－61　管道基础及管节安装分项工程质量检验评定表
桥涵－62　浆砌片石基础分项工程质量检验评定表
桥涵－63　墩、台身砌体现场分项工程质量检验评定表
桥涵－64　侧墙砌体分项工程质量检验评定表
桥涵－65　钢筋加工及安装分项工程质量检验评定表
桥涵－66　钢筋网分项工程质量检验评定表
桥涵－67　混凝土基础分项工程质量检验评定表
桥涵－68　承台分项工程质量检验评定表
桥涵－69　混凝土护栏分项工程质量检验评定表
桥涵－70　墩、台身分项工程质量检验评定表
桥涵－71　墩、台帽或盖梁分项工程质量检验评定表
桥涵－72　预制梁（板）分项工程质量检验评定表
桥涵－73　就地浇筑梁（板）分项工程质量检验评定表
桥涵－74　小型预制件分项工程质量检验评定表
桥涵－75－1　钢丝、钢绞线先张法分项工程质量检验评定表
桥涵－75－2　钢丝、钢绞线后张法分项工程质量检验评定表
桥涵－76　梁、板安装分项工程质量检验评定表
桥涵－77　顶入法施工梁分项工程质量检验评定表
桥涵－78－1　悬臂浇筑分项工程质量检验评定表
桥涵－78－2　悬臂梁拼装分项工程质量检验评定表
桥涵－79　桥面铺装分项工程质量检验评定表
桥涵－80　人行道铺设分项工程质量检验评定表
桥涵－81　栏杆安装分项工程质量检验评定表
桥涵－82　护栏安装分项工程质量检验评定表
桥涵－83　管涵分项工程质量检验评定表
桥涵－84　盖板涵、箱涵分项工程质量检验评定表
桥涵－85　拱涵分项工程质量检验评定表
桥涵－86　倒虹吸管分项工程质量检验评定表
桥涵－87　构造物地基承载力检测表
桥涵－88　振冲碎石桩分项工程质量检验评定表
桥涵－89　振冲碎石桩施工原始记录
桥涵－90　伸缩缝安装分项工程质量检验评定表
桥涵－91　挖孔桩灌注混凝土施工前检查表
桥涵－92　挖孔灌注桩挖孔原始记录

参考文献

[1] 周瑜. 施工监理基础[M]. 2 版. 北京:人民交通出版社,2008.

[2] 范智杰. 公路工程监理概论[M]. 重庆:重庆大学出版社,2007.

[3] 薛华成. 管理信息系统[M]. 北京:清华大学出版社,1993.

[4] 廖品槐,刘武. 公路工程监理[M]. 北京:机械工业出版社,2005.

[5] 陈方晔. 监理概论[M]. 北京:人民交通出版社,2007.

[6] 中华人民共和国交通部. JTG G10—2006 公路工程施工监理规范[S]. 北京:人民交通出版社,2006.